作者单位：江苏师范大学

邹吉玲·著

ZHONGGUO HANDI DONGBEI
CHENGZHEN LAONIANREN TIZHI TEZHENG
YU YUNDONG CUJIN YANJIU

中国寒地东北城镇老年人
体质特征与运动促进研究

ZHEJIANG UNIVERSITY PRESS
浙江大学出版社

图书在版编目(CIP)数据

中国寒地东北城镇老年人体质特征与运动促进研究/

邹吉玲著. —杭州：浙江大学出版社，2021.5

ISBN 978-7-308-21285-4

Ⅰ.①中… Ⅱ.①邹… Ⅲ.①老年人—体质学—研究

—东北地区②老年人—健身运动—研究—东北地区 Ⅳ.①Q983②R161.7

中国版本图书馆 CIP 数据核字(2021)第 073330 号

中国寒地东北城镇老年人体质特征与运动促进研究

邹吉玲　著

策划编辑	吴伟伟
责任编辑	陈　翩
责任校对	丁沛岚
封面设计	雷建军
出版发行	浙江大学出版社
	（杭州市天目山路 148 号　邮政编码 310007）
	（网址：http://www.zjupress.com）
排　　版	杭州朝曦图文设计有限公司
印　　刷	广东虎彩云印刷有限公司绍兴分公司
开　　本	710mm×1000mm　1/16
印　　张	16.75
字　　数	300 千
版 印 次	2021 年 5 月第 1 版　2021 年 5 月第 1 次印刷
书　　号	ISBN 978-7-308-21285-4
定　　价	68.00 元

前言 FOREWORD

中国寒地东北地区冬季寒冷漫长,夏季短暂,四季温差较大。久居寒地东北地区的老年人长期受严酷气候影响,体质堪忧。但有关运动促进寒地老年人体质的研究匮乏,有待探究。本研究旨在通过对寒地东北城镇老年人体质特征和影响因素的分析,设计科学有效的运动促进体质方案,为寒地东北城镇老年人体质促进提供理论指导和实践参考。

本书以寒地东北城镇老年人体质特征和运动促进为研究对象,以60~79岁久居寒地东北城镇老年人为调查对象,采用测试法对1405名老年人进行体质测试,探究老年人体质特征;采用问卷调查法对参加体质测试的768名老年人进行生活方式问卷调查;采用相关分析和回归分析探究老年人体质的影响因素;采用测试法和数理统计法,对进行3年规律广场舞、健步走、太极拳、东北大秧歌、"轮滑+滑冰"和柔力球运动的6组共455名老年人与不运动的94名老年人进行体质测试和对比分析,探究长期运动与不运动老年人的体质差异,以及不同运动项目的健身效果,选取适合推广的运动项目;采用专家访谈法,结合理论与实证研究结果,设计运动促进体质方案;采用实验法,对109名老年人进行12周运动干预实验,验证运动促进体质方案的健身效果。

研究结论如下:

(1)寒地东北城镇老年人的体质具有肺活量大、柔韧性好,平衡能力较差、血压偏高、体脂肪率超标、骨密度水平低和血管弹性较差等特征。随年龄增长,老年人体形变胖,血管弹性、骨密度和身体素质下降。男性内脏脂肪等级超标、女性骨密度低的现象突出。

(2)寒地东北城镇老年人的生活方式特点体现在:体力活动和体育锻炼不足;锻炼具有冬季停练的"季节性"等特点;饮食具有"口味偏重"等特点;喜烟嗜酒;等等。

(3)影响寒地东北城镇老年人体质的主要因素包括体育锻炼相关因素和慢性疾病患病情况。长期从事规律运动的寒地东北城镇老年人,在身体机能、身体素质、体成分、骨密度和血管弹性等指标上优于不运动老年人。广场舞和秧歌运动的综合健身效果较好。

(4)依据寒地东北城镇老年人体质特征和影响因素等,设计包含指导思想、设计目标、设计原则、设计程序、设计内容和设计实例的运动促进体质方案。该方案旨在为寒地东北城镇老年人提供健身指导,解决了寒地东北城镇老年人"缺乏科学健身方案指导"和"冬季停练"等健身瓶颈问题,为寒地东北城镇老年人科学健身提供新思路和新方法。

(5)以东北大秧歌为主的"有氧练习＋抗阻练习＋平衡练习＋柔韧练习"的综合运动手段为干预内容,进行为期12周的运动干预实验,实验验证了运动促进体质方案可以改善寒地东北城镇患一级高血压老年人的体质状况,实现降低血压、体脂肪率和提高身体素质、血管机能的效果。实验验证了运动促进体质方案对改善老年人体质有效。

目 录 CONTENTS

1 绪 论

1.1 研究背景

1.1.1 通过全民健身增强国民体质的国家诉求

2016 年 6 月,国务院印发《全民健身计划(2016—2020 年)》。文件指出,"全民健身是实现全民健康的重要途径和手段,是全体人民增强体魄、开启幸福生活的基础保障"①。国务院把全民健身上升为国家战略,强调通过制定并实施运动促进健康科技行动计划,推广"运动是良医"等理念,提高全民健身方法和手段的科技含量等举措增强国民体质。这表明国家对运动促进健康的高度重视和迫切需求。

2016 年 8 月,全国卫生与健康大会在北京召开。习近平总书记发表重要讲话,指出"没有全民健康,就没有全面小康"②,倡导健康文明的生活方式,强调树立大卫生、大健康观念,把"以治病为中心"转变为"以人民健康为中心",建立健全健康教育体系,提升全民健康素养,推动全民健身和全民健康深度融合。

2016 年 10 月,中共中央、国务院印发《"健康中国 2030"规划纲要》。文件指出,"要发挥运动促进健康的独特优势,推动全民健身与全民健康深度融合"③。

2018 年 7 月,国家体育总局发布《全民健身指南》,指出要"引导大众科学健身"④。这一重要方针政策的出台,表明国家增强国民体质的决心。

2018 年 6 月,世界卫生组织发布《2018—2030 年促进身体活动全球行动计划:加强身体活动,造就健康世界》,目标是促进更多人运动,提高人们的体力活动水平

---

① 新华社. 国务院印发《全民健身计划(2016—2020 年)》[EB/OL]. (2016-06-23)[2019-10-25]. http://www. gov. cn/xinwen/2016-06/23/content_5084638. htm.

② 新华社. 全国卫生与健康大会 19 日至 20 日在京召开[EB/OL]. (2016-08-20)[2019-10-25]. http://www. gov. cn/xinwen/2016-08/20/content_5101024. htm.

③ 新华社. 中共中央、国务院印发《"健康中国 2030"规划纲要》[EB/OL]. (2016-11-20)[2019-10-25]. http://www. gov. cn/gongbao/2016-11/20/content_5133024. htm.

④ 体育总局办公厅. 国家体育总局办公厅关于推广应用《全民健身指南》的通知[EB/OL]. (2018-07-23)[2019-10-25]. http://www. gov. cn/xinwen/2016-06/23/content_5084638. htm.

和身体健康水平。① 通过全民健身实现全民健康已经得到世界卫生组织和世界各国人民的广泛认可。全民健康是世界各国政府的奋斗目标,也是世界各族人民的共同愿望。

全民健康应关注生命全周期所有人群的体质,对于老年人群等重点人群更应该高度关注。中国是世界上老年人口最多的国家,老龄化发展速度快,60 岁及以上老年人口达 2.49 亿,占总人口的 17.9%,而且近 1.8 亿老年人患有慢性病。② 老龄化给中国政府和家庭带来巨大的医疗负担和经济压力,中国政府十分关注老年人的身体健康问题,先后出台一系列政策促进老年人体质,见表 1.1。政策出台之多、密集程度之大,表明中国政府对老年人体质的高度重视。

表 1.1　中国政府出台促进老年人体质的重要政策

时 间	下发单位	文件名称	文件内容
2013 年 9 月	国务院	《国务院关于加快发展养老服务业的若干意见》	促进老年体育健身服务业快速发展,开展适合老年人的体育娱乐活动,推动养老服务与健身、医疗等领域互动发展。
2015 年 2 月	民政部等 10 部委	《关于鼓励民间资本参与养老服务业发展的实施意见》	鼓励和引导民间资本,拓展适合老年人特点的体育健身等服务
2015 年 9 月	体育总局等 12 部委	《关于进一步加强新形势下老年人体育工作的意见》	充分发挥体育在应对人口老龄化过程中的积极作用,推进全民健身事业全面发展。
2016 年 6 月	国务院	《全民健身计划(2016—2020 年)》	统筹规划建设公益性老年健身体育设施,积极开展适合老年人的体育健身活动,为老年人健身提供科学指导。
2016 年 10 月	国务院	《"健康中国 2030"规划纲要》	发挥运动促进健康的独特优势,制订实施老年人体质干预计划,促进健康老龄化。
2017 年 3 月	国务院	《"十三五"国家老龄事业发展和养老体系建设规划》	推进医养结合,加强老年人健康促进和疾病预防,发展老年医疗与康复护理服务,加强老年体育健身。

---

① WHO. Global Action Plan on Physical Activity 2018-2030:More active people for a healthier world [EB/OL]. (2019-06-04)[2019-10-25]. https://www. who. int/ncds/prevention/physical-activity/global-action-plan-2018-2030/en/.

② 健康中国行动推进委员会. 健康中国行动(2019—2030 年)[EB/OL]. (2017-07-15)[2019-10-25]. http://www.gov.cn/xinwen/2019-07/15/content_5409694.htm.

续　表

时　间	下发单位	文件名称	文件内容
2018 年 7 月	国家体育总局	《全民健身指南》	制定老年人的运动健身指南,为患有慢性病老年人制定科学运动处方。
2018 年 12 月	全国人民代表大会常务委员会	《中华人民共和国老年人权益保障法》	提高老年病的预防治疗水平,开展老年人健康教育,普及健身和保健知识。
2019 年 7 月	国务院	《国务院关于实施健康中国行动的意见》	聚焦老年人关心的重要健康问题,从以"疾病"为中心向以"健康"为中心转变。从注重"治已病"向注重"治未病"转变。
2019 年 7 月	健康中国行动推进委员会	《健康中国行动(2019—2030 年)》	针对老年人膳食营养、体育锻炼、定期体检、慢性病管理等方面,给出行动建议。
2019 年 9 月	国务院办公厅	《国务院办公厅关于印发体育强国建设纲要的通知》	促进老年人群体育活动开展,制订实施老年人群的体质干预计划,支持建立老年人体育协会。
2019 年 9 月	国务院办公厅	《国务院办公厅关于促进全民健身和体育消费推动体育产业高质量发展的意见》	推动体医融合发展,加强对老年群体的非医疗健康干预,普及科学健身知识,组织开展老年人健身活动。
2019 年 10 月	国家卫生健康委员会等 12 部门	《关于深入推进医养结合发展的若干意见》	深入推进医养结合发展,更好满足老年人健康养老服务需求。
2019 年 12 月	全国人民代表大会常务委员会	《中华人民共和国基本医疗卫生与健康促进法》	开展体质监测,发展全民健身事业,制订并实施老年人等重点人群健康工作计划。

　　世界卫生组织研究发现,个人行为与生活方式因素对健康的影响占比可达 60%。因而倡导科学运动、合理膳食等健康生活方式,对改善老年人体质十分有效。尤其是通过科学运动应对人口老龄化问题,更具有经济有效、绿色健康、操作性强、应用价值高等特点,是增强老年人体质、延长老年人健康寿命最经济有效的方式。① 因此,通过全民健身增强国民体质、促进全民健康,是国家的现实诉求。

---

　　① 科教司.体育总局等 12 部门关于印发《关于进一步加强新形势下老年人体育工作的意见》的通知[EB/OL]. (2017-07-15)[2019-10-15]. http://www.sport.gov.cn/n316/n336/c211510/Content.html.

1.1.2 寒地东北人口老龄化问题日益严峻的现实诉求

1.1.2.1 东北人口老龄化问题突出

人口老龄化是指人口年龄结构中,老年人口比例不断增加的现象。根据国际通例,人口老龄化是指一个国家或地区60岁及以上人口比重超过10%,或65岁及以上人口比重超过7%。[1]

由于人均寿命不断延长、青壮年人口大量外流和持续低生育率等诸多因素影响,寒地东北人口老龄化问题日益严峻。2017年,东北三省人口数量不增反降。黑龙江省人口减少12.18万人,吉林省人口减少20.29万人,辽宁省人口减少4.6万人,三省合计减少37.07万人。[2] 青壮年人口迁出率的增长对人口老龄化发展起到了推动作用。与此同时,二孩政策也没有起到预期效果,东北地区人口出生率仅维持在6%左右的较低水平,低于全国平均水平。

东北人口老龄化问题极其突出。以黑龙江省为例,2016年,黑龙江省60岁及以上老年人口为681.6万人,占全省人口比重的17.9%,65岁及以上老年人口为440.7万人,占全省人口比重的11.6%。同期全国60岁及以上、65岁及以上老年人口所占比重分别为16.7%和10.8%。黑龙江省比全国老年人口所占比重分别高1.2百分点和0.8百分点,整体高于全国平均水平。[3] 目前,黑龙江省不到6人中就有一个60岁及以上老年人,不到9人中就有一个65岁及以上老年人。65岁以上老年人口数量已超过少儿人口数量,即每100个少年儿童所对应的老年人已经达到106个。[4] 为此,推进东北老年人健康促进工作、提高老年人健康管理水平十分关键。[5]

1.1.2.2 东北人口老龄化带来诸多社会问题

人口老龄化给东北社会经济带来空前压力。黑龙江省老年人口数量巨大,老年人口供给支付额度对人口比例较小的青壮年形成巨大压力,社会财富创造无法满足老年人口快速增长需求。2016年,黑龙江省一般公共预算支出4228亿元,其

---

[1] 王翔朴,王营通,李珏声.卫生学大辞典[Z].青岛:青岛出版社,2000:7.

[2] 2017东北三省人口现状、城镇化率及人口老龄化趋势分析[EB/OL].(2018-07-17)[2019-10-25]. http://www.chyxx.com/industry/201807/659466.html.

[3] 刘志达,王悦.新形势下黑龙江省人口老龄化问题分析研究[J].统计与咨询,2018(1):13-16.

[4] 黑龙江省统计局.新形势下黑龙江省人口老龄化问题分析研究[EB/OL].(2017-12-12)[2019-10-25].http://gkml.dbw.cn/web/CatalogDetail/63B987D65A00F4E0.

[5] 国家计生委等13部门.关于印发"十三五"健康老龄化规划的通知[EB/OL].(2017-03-17)[2019-10-25]. http://www.nhc.gov.cn/rkjcyjtfzs/zcwj2/201703/53164cb31b494359a21c607713451342.shtml.

中社保和医保两项支出合计高达 1000 亿元,占全省支出近 1/4。养老金透支现象比较严重,社会保障基金体系面临巨大财力支撑风险。辽宁省 40 年的养老保险金缺口贴现加总将达到 2010 年 GDP 的 113.42%①,使政府面临巨大的财政支付压力和债务风险。

人口老龄化给东北家庭养老带来巨大挑战。20 世纪 90 年代以来,黑龙江省出生率一直呈下降趋势,2016 年出生率仅为 6.12%,与全国 12.95% 的出生率相比差距较大。黑龙江省 1980 年后出生的一代人多为独生子女,成家立业后大多数家庭的两个子女要承担赡养四个老人的义务,家庭养老负担沉重。吉林省和辽宁省也存在同样问题。加上当今年轻人外流,很多子女都不在当地,与父母同住的年轻人越来越少,传统家庭养老功能弱化,居家养老难题较多,养老负担非常沉重。

综上,寒地东北人口老龄化问题突出,使"未富先老""未备先老"的东北地区,背负沉重的养老、医疗压力。空巢老人、独居老人和高龄老人越来越多,老龄化地区间发展不均衡,城乡差异巨大,农村老龄化现象严重。② 能否处理好人口老龄化问题是关乎东北老年人幸福和社会稳定。在贯彻落实人口生育新政策、健全养老保障体系的同时,应促进老年人体育活动开展,制订针对老年群体的健康干预计划,采取措施提高老年人身体健康水平,降低慢性病发病率,减少老年人医疗消费,使老年人能够健康生活,照顾好自己和伴侣,减轻社会和家庭的养老负担。

1.1.3 寒地东北老年人体质健康水平较差的严峻之势

1.1.3.1 寒地东北老年人体质水平堪忧

我国寒地东北地区冬季寒冷漫长,以黑龙江省为例,供暖期长达 6 个月,从 10 月到次年 4 月该省居民都面临严寒、冰雪、冷风侵袭。寒冷气候给老年人的体质造成诸多不良影响。最近一次全国体质监测显示,2014 年,全国 60～69 岁老年人达到《国民体质测定标准》"合格"等级以上的人数百分比为 87.1%。黑龙江省和吉林省合格以上的人数百分比为 87.8%,辽宁省合格以上的人数百分比为 89.7%,东北三省与全国平均水平基本持平。③ 但寒地老年人体重超重率为 44.08%,肥胖

① 佟昕.人口老龄化背景下辽宁省养老金缺口测算[J].统计与决策,2018(3):103-106.
② 唐钧,刘蔚玮.中国老龄化发展的进程和认识误区[J].北京工业大学学报(社会科学版),2018(4):8-18.
③ 国家体育总局.2014 年国民体质监测公报[EB/OL].(2015-11-25)[2019-11-10].http://www.sport.gov.cn/n16/n1077/n1227/7328132.html.

率为 13.82%。① 超重与肥胖问题已经成为影响我国寒地东北老年人体质的突出问题。

1.1.3.2 寒地东北老年人慢性病发病率高,防控形式日益严峻

寒地东北老年人高血压、冠心病、脑卒中等慢性病的发病率较高,慢性病防控形式日益严峻。《黑龙江省卫生计生与人群健康状况报告》显示,黑龙江省因慢性病导致的死亡占全部死亡的 88%,慢性病已占黑龙江省疾病总负担的 70% 以上。② 朱宣辑等研究发现,长春市老年人高血压、高三酰甘油血症、高胆固醇血症、糖尿病的发病率分别为 81.83%、37.84%、27.69%、6.02%。③ 辽宁省锦州市老年人的慢性病发病率为 76.50%。④ 可见,寒地东北老年人慢性病发病率较高,不容忽视。

东北三省还是肺癌、胃癌等癌症的高发区。陈万青等研究发现,45.2% 的癌症死亡归因于行为、饮食、代谢、环境和感染等五大类可控危险因素。我国可控危险因素最高的地区是黑龙江、广东、吉林和湖北。但男性和女性略有区别,男性危险因素最高的是广东、黑龙江、湖北、吉林(均超过 54.0%),女性危险因素最高的是黑龙江、吉林、天津、内蒙古。⑤ 这与东北地区的社会经济、文化、人口因素、环境因素、气候因素、生活方式等均有关系,为癌症的发生留下了巨大的隐患。

1.1.3.3 部分老年人冬季成为"候鸟老人",减少"寒地地方病"的困扰

为了躲避寒冷气候对老年人身体造成的负面影响,东北三省许多经济条件好的城镇老年人成为"候鸟老人"。每年冬季,老年人离开寒地东北,到海南、云南、广西北海、四川攀枝花等地过冬避寒,等到天气变暖之后再回寒地东北。调查发现,在海南三亚养老的异地老年人近 40 万。其中,3/4 是黑龙江人、吉林人和辽宁人,仅哈尔滨籍的老年人就达 20 万⑥,足见东北冬季"候鸟老人"迁徙人口数量众多。老年人认为海南等地温暖的冬季气候可以帮助他们减少"寒地地方病"的困扰。

---

① 邹吉玲,章碧玉,李军,等.中国寒地老年人体重指数与血压及体质的相关性[J].中国老年学杂志,2019(8):1905-1909.

② 周雪,姜戈.黑龙江省人群健康状况简报[J].疾病监测,2017(5):359.

③ 朱宣辑,郭慧君,徐长妍.长春市某社区 2015 年 798 名老年人健康状况分析[J].深圳中西医结合杂志,2016(21):4-6.

④ 高崇生.辽宁省锦州市太和区老年人慢性病流行特征分析[J].中国医学创新,2019(4):90-94.

⑤ Wanqing C,Changfa X,Rongshou Z,et al. Disparities by province,age,and sex in site-specific cancer burden attributable to 23 potentially modifiable risk factors in China:A comparative risk assessment[J]. Lancet Glob Health,2019(2):257-269.

⑥ 王巧爱.东北人南下的人口迁徙之旅:三亚哈尔滨籍候鸟老人达近 20 万[EB/OL].(2014-11-23)[2019-10-25].http://m.thepaper.cn/newsDetail_forward_1280091.

综上,寒地东北城镇老年人体质堪忧、慢性病频发,亟须采取积极措施,从人为可控因素着手,通过科学运动、改变不良生活习惯等干预,减少癌症的发病率。如何通过运动增强寒地东北城镇老年人体质,已成为亟待研究的重要课题。

1.1.4 节约寒地东北老年人高额医疗费用的紧迫之需

寒地东北老年人慢性病发病率较高,消耗巨额医疗卫生费用。黑龙江省老年人慢性病患病率较高,九成以上老年人月收入在 4000 元以下,而每年看病花费4000 元以上的占 32.0%,80 岁以上人群每年看病花费 4000 元以上的占 52.4%。吉林省老年人高血压、骨关节病和心脏病等慢性病患病率也处于较高水平[1],面临着与黑龙江省类似情况,政府和家庭的医疗负担沉重。

如今,东北医院的扩张速度远远赶不上病人的增长速度。尤其是小城镇医院的数量、规模、医疗设施和卫生条件等,更是亟待增加与改善。政府将巨额资金投入医疗资源建设,其中相当一部分为老年人所用。东北城镇居民"因病致贫、因病返贫"的现象时有发生,一些家庭"十年努力奔小康,一场大病全泡汤"。因病致贫给许多东北家庭带来沉重的经济负担。

然而,大多数慢性疾病是可以通过科学运动和养成健康生活习惯等干预避免的。根据欧洲癌症和健康发展调查委员会有关欧洲预期癌症及营养调查的结果,能够遵从健康生活方式的病人,慢性疾病发展的可能性降低 78%。其中,糖尿病降低 93%,心脏病降低 81%,中风下降 50%,癌症降低 36%。[2] 慢性疾病发病率的降低能有效降低医疗费用支出,减少经济负担,提高生活质量。因此,通过鼓励老年人科学锻炼与养成健康生活方式来实现健康促进经济有效。

1.1.5 寒地东北老年人体育锻炼少且缺乏科学健身指导的不争之实

世界卫生组织调研数据显示,身体缺乏活动是全球第四大死亡风险因素,造成6% 的死亡,仅次于高血压的 13% 和烟草使用的 9%,其风险水平与高血糖的 6% 相同。[3] 据中国国家统计局发布的《2014 年全民健身活动状况调查公报》,中国 60~

① 朱颖杰,姚宇航,徐珊珊,等.吉林省老年人慢性病患病现状、疾病谱分布及其主要疾病危险因素分析[J].吉林大学学报(医学版),2013(6):1275-1281.

② 39健康网.慢病花掉中国 70% 医疗费用!专家呼吁重视生活方式医学[EB/OL].(2017-12-07)[2019-11-10]. http://zl.39.net/a/171207/5911172.html.

③ Lee I M, Shiroma E J, Lobelo F, et al. Effect of physical inactivity on major non-communicable diseases world-wide:An analysis of burden of disease and life expectancy[J]. Lancet,2012(9838):219-229.

69 岁人群经常参加体育锻炼的人数百分比为 36.2%。[①] 黑龙江省 18 岁及以上成年人经常锻炼的占 11.59%,低于全国平均水平 18.7%,更有 84.82%的成年人从不参加锻炼。我国寒地东北老年人的体育锻炼严重不足,且锻炼者中多数存在夏季锻炼、冬季天冷停练的现象。寒地东北冬季低温、降雪、寒风、雾霾频发和日照局限等严重削弱了体育锻炼对老年人的吸引力,影响体育锻炼过程中的安全性、便捷性和舒适性。天寒地冻、路面湿滑、结冰严重,为防止外出路滑摔倒骨折,寒地东北老年人冬季有"猫冬"习惯,宅在家里看电视、上网消磨时间,体育锻炼严重不足。

寒地东北老年人缺乏科学健身指导,科学健身方法知晓率低,健身方式较少,健身科学性较差。多数老年人在参加体育锻炼时存在认识误区,有很大盲目性,运动损伤事件时常发生,影响老年人的身心健康。老年人体育锻炼形式单一,缺乏个性化体育锻炼形式。有氧练习多,力量练习少,柔韧、平衡练习严重缺乏,导致体育锻炼效果不理想。老年人对体育锻炼的热情不高,长期锻炼者人数比例较低,且运动人群缺乏健身指导。为此,黑龙江省人民政府办公厅下发《关于加强老年人体育工作的意见》,指出要加强老年人体育工作,引导老年人科学健身,增进老年人身心健康,实现"健康老龄化"。[②]

1.1.6　寒地东北城镇化快速发展的现实需求

城镇化是国家现代化的必由之路,是经济持续健康发展的强大支柱,对促进社会进步具有重大意义。因此,国务院发布《国家新型城镇化规划(2014—2020年)》[③],通过明确城镇化发展路径、目标任务和政策创新,保障中国特色新型城镇化道路健康快速发展,使中国城镇化进程不断加快。2018 年末,全国常住人口城镇化率达到 59.58%。[④]

中国寒地东北城镇化进程飞速发展。2018 年末,黑龙江省常住人口城镇化率

① 朱宣辑,郭慧君,徐长妍.长春市某社区 2015 年 798 名老年人健康状况分析[J].深圳中西医结合杂志,2016(21):4-6.

② 黑龙江省人民政府办公厅.黑龙江省人民政府办公厅关于加强老年人体育工作的意见[EB/OL].(2012-18-13)[2019-11-10].http://www.sport.org.cn/search/system/dfxfg/hlj/2018/1113/193258.html.

③ 国务院办公厅.中共中央国务院印发《国家新型城镇化规划(2014—2020 年)》[EB/OL].(2014-03-16)[2019-11-13].http://www.gov.cn/gongbao/content/2014/content_2644805.htm.

④ 国家统计局.中华人民共和国 2018 年国民经济和社会发展统计公报[EB/OL].(2019-02-28)[2019-11-13].http://www.stats.gov.cn/tjsj/zxfb/201902/t20190228_1651265.html.

为 60.1%[1]，吉林省常住人口城镇化率为 57.53%[2]，辽宁省常住人口城镇化率为 68.1%[3]。政府不断加速乡村闲置土地资源流转，减少城乡限制因素，加快城镇基础设施建设，推进城镇化进程。[4] 寒地东北乡村居民多以务农为生，夏季务农，冬季无事可干，经济收入微薄。农村流传着"在家种粮不如外出打工"的顺口溜，城镇繁华的市井生活，诸多的就业机会，丰厚的收入，良好的教育、医疗资源，深深吸引着乡村居民。寒地东北冬季气候恶劣、寒冷异常，乡村房屋取暖以"自家烧煤"为主，室温低的"冷屋子"现象普遍。久居寒地东北乡村居民多年寒冬苦守"冷屋子"，关节炎等慢性病发病率较高，身体健康受到严重影响。而城镇供暖采取集中供热，冬季室内温暖舒适、干净整洁，许多乡村居民羡慕已久。

基于以上原因，许多寒地东北乡村居民为了过上他们梦寐以求的幸福生活，纷纷搬往城镇，乡村大多成为"空心村"，只有少数居民留守。城镇化是未来中国社会的发展趋势，城镇化进程会越来越快，城镇人口数量会越来越多。为了顺应中国新型城镇化发展需求，满足寒地东北城镇老年人增强体质的现实需要，开展运动促进城镇老年人体质研究意义重大。

综上，"运动是良医"，"运动是'健康老龄化'的良药"，为了适应中国城镇化进程发展需求，为了提高寒地东北城镇老年人体质水平，降低老年人慢性病发病率，减少政府巨额医疗支出，开展中国寒地东北城镇老年人体质特征与运动促进研究势在必行。

1.2 研究的目的与意义

1.2.1 研究目的

1.2.1.1 探究寒地东北城镇老年人体质特征、生活方式特征和影响因素

采用测试法，分析寒地东北城镇老年人的体质特征。采用问卷调查法，分析老年人的运动、饮食等生活方式特征。采用相关分析和回归分析，探究影响老年人体质的生活方式因素。

① 黑龙江省统计局.黑龙江省 2018 年国民经济和社会发展统计公报[EB/OL].(2019-04-15)[2019-11-13].http://difang.gmw.cn/roll2/2019-04/15/content_122246583.htm.

② 吉林省统计局.吉林省 2018 年国民经济和社会发展统计公报[EB/OL].(2019-04-30)[2019-11-13].http://www.jl.gov.cn/sj/sjcx/ndbg/tjgb/201904/t20190430_6605342.html.

③ 辽宁省统计局.辽宁省 2018 年国民经济和社会发展统计公报[EB/OL].(2019-02-28)[2019-11-13].http://district.ce.cn/newarea/roll/201902/28/t20190228_31587759_4.shtml.

④ 王浩宇.黑龙江省新型城镇化进程中政府行为研究[D].哈尔滨:哈尔滨商业大学,2019.

1.2.1.2 探讨运动与不运动老年人的体质差异和不同运动项目的健身效果

通过对长期从事规律运动的老年人与不运动老年人进行体质测试和对比分析，探讨运动与不运动老年人的体质差异，辨析不同运动项目的健身效果，找寻综合健身效果最好的运动项目。

1.2.1.3 设计并验证运动促进体质方案

从寒地东北城镇老年人体质特征和影响因素出发，通过多角度、多层次、综合性分析后，设计科学有效的运动促进体质方案，并通过实验验证运动促进体质方案的科学性，为促进寒地东北老年人体质提供理论指导和实践参考。

1.2.2 研究意义

1.2.2.1 理论意义

通过运动促进老年人体质，是深入贯彻"全民健身与全民健康深度融合"方针政策的重要体现，也是我国体育界和医学界共同关注的前沿热点。本研究深入分析寒地东北城镇老年人的体质特征和影响因素，据此构建科学有效、非医疗的运动促进体质方案，为增强寒地东北老年人体质提供理论指导和实践参考，扩充寒地东北城镇老年人体质研究的理论阐述和实验验证成果。本研究在全国国民体质监测的基础上，增加了 70～74 岁、75～79 岁两个年龄段，实践指导意义更大；增加了身体成分、骨密度、血管机能等三个研究指标，从而丰富了我国体质监测和健身指导研究理论。

1.2.2.2 实践意义

通过体质监测和统计分析，筛选出最适合寒地东北城镇老年人且健身效果最好的运动项目，为国家在寒地东北推广适合老年人的运动项目提供数据支撑和理论参考。

本研究设计的运动促进体质方案，可以有针对性地解决寒地东北城镇老年人体质促进的现实问题，能够为寒地东北城镇老年人健身提供新思路和新方法，并为中国其他寒冷地区老年人的科学健身提供建议和参考，为政府职能部门制定老年人体质促进方案提供重要参考和借鉴。

1.2.3 研究的理论价值与应用价值

1.2.3.1 理论价值

丰富中国寒地东北城镇老年人体质研究内容，拓宽体质促进理论研究视域，引起学术界对寒地城镇老年人体质促进问题的重视,吸引不同领域的学者开展研究。丰富我国寒地东北城镇老年人体质与运动促进实践应用的研究成果,为政府部门制定老年人运动促进体质方案提供重要参考。

1.2.3.2 应用价值

通过对中国寒地东北城镇老年人体质特征的研究,设计以预防为主的运动促进体质方案,为寒地东北城镇老年人健身提供针对性强、操作性强的运动方案,使老年人通过科学运动增强体质。

2 文献综述

2.1 理论基础

体质促进行为是指为了预防疾病、促进身体健康,采用科学合理的健康行为方式,改变影响体质的不良行为方式,达成健康促进目标。本研究选取最适合的理论研究体质促进行为,以便于有针对性地建立运动促进体质方案。

本研究主要参考健康促进模型、健康信念模型、计划行为理论、社会认知理论、自我效能理论等五种体质促进理论,这些理论可以为运动促进体质方案设计提供理论指导。体质促进本质上是促使人们采取相应措施,使个体行为朝着体质方向改变的过程,但这个过程要遵循一定规律。健康促进模型和健康信念模型是促进人们纠正不良生活方式、提高健康素养、实现健康目标的理论依据;计划行为理论认为行为意向是行为的主要决定因素,可以通过合理引导个体行为态度使其主动规范自身行为,控制不良行为,采取积极行为,实现自身健康;社会认知理论和自我效能理论都是体质促进研究的重要理论。

本研究设计运动促进体质方案,吸收以上五种理论精髓,通过理论和实践探索,力图在体质促进理论方面有所创新。

2.1.1 健康促进模型

健康促进模型(health promotion model,HPM)起源于健康教育,认为个人因素、既往健康行为经验和自我效能等均是影响个体健康行为的有效因素。1987年,Pender首次提出健康促进模型。这一模型归纳出影响健康行为的因素,主张人体健康促进生活方式取决于认知、知觉因素和修正因素。[1] 它被广泛用于运动促进体质领域,包含个人特征及经验、行为特定行为认知及情感、行为结果三大要素,见图 2.1。

---

[1] 杨敏.城市社区老年人健康促进生活方式现状调查分析与对策[D].长春:吉林大学,2009.

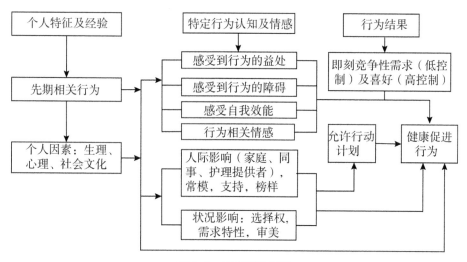

图 2.1 健康促进模型

资料来源：Pender N J. Health Promotion in Nursing Practice[M]. 2nd ed. New York: Appleton & Lange,1987:9-11.

健康促进模型对运动促进体质方案设计的启示是：完善特定行为认知及情感非常重要。例如，通过帮助老年人认识到坚持运动对自身的益处，进行运动促进健康教育，使老年人建立"运动有益"认知；通过集体练习、同伴指导和相互帮助等，促进老年人坚持体育锻炼，克服运动过程中的困难；通过对老年人的运动行为给予积极鼓励，并安排沟通能力强、健身效果显著的老年人与其交流，增强其坚持运动的信心和决心，来提升老年人的自我效能。通过建立"运动有益"认知、克服运动中存在的潜在困难、提升自我效能这三种方法完善老年人的运动行为认知及情感，可以较好地促使老年人长期坚持运动。

2.1.2 健康信念模型

健康信念模型（health belief model，HBM）是有关个体健康行为解释和预测的理论模型。1958 年，心理学家 Hochbaum 首次提出健康信念模型，后经 Becker 和 Maiman 等专家学者不断修正而更加成熟。该模型认为，健康行为受心理和社会因素共同影响，个人信念和个体认知是影响个体采取健康行为的核心内容。根据该理论，当个体对疾病或亚健康状态产生恐惧，意识到问题严重性，并了解通过改善不良行为可以延缓疾病、促进健康时，个体会尝试通过行为改变来调整健康状态，产生信心并长期坚持，达到促进健康目的。该理论包括易感性认知、严重性认知、利益性认知、障碍性认知、行动认知、自我效能六大要素,见图 2.2。

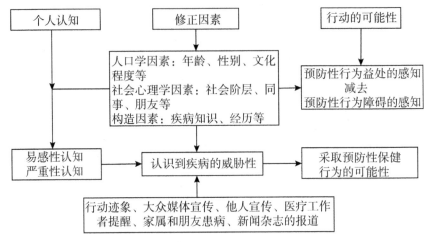

图 2.2 健康信念模型

资料来源:Rosenstock I M,Strecher V J,Becker M H. Social learning theory and the health belief model[J]. Health Educ Q,1988(2):175-183.

健康信念模型对运动促进体质方案设计的启示是:老年人只有具有一定的运动动机,认为通过运动可以获得健康益处,才会主动进行运动方案制定和运动知识学习;而且老年人的运动行为倾向也受社会、经济、环境等许多因素影响,社会支持、媒体宣传和好友带动等途径可以增强老年人坚持运动的信念。因此,运动促进方案应该综合考虑以上因素,合理设计。

2.1.3 计划行为理论

计划行为理论(theory of planned behavior,TPB)由 Ajzen 在 1985 年提出,认为行为意向是个体采取实际行动的主要决定因素。该理论包括行为态度、主观规范、知觉行为控制、行为意向、行为等五要素。其中,行为态度、主观规范和知觉行为控制是决定行为意向的三个主要变量,行为态度越积极、他人支持越大、知觉行为控制越强,行为意向就越大,反之就越小,见图 2.3。

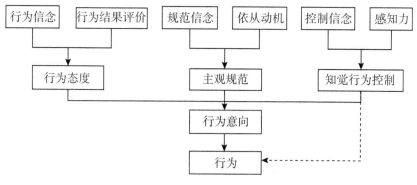

图 2.3　计划行为理论

资料来源：Ajzen I. From intentions to actions：A theory of planned behavior[J]. Springer Berlin Heidelberg，1985(8)：11-39.

计划行为理论对运动促进体质方案设计的启示是：当个体认为运动有益健康，并且自己能够进行运动，那么运动的打算就会产生。这个想运动的意向是行为的初级预测器，但从意向到行为之间还有一个主观控制，只有当主观控制对非意志行为进行实际控制时，实际行为才会发生。如当天气好时，个体感知到对行为的控制能力较强，就会采取运动行为。但如果天降大雪或发生雾霾，控制的感知与雪天和雾霾情景联系起来，个体可能会放弃运动；而执行行为的意向会增强运动意向与行为之间的联系，反映个体关于运动的特定方案，如在何时、何地与何人一起运动等。

鉴于此，运动促进体质方案设计应从倾向因素、促成因素和强化因素着手，对健康行为进行促进。应该充分考虑运动时老年人的主观意愿，重视激励老年人的运动动机，使老年人有强烈运动意愿、端正运动态度，并建立来自配偶和家人的支持系统。

2.1.4　社会认知理论

1986 年，Bandura 提出社会认知理论(social cognitive theory，SCT)，被广泛用于理解、描述和改变运动行为。社会认知理论认为，个人因素、行为因素和环境因素三个因素交互作用，共同决定个体行为。[①] 个人因素指个人情感、认知、人格等。行为因素指过去和现在进行某种行为的成就。环境因素指社会、文化和经济

---

① Allbert B. A Self-effcacy：The Exercise of Control[M]. New York：W. H. Freeman & Company，1997.

条件等。个人因素、行为因素和环境因素相互影响，随时间推移，不断发生变化。①例如，刚开始一项运动，如果对运动效果比较满意，个体会有一种成就感，这会使他们投入更多时间、精力和金钱参与运动，从而使环境更有利于随后的运动。相反，如果个体开始运动时运动感觉不好，产生疲劳或出现运动损伤等，就会停止健身，使环境不利于随后的运动。

社会认知理论对运动促进体质方案设计的启示是：如果认为行为的具体结果可能发生并有价值，那么行为改变就更可能发生；患有高血压的老年人想降低血压并认为扭秧歌是有益的，那么其就可能开始并坚持这一运动。

2.1.5　自我效能理论

1977 年，Bandura 提出自我效能理论（self efficacy theory，SET）。自我效能理论是指人们对执行某一特定行为、达成某一特定目标的信心。该理论主要通过干预行为对预期结果产生影响。在健康促进中，自我效能是指个体对改善健康状况、维护和促进健康的信心与信念。

自我效能理论认为，成功完成行为的信念十分关键。自我效能感高的个体会积极主动地克服困难，实现对行为的控制。根据该理论，决定行为的因素主要有：个人以往成功和失败的直接经验，他人的榜样和示范作用等间接经验，他人的鼓励、建议等言语劝说，个体情绪状态的影响，等等。自我效能与体育锻炼行为的联系比较密切，自我效能感高的个体有可能坚持运动，并长期保持运动习惯。

自我效能理论对运动促进体质方案设计的启示是：老年人面对障碍或挑战时，自我效能感越高，就会越努力、越坚持，最后顺利完成任务。设计方案时，应充分考虑老年人的自我效能感。例如，一个不相信自己能扭秧歌的老年人，是不会考虑参加秧歌运动的，因此，必须提高其参加秧歌运动的信心。

2.2　国内体质与运动促进研究进展

2.2.1　我国国民体质研究进展

在中国知网中选取 CSSCI 论文，利用 CiteSpace 可视化分析软件对国民体质研究进行可视化分析，检索主题"体质"，不含"中医体质""体质人类学"，年限设定

---

① Bandura A. Social Foundations of Thought and Action：A Social-cognitive Theory[M]. Englewood Cliffs，NJ：Prentice Hall，1985.

为"1999—2020年",检索时间截止到2020年1月20日。经可视化分析后发现,国民体质研究高频关键词包括"体质""体质健康""大学生""青少年""身体素质"等,见图2.4。

图2.4 国民体质研究高频关键词知识图谱

2.2.1.1 青少年体质是我国学者研究的重点,研究成果比较丰富

相关研究主要关注如何预防青少年体质下降,提出了政府完善顶层设计、学校改革体育课程设置、社会开发业余体育活动、学界深化学生体质监测研究等方法。杨桦研究认为,应通过政府主导、社会参与等方式深化"阳光体育运动",促进青少年体质健康。① 章建成等研究发现,经济因素、政策因素等是青少年参与课外体育锻炼的制约因素,而锻炼兴趣、锻炼动机等是青少年参与体育锻炼的关键因素。② 杨成伟等研究认为,应通过完善政策体系、整合政策执行组织机构、完善执行与监督机制、优化政策环境等方法,优化青少年学生体质健康政策。③季浏等构建了健

① 杨桦.深化"阳光体育运动",促进青少年体质健康[J].北京体育大学学报,2011(1):1-4.
② 章建成,张绍礼,罗炳,等.中国青少年课外体育锻炼现状及影响因素研究报告[J].体育科学,2012(11):3-18.
③ 杨成伟,唐炎,张赫,等.青少年体质健康政策的有效执行路径研究:基于米特-霍恩政策执行系统模型的视角[J].体育科学,2014(8):56-63.

康体育课程模式以提高学生体质。① 潘娣等研究发现,有氧训练能改善学生体质。② 郑小凤等研究认为,应通过加强学生体质测试制度监管,保障学生体质测试政策实施。③ 王云涛等研究发现,澳门青少年超重、肥胖流行趋势日益严重,女性增长趋势较男性更明显,且青少年超重和肥胖影响因素复杂多样化,应进一步加强监控与研究。④ 张加林等研究发现,我国城市儿童青少年身体活动水平普遍不足;为开展城乡身体活动研究,他们构建了我国青少年身体活动评价指标体系。⑤ 吴键等研究发现,1985—2014 年的 29 年间,我国学生身体素质和身体机能整体呈现下降趋势,只有部分指标在一定阶段呈现下降速度减慢或者平均值回升的现象。⑥ 因此,如何提升青少年体质仍是今后的研究重点。

2.2.1.2 成年人体质问题学者也有关注,但研究成果相对较少

成年人体质研究集中于成年人体质现状及影响因素,也有关于体质促进的探索性文献。江崇民等对中国体质研究进程和发展趋势进行研究,提出应结合体质监测与体育学、医学、预防学、营养学及社会学等多学科开展研究,找寻体质健康因素及提升策略。⑦ 傅建霞研究发现,加强体育锻炼和控制工作时间可以提升成年人体质健康水平。⑧ 张艺宏等研究发现,中国 20～69 岁城乡居民超重和肥胖人数占比合计高达 45.24%,超重和肥胖是影响我国居民体质的关键问题;且我国居民心肺功能逐渐下降,综合体质较差,体能呈下降趋势。⑨ 冯宁等研究发现,身体活动不足是体质水平下降和多种慢性疾病的诱发因素,应关注不同人群的身体活动

① 季浏.中国健康体育课程模式的思考与构建[J].北京体育大学学报,2015(9):72-80.

② 潘娣,王荣辉,周财亮,等.大学生健身意识和健身行为对体质影响的追踪研究[J].北京体育大学学报,2016(12):68-73.

③ 郑小凤,张朋,刘新民.我国中小学学生体质测试政策演进及政策完善研究[J].体育科学,2017(10):13-20.

④ 王云涛,施美莉.澳门超重、肥胖儿童青少年体质特征及影响因素研究[J].中国体育科技,2019(12):59-67.

⑤ 张加林,唐炎,陈佩杰,等.全球视域下我国城市儿童青少年身体活动研究:以上海市为例[J].体育科学,2017(1):14-27.

⑥ 吴键,袁圣敏.1985—2014 年全国学生身体机能和身体素质动态分析[J].北京体育大学学报,2019(6):23-32.

⑦ 江崇民,张一民.中国体质研究的进程与发展趋势[J].体育科学,2008(9):25-32,88.

⑧ 傅建霞.江苏省成年人体质健康促进干预项目的 Logistic 回归分析[J].首都体育学院学报,2010(3):65-68,80.

⑨ 张艺宏,王梅,孙君志,等.2014 年中国城乡居民超重肥胖流行现状:基于 22 省(市、区)国家国民体质监测点的形态数据[J].成都体育学院学报,2016(5):93-100.

研究。①

2.2.1.3　老年人体质研究成果相对匮乏

老年人体质研究多停留在现状描述、影响因素分析方面,体质促进研究成果较少,且多停留在理论层面。程其练等研究发现,练习健身气功、易筋经,能够有效提高中老年人的呼吸机能、柔韧性和握力等水平。② 代俊研究发现,老年人的心肺功能和肌肉力量,随年龄增加逐渐降低,体育锻炼有助于提高体质水平。③ 黄珂等基于 ICF 的生物—心理—社会功能模式构建了老年人体育活动与老年功能健康的理论架构,并发现中等至中高强度的有氧体育活动使老年人发病和死亡的相对风险降低 30％以上。④

综上,我国国民体质研究重点关注学生体质,成年人体质研究较少,老年人、少数民族、妇女儿童和残障人士的体质研究十分缺乏。研究在继续关注学生、青少年和成年人体质研究的同时,应在选题上"恶补"不同地区人群体质研究,兼顾老年人体质研究短板。通过运动干预、运动处方制定等改善老年人体质的实证研究匮乏,这为本研究提供了很好的切入点。

2.2.2　我国国民体质与运动促进研究进展

2.2.2.1　体质影响因素研究

我国学者认为,影响体质的因素包括自然环境、经济水平、体育锻炼、教育水平、文化程度、膳食营养、医疗保健等。黄露等研究发现,经济水平和文化程度对人的体质有影响。⑤ 周新新研究发现,生态环境、经济水平、膳食营养、个人行为模式和人际交往是影响国民体质的重要因素。⑥ 蔡友凤等研究发现,国民体质水平与人口平均预期寿命之间的线性关系相关度很高,而且锻炼身体可以增强体质和延年益寿。⑦ 王莉等研究发现,我国国民体质综合指数存在显著的空间异质性,自然

---

① 冯宁,衣雪洁,张一民,等.身体活动不足对成年人体质和健康影响的研究进展[J].沈阳体育学院学报,2016(5):81-87.

② 程其练,杜少武,章文春,等.健身气功·易筋经锻炼对中老年人体质的影响[J].北京体育大学学报,2006(11):1516-1517,1528.

③ 代俊.不同性别、年龄及体力活动对老年人体质的影响[J].首都体育学院学报,2015(4):380-384.

④ 黄珂,王国祥,邱卓英,等.基于 ICF 老年人体育活动与功能康复研究[J].中国康复理论与实践,2019(11):1248-1254.

⑤ 黄露,余晓辉.老年人体质指数与社会因素的相关分析[J].中国公共卫生,2005(5):608-609.

⑥ 周新新.我国国民体质与经济社会发展相关性研究[J].体育文化导刊,2012(11):1-4.

⑦ 蔡友凤,房殿生,肖水平.我国各省(区、市)国民体质水平与人均预期寿命的相关研究[J].广州体育学院学报,2016(4):101-105.

环境对体质的影响大于社会经济,温度和日照时数对体质影响起主导作用。[①] 赵广高等研究发现,周末体力活动是影响幼儿体质的最关键因素。[②]

综上,自然环境、医保体系需要国家层面进行顶层设计逐步改变,经济水平、教育水平、文化程度需要国家、组织和个人共同参与改变,而体育锻炼、膳食营养、个人行为模式等生活方式的调整,是个人简单易行的增强体质的重要手段,也是本书研究的出发点。

2.2.2.2 宏观整合的体质促进研究

体质促进研究是近年来的研究热点,引起许多学者关注。乐生龙等研究发现,应通过"家庭—社区—医院—高校"四位一体健康促进模式,合力解决慢性病问题。[③] 胡扬研究发现,应通过"体医融合"构建民众健康屏障。[④] 李璟圆等研究发现,通过体医融合提高国民体质势在必行,他们重新概括了体医融合的内涵,提出理念融合、技术融合、业务融合和产业融合是体医融合的实施路径。[⑤] 卢文云等探讨了全民健身与全民健康深度融合的路径选择,提出要制定相应的政策法规,建设全民健身公共服务体系。[⑥] 祝莉等构建了运动处方内容系统、运动处方师培训系统、运动处方应用系统,制定了针对健康人群、慢性病患者等不同对象的运动处方,以增强国民体质、增进国民健康。[⑦]

综上,体质影响因素比较复杂,研究成果大多数集中在理论层面且比较宏观,缺乏数据支撑的实证研究。体质促进研究主要通过构建体医融合模式等实现全民体质增强,但体医融合尚在探索阶段,未形成系统的内容体系。其他研究多局限于理论层面,缺乏针对性强、应用性强的实证研究。因此,开展运动对老年人体质干预的实证研究十分重要,应用价值更高。

---

① 王莉,胡精超.健康中国背景下我国各省国民体质影响因素空间异质性[J].武汉体育学院学报,2017(2):5-11,30.

② 赵广高,吕文娣,付近梅,等.幼儿体质影响因素的决策树研究[J].体育科学,2020(2):32-39.

③ 乐生龙,陆大江,夏正常,等."家庭—社区—医院—高校"四位一体运动健康促进模式探索[J].北京体育大学学报,2015(11):23-29,35.

④ 胡扬.从体医分离到体医融合:对全民健身与全民健康深度融合的思考[J].体育科学,2018(7):10-11.

⑤ 李璟圆,梁辰,高璨,等.体医融合的内涵与路径研究:以运动处方门诊为例[J].体育科学,2019(7):23-32.

⑥ 卢文云,陈佩杰.全民健身与全民健康深度融合的内涵、路径与体制机制研究[J].体育科学,2018(5):25-39,55.

⑦ 祝莉,王正珍,朱为模.健康中国视域中的运动处方库构建[J].体育科学,2020(1):4-15.

2.2.3 我国老年人体质与运动促进研究进展

2.2.3.1 老年人体质研究越来越得到重视

刘德皓等研究发现,陕西省老年人体质水平在 2000—2005 年的 5 年间有较大幅度提高,但仍有 15.0%的老年人体质不合格。[①] 涂春景等认为,未来 10 年,我国城镇老年人体质总体水平变化速度趋缓,但平衡能力、握力水平等继续下滑,超重与肥胖人群继续增加。[②] 邢维新研究发现,加强中老年人体质、健康方法及运动处方指导等研究是我国体质研究的趋势。[③] 谌晓安研究发现,老年人体质影响因素有体力活动不足和慢性病患病情况等。[④] 郭树涛等研究发现,抗阻练习对中老年人骨骼肌系统、胰岛素抵抗、血压、身体脂肪等机能的维持有积极作用。[⑤] 李年红研究发现,经常参加体育锻炼的老年人,其生理健康水平和体质状况明显优于不锻炼者。[⑥] 代俊研究发现,散步、体育锻炼、自行车能够促进老年人体质,重体力工作对身体健康有不良影响。[⑦]

我国学者比较重视老年人体质促进研究,相关研究发展较快。汪敏加等研究发现,通过多种运动方式结合、慢性疾病运动干预、生活方式干预等促进老年人健康,是未来研究热点。[⑧] 戒烟、限酒、健康饮食、适量运动等健康的生活方式可以降低中老年人 2 型糖尿病的发病风险,降低全因死亡风险。[⑨] 朱建明研究发现,国际有关运动干预老年人跌倒的研究,主要关注老年人跌倒的流行病学研究及对不同类型老年人的平衡、步态、身体功能等方面进行抗阻力、平衡、全身振动、耐力训练等干预。[⑩]

---

① 刘德皓,韩恩力.人口老龄化进程中陕西省老年人体质现状的比较研究[J].西安体育学院学报,2011(6):665-667.

② 涂春景,江崇民,张彦峰,等.基于灰色模型的我国城镇老年人体质定量预测研究[J].体育科学,2016(6):92-97.

③ 邢维新.我国国民体质研究的现状与发展趋势评析[J].体育科技文献通报,2014(5):16-17,29.

④ 谌晓安.武陵山片区 60～69 岁老年人体质及影响因素[J].中国老年学杂志,2017(14):3603-3606.

⑤ 郭树涛,刘革.抗阻力练习对中老年人体质健康影响研究述评[J].体育学刊,2007(2):56-59.

⑥ 李年红.体育锻炼对老年人自测健康和体质状况的影响[J].体育与科学,2010(1):84-87.

⑦ 代俊.不同性别、年龄及体力活动对老年人体质的影响[J].首都体育学院学报,2015(4):380-384.

⑧ 汪敏加,廖远朋,郭莹莹.运动与老年人健康促进研究进展:第 64 届美国运动医学会年会启示[J].成都体育学院学报,2018(2):104-108.

⑨ Zhang Y,Pan X F,Chen J,et al. Combined lifestyle factors and risk of incident type 2 diabetes and prognosis among individuals with type 2 diabetes:A systematic review and meta-analysis of prospective cohort studies[J]. Diabetologia,2019(4):15-17.

⑩ 朱建明.运动干预老年人跌倒研究的国际前沿热点与演化分析[J].上海体育学院学报,2019(2):77-85.

综上,我国老年人体质促进研究在国内得到学者关注,研究内容集中在体质现状、体质影响因素、体质测评方法、发展趋势以及不同运动项目、不同运动方式对体质的促进等方面,研究方法多使用文献资料法、问卷调查法、实验法等。

2.2.3.2 寒地老年人体质促进研究匮乏

有关寒地老年人体质促进的高质量研究比较匮乏。在《中国知网全文数据库》以"体质"为主题,不含"中医体质",分别进行核心期刊或 CSSCI、博士学位论文、硕士学位论文、会议论文来源检索,检索时间截至 2020 年 1 月,检索结果见表 2.1。

表 2.1 体质促进主题检索结果

单位:篇

检索主题	文献	期刊	核心期刊或 CSSCI	会议论文	博士学位论文	硕士学位论文
体质	49182	38865	7675	3273	593	5501
学生体质	19758	16188	2527	830	139	2372
老年人体质	531	359	127	65	6	101
寒地老年人体质	135	35	11	3	0	0

经过对检索文献的细致阅读和深入分析,发现体质研究主要集中在体质、学生体质研究方面,研究数量最多、内容最全、方式手段使用更广泛。而老年人体质促进研究,成果较少,运动促进老年人体质的实证研究成果极其缺乏。有关寒地老年人体质促进的研究几乎处于空白状态,本研究可弥补这一不足。

2.2.4 我国寒地东北老年人体质与运动促进研究

2.2.4.1 寒地老年人体质状况研究

由于地理环境、气候环境、经济发展、生活习惯和民族性遗传因素等差异,我国寒地东北城镇老年人的体质状况具有明显地域特点。研究表明,自然环境和气温对人的体质水平影响较大。唐锡麟等研究发现,由于地理环境不同和经济发展差异等,我国青年身高水平有明显地域差异,分布整体呈现"北高南矮"现象,且沿海省份优于内陆省份,环渤海地区身高较高,黑龙江省人均身高排第 6 位,贵州省人均身高最低。[1] 国家体育总局发布的《1997 年中国成年人体质监测公报》指出,北方人身材高大,南方人身材瘦小。[2] 李纪江等研究发现,人的体质构成如身体机

① 唐锡麟,王志强,王冬妹.中国汉族青年身高水平的地域分布[J].人类学学报,1994(2):143-148.
② 国家体育总局.1997 年中国成年人体质监测公报[J].体育科学,1999(1):1-3.

能、肺活量等,与气候环境和地理位置存在密切关系,具有明显地域特征。随着寒冷程度的增加,我国成年人身体质量指数由南到北逐渐增大。① 王莉等研究发现,自然环境对国民体质的影响甚至大于社会经济环境。浙江、广东等平均温度较高的省份,国民体质综合指数较高。这与东部沿海地区自然环境优越、气候宜人、经济发达等有关。② 魏德样等研究发现,区域自然环境中的气候类型和降水量可能是影响所在地区人群体质的重要因素。总体国民体质发展水平较高的区域基本都处在温带季风气候和亚热带季风气候区。2005—2014 年,黑龙江省国民体质水平在全国均属于中下水平,这与区域自然环境气候类型有关。③

2.2.4.2 寒地东北老年人生活方式与体质现状研究

第一,堪忧的体质状况与多重慢性病威胁共存。

寒地东北独特的地理环境、气候条件和老年人"管不住嘴、迈不开腿"的生活方式④,导致老年人体质状况较差,多重疾病威胁并存。黑龙江省老年人体质"合格"达标率87.8%,低于全国平均水平89.6%。黑龙江省居民高血压、冠心病、脑卒中等发病率均居全国第一位。⑤ 高菡璐等研究发现,哈尔滨市区慢性病年报告发病率呈逐年上升趋势,年均报告发病率为 1273.91/100000,排名前 5 位的慢性病分别是脑卒中、肿瘤、高血压、糖尿病和冠心病。⑥

吉林省是心脑血管疾病高发区,吉林省城市人群心脑血管疾病患病率为10.7%⑦,其中老年人群占比极高。石晓东等研究发现,吉林省德惠地区高血压发病率为 28.67%,糖尿病发病率为 4.82%,血脂紊乱发病率为51.0%。⑧ 吉林地区

---

① 李纪江,蔡睿,何仲涛.我国成年人体质综合水平与自然环境因素的关联分析[J].体育科学,2010(12):42-47.

② 王莉,胡精超.健康中国背景下我国各省国民体质影响因素空间异质性[J].武汉体育学院学报,2017(2):5-11,30.

③ 魏德样,雷雯.中国省域国民体质发展水平的空间特征与格局演化[J].上海体育学院学报,2018(3):29-35.

④ 魏新刚.健康龙江基点在健康教育[J].中国卫生,2017(10):46-47.

⑤ 黑龙江省政府.黑龙江省印发《健康龙江行动(2014—2020 年)实施方案》[EB/OL].(2014-10-08)[2019-11-25].https://heilomhjiang.dbw.cn/system/2014/10/08/056035424.shtml.

⑥ 高菡璐,兰莉,乔冬菊,等.1998—2010 年哈尔滨市市区慢性病流行趋势分析[J].中华疾病控制杂志,2012(5):396-399.

⑦ 刘建伟,潘阳,曲洋明,等.吉林省城市人群心脑血管疾病相关影响因素分析[J].中国公共卫生,2019(2):144-146.

⑧ 石晓东,魏琪,何淑梅,等.中国东北地区成人非传染性慢性疾病的流行病学调查及影响因素分析[J].吉林大学学报(医学版),2011(2):379-384.

老年人脑卒中高危人群筛出率为56.6%,脑卒中高危现象严重。[①] 李医华等研究发现,2014年吉林省心脑血管疾病费用为71.10亿元,占该年度卫生总费用的比重为9.20%。[②]

张广生等研究发现,东北地区的沈阳、长春、哈尔滨三个省会城市是完全性脑卒中的高发区,且流行特征随年龄增大越发严重,男性多于女性,并且有从南向北增高的趋势。[③] 这与寒地东北冬季气温极端下降,增加心脑血管疾病的复发率,寒冷刺激使交感神经过度兴奋,诱发冠状动脉痉挛,甚至心肌梗死等心脑血管疾病有关。[④] 老年人心脑血管等慢性病发病率高,寒地东北医疗费用不断攀升。

第二,寒地东北老年人慢性病频发,引起政府高度关注。

为了提高体质水平,遏制老年人慢性病发病率上升现象,东北三省的省委省政府纷纷出台相关政策,促进各省老年人体质水平提高,各种规划、纲要、条例等纷纷出台,见表2.2。政府出台的政策数量之多、时间之密集,表明政府促进老年人健康的决心和态度。政府高度重视,要尽全力采取一切有效措施,增强老年人体质,延缓慢性病发病率,延长老年人寿命。但是有关寒地居民健康促进的学术研究较少,目前仅见王墨晗等人的研究。他们发现,寒地冬季月份学生进行体力活动的总量和频率低于非冬季月份,校园冬季环境质量低于非冬季月份,且设施防寒、步行可达性、交通安全性、冬季活动安全性得分低于非冬季月份。[⑤] 有关寒地老年人体质促进的研究至今仍十分缺乏,这正是本书选题的出发点。

表2.2 东北三省政府出台促进老年人体质的重要政策

时间	下发单位	文件名称	内容及目标
2014年8月	黑龙江省政府	《健康龙江行动(2014—2020年)实施方案》	举办健身健康知识讲座,开展健康健身知识"五进活动",开展健康行为促进活动、全民健身活动、

---

① 赵春善,张悦琪,李医华,等.吉林地区老年人脑卒中高危目标人群筛查现状及危险因素[J].中国老年学杂志,2019(10):2526-2528.

② 李医华,张毓辉,方令女,等.吉林省心脑血管疾病费用核算结果与分析[J].中国卫生经济,2017(3):21-24.

③ 张广生,王耀山,宋正爱,等.东北地区省会城市完全性脑卒中流行病学调查[J].中国实用内科杂志,1994(6):347-349.

④ 张书余,王宝鉴,谢静芳,等.吉林省心脑血管疾病与气象条件关系分析和预报研究[J].气象,2010(9):106-110.

⑤ 王墨晗,梅洪元.寒地大学校园环境要素与冬季体力活动相关性[J].哈尔滨工业大学学报,2018(10):168-174.

时间	下发单位	文件名称	内容及目标
2015 年 11 月	吉林省人大（含常委会）	《吉林省老年人权益保障条例》	设置适合老年人的文化体育设施，积极开展老年人健身娱乐活动。
2016 年 12 月	中共辽宁省委辽宁省人民政府	《"健康辽宁 2030"行动纲要》	建立整合性医疗卫生服务体制和全民健身公共服务体系，推进全民健康生活促进行动和身体素质提高行动，促进重点人群参与老年人运动。
2017 年 1 月	黑龙江省委黑龙江省人民政府	《"健康龙江2030"规划》	开展老年人在内的各年龄段健康教育，针对老年人开展基本医疗、科学健身、营养膳食指导。
2017 年 5 月	吉林省人民政府办公厅	《吉林省卫生与健康"十三五"规划》	到 2020 年，吉林省人均预期寿命提高到 79 岁左右，完善全民健身公共服务体系。开展老年慢性病管理和运动干预。
2017 年 8 月	吉林省人民政府办公厅	《"健康吉林2030"规划纲要》	坚持"共建共享、全民健康"，制订实施老年人体质健康干预计划。
2017 年 10 月	吉林省人民政府办公厅	《吉林省老龄事业发展和养老体系建设"十三五"规划》	推进医养融合发展，强化老年体育，加强老年体育组织和健身指导。

资料来源：政府各部门官网。

2.2.5　已有体质促进研究的热点、不足及展望

2.2.5.1　研究热点

国民体质监测对运动健身和体质的评价作用日益凸显。[①] 自 2000 年开始，我国每 5 年开展一次全国性大规模的国民体质监测工作，该测试覆盖 3～69 岁健康人群和某些特殊职业人群，监测后结果向社会公布，我国国民体质监测和体质促进工作已取得巨大成就。我国国民体质研究发文量不断增长，研究内容在广度和深度上均有提升，研究方法和研究手段不断创新，学者尝试从不同角度、不同层次、不同维度探究体质促进问题。

已有研究以针对不同人群的体质研究为热点，其中学生体质研究数量最多、成果显著。主要包括学生体质现状描述、体质监测评价、体质测试监督机制、国内外学生体质对比、少数民族学生体质现状、体质增强策略、体质教育模式、体质促进实证、学校体育教育改革、业余体育锻炼等。

---

① 王梅.中国国民体质监测体系的发展与展望[C].北京:中国体育科学学会,2019:296.

成年人体质研究,成果相对较少。主要包括成年人体质现状描述、体质特征及变化趋势、体育锻炼对体质影响、不同省市居民体质状况对比、体质提升策略、体育活动锻炼量调查、不同职业人群体质状况、体质与血压相关研究等。

老年人、婴幼儿、残障人士、妇女儿童和少数民族等特殊群体体质研究,数量匮乏,有待重点关注。主要包括:老年人体质现状、体质促进,运动处方干预老年人慢性病等;残疾人体育活动干预、体质促进体系构建、体质归因分析、体质监测替代指标等;幼儿体适能促进、体质促进、动作技能促进等;妇女体质现状、不同运动对妇女体质的影响、体质指标研究等;少数民族体质现状描述、体质特征及变化规律、民族地区特色健身项目等。

综上,国内已有体质促进研究中,学生体质研究内容最丰富、最全面、最深入。究其原因:高校和中小学每年定期进行学生体质监测,监测数据最为系统和全面;学生体质水平逐年下降,已经成为各方关注热点;教育系统学历层次较高、科研能力较强的科研工作者数量众多,研究更具便利性。而成年人体质研究内容相对较少、研究深度不够。老年人等特殊群体的体质促进研究已经得到国家和学者的关注,但研究成果较少。这与该部分群体人员组织困难、样本和数据采集比较困难、慢性病发病率高、运动实验和医务监督复杂有关。

2.2.5.2 研究不足

我国学者不断研究增强体质的方法,医卫部门从医学、保健学、心理学、生理学等角度出发,研究如何通过药物、手术等方法促进体质,此方法效果显著,但副作用大、经济成本高。许多经济条件差的家庭,甚至无力支付巨额医药费,导致"因病致贫"现象频发。通过运动促进体质,具有安全有效、副作用小、花费较少、效果较好等特点,因而具有重要研究价值。然而,中国体质促进研究多局限于理论层面,主要从政策方面进行理论探讨,有数据支撑的实证研究相对匮乏。虽然运动促进体质已得到人们广泛关注,科学运动与体质之间的剂量效用关系逐渐明确,但我国仍缺乏运动促进体质的实验研究,尤其是多年追踪的纵向实验研究。研究主题多集中于青少年学生体质研究,成年人、老年人体质研究较少,农民、工人、办公室职员等不同群体的体质特征研究更少,婴幼儿、妇女儿童、残障人士等特殊群体的体质研究缺乏,针对寒冷地区、高原地区、沿海地区等地域特征明显区域开展的体质研究极少。

2.2.5.3 研究展望

未来,国民体质促进研究应该借鉴国际先进的研究方法和实验方法,在理论研究基础上,广泛开展有大数据支撑的实证研究,结合大数据、云计算等先进统计方法,更加科学准确地找准体质影响因素,以便精准解决增强体质这一现实问题,使研究成果的应用性和指向性更加明确。应以"体医融合"为切入点,加强体育与医疗部门合作,重视医疗指标与体质指标之间的相互关联,鼓励体育学界研究者与医疗、保健、营养、康复等不同学科学者开展合作研究,开展体质促进科普活动,提升全民族健康素养,促进人们养成健康生活方式。在研究选题上,应该重视对高原地区、寒冷地区、沿海地区、西部地区等特殊地域人群的体质研究,恶补老年人、婴幼儿等重点人群体质研究短板,实现全地域、全方位、全周期、全覆盖的体质促进研究。

综上,基于寒地老年人体质研究严重不足,又因"体医融合"属于国家层面的宏观干预手段,且现处于开展阶段,本研究拟采用微观层面的操作性强、针对性强的运动促进体质方案,为寒地东北老年人体质促进提供理论指导和实践参考。

2.3　国外体质与运动促进研究进展

2.3.1　国外体力活动不足的现状及危害研究

身体活动不足和静坐少动的生活方式已经成为 21 世纪最大的卫生问题。[①] 截至 2009 年,美国人平均每天沉浸在电视以及电脑、手机等电子产品上的时间超过 600 分钟。[②] 体力活动减少是各种慢性病发病率增加的原因之一。

学者研究发现,身体活动不足导致 9% 的过早死亡率,或者说 2008 年在全球范围内的 5700 万例死亡中有 530 万例是身体活动不足导致的。[③] 美国教授研究发现,随着肥胖症、糖尿病和心脑血管疾病等慢性病攀升,当前美国儿童的预期寿命将比他们的父辈要短。[④] 因此,鼓励人们增加体力活动和运动,通过科学锻炼促进体质,是体育科学研究的重要课题。

2.3.2　国外运动促进体质研究

美国国立卫生研究院在研究了超过 65 万成年人的数据后发现,闲暇时间进行

① Blair S N. Physical inactivity: The biggest public health problem of the 21st century[J]. British Journal of Sports Medicine, 2009(1): 1-2.

② Donald F R, Ulla G F, Victorla R. Generation M: Media in the Lives of 8-to 18-year-olds[M]. California: The Henry J. Kaiser Family Foundation, 2005.

③ Lee I M, Shiroma E J, Lobelo F, et al. Effect of physical inactivity on major non-communicable diseases world wide: An analysis of burden of disease and life expectancy[J]. Lancet, 2012(7): 219-229.

④ Pietrobelli A. A Potential decline in life expectancy in the United States in the 21st century-NEJM[J]. New England Journal of Medicine, 2005(7): 1138-1145.

体力活动可以延长寿命高达 4.5 年。[①] 有学者研究发现,规律的体力活动可以增长预期寿命 0.4～6.9 年。[②] 因此,规律运动和体力活动可以促进人体健康。

世界各国都非常重视国民体质和疾病预防。许多国家都下发相关文件,倡导通过体力活动和体育运动等健康生活方式来促进人体健康,见表 2.3。

表 2.3 世界各国体力活动或运动促进体质方案

年份	机构	文件名称	主要内容
2004	世界卫生组织	《饮食、身体活动与健康全球战略》	饮食和身体活动既单独又共同影响健康。身体活动是改善人体身心健康的重要手段。
2007	美国运动医学会	《运动是良医》	鼓励医生在为病人开具治疗方案时将运动健身作为处方的一部分。推广健身与医疗相结合计划。
2008	美国卫生与公共服务部	《美国人体力活动指南》	鼓励国民参加体力活动,并提供国民科学运动指导意见。
2009	英国	《要活力,要健康》	通过体力活动促进人体健康。
2011	日本厚生省	《活力生活》	从身体活动、饮食习惯、禁烟三个方面鼓励人们采取措施,提高健康生命预期。
2015	英国	《运动未来:英国新体育战略》	医疗卫生工作人员要接受专业培训,了解当地运动、健身休闲设施状况,并根据患者情况开"身体活动处方"。
2016	美国疾病与预防控制中心	《国民身体活动计划(2016—2020)》	鼓励人们开展体力活动,确保多个部门协调配合,促进体力活动计划顺利实施,并定期对计划实施情况进行评估。
2018	美国卫生及公共服务部	《2018 年美国人体力活动指南》	为公众、卫生保健专业人员和决策者提供基于科学信息的体力活动指南,促使人们利用体力活动降低慢性病风险并改善健康。

资料来源:世界各国政府网站。

2.3.3 国外寒地国家颁布的运动促进体质政策

同属寒冷地区国家的俄罗斯和加拿大,相继出台了运动促进体质相关政策。2009 年,俄罗斯出台《俄罗斯联邦 2020 年前体育发展战略》,指出体育运动习惯和健康生活方式培养是促进人民身体健康的重要手段,要求通过发展体育运动,使俄

---

① Moore S C,Patel A V,Matthews C E,et al. Leisure time physical activity of moderate to vigorous intensity and mortality:A large pooled cohort analysis[J]. Plos Medicine,2012(11):e1001335.

② Reimers C D,Knapp G,Reimers A K. Does physical activity increase life expectancy? A review of the literature[J]. Journal of Aging Research,2012(11):243958-243958.

罗斯的人均寿命在 2020 年前提高到 75 岁,死亡率减少 1/3。① 2014 年,俄罗斯政府下发第 172 号总统令,要求在俄罗斯实施 2013 年版"劳卫制",期望通过对不同年龄群体的身体素质监测和健康生活技能、体育运动知识和运动竞赛技能指导等,提高人民健康水平。② 2009 年,加拿大出台《加拿大身体活动指南 2009》,建议通过运动促进人民身体健康,预防慢性病,延长国民寿命。③ 2011 年,加拿大运动生理学会发布《加拿大锻炼指南》,专门针对老年人维持身体健康和各器官系统机能制定老年人锻炼标准,以降低慢性病发病率,改善老年人体质。④

2.3.4　国外运动促进老年人体质研究

美国运动医学学会(ACSM)和美国心脏学会(AHA)分别发布了旨在促进老年人参加体力活动以改善体质的文件⑤,推荐老年人参与符合个人心肺耐力水平的有氧运动、抗阻运动、神经肌肉练习和柔韧性练习等⑥。

世界各国学者都非常关注老年人体质促进问题,研究主要集中于:身体活动或运动可提高老年人平衡协调能力;运动可增强老年人的脑功能和认知能力;良好的生活方式可促进老年人健康;等等。

如 Cooper 等研究发现,老年人身体活动与肌肉力量之间存在相关性,身体活动可以促进肌肉力量发展。⑦ Haider 等研究发现,社区体弱老年人日常体力活动与握力、肌肉力量、身体表现和生活质量有相关性,身体活动可以提高身体表现和生活质量。⑧ Meng 等研究发现,包括与柔韧性、力量、平衡和耐力有关的综合性锻

---

① 李琳,陈薇,李鑫,等.俄罗斯 2020 年前体育发展战略研究[J].上海体育学院学报,2012(1):1-4.

② 李琳,崔洁,项琪,等.俄罗斯 2013 版劳卫制及其启示[J].体育文化导刊,2016(8):71-75,132.

③ 董如豹.美国、加拿大身体活动指南研制方法探析[J].体育学刊,2015(4):45-50.

④ 王红雨.70 岁以上高龄老人健康体适能评价指标体系的构建与应用研究[D].苏州:苏州大学,2015.

⑤ Wojtek J C,et al. American College of Sports Medicine Position Stand:Exercise and physical activity for older adults[J]. Medicine and Science in Sports and Exercise,2009(7):1510-1530.

⑥ Nelson M E,Rejeski W J,Blair S N,et al. Physical activity and public health in older adults:Recommendation from the American College of Sports Medicine and the American Heart Association[J]. Geriatric Nursing,2007(8):1435-1445.

⑦ Cooper A J,Lamb M,Sharp S,et al. Bidirectional association between physical activity and muscle strength in older adults:Results from the UK biobank study[J]. International Journal of Epidemiology,2017(1):141-148.

⑧ Haider S,Luger E,Kapan A,et al. Associations between daily physical activity,handgrip strength,muscle mass,physical performance and quality of life in prefrail and frail community-dwelling older adults[J]. Quality of Life Research,2016(12):3129-3138.

炼计划,对老年糖尿病和高血压患者的体质、有氧能力、血压等有显著影响。① Ferreira 等研究发现,抗阻训练可以有效发展老年人动态平衡能力。② Fang 等研究发现,离心训练可以减少老年人未来跌倒风险并发展独立生活能力。③ 研究表明,运动可以促进人体分泌内啡肽,增加快乐感和幸福感,减轻老年人的孤独感,缓解抑郁症。

Sangwoo 等研究发现,韩国成年人和老年人的健康状况与锻炼频率、强度、时间和持续时间有关,有必要针对成年人和老年人定制锻炼促进方案。④ Kershaw 等研究发现,应该发展适当的户外互动空间促进中老年人身体活动,降低慢性病发病率,减轻医疗保健系统的压力。⑤ Gabrielle 研究发现,老年人的社会支持与身体活动之间正相关,通过增加老年人的社会支持可以促进老年人身体活动。⑥ 老年人身体活动与建成环境相关,居住在可步行性高的社区的老年人,中高强度的身体活动和出行时的身体活动较多,身体质量指数较低。⑦ Kikuchi 等研究发现,促进老年人社会参与,可以增加其体力活动水平,减少久坐时间。⑧

综上,国外体质研究比较系统深入,利用身体活动或运动促进老年人体质的证据比较充足,研究集中在通过运动提高老年人不同器官、系统的功能和身体机能水平,强调通过多方面的综合干预和实证研究改善体质。

---

① Meng K Y, Wang Y T, et al. Effectiveness of multi-component exercise on physiological function among older adults with diabetes and hypertension[C]// American College of Sports Medicine. Proceedings of 2017 ACSM Annual Meeting:2017. Alphena an den Rijn:Wolters Kluwer,2017:52.

② Ferreira L, Smolarek A C, et al. The effect of resistance training on strength, balance, and coordination in elderly women[C]// American College of Sports Medicine. Proceedings of 2017 ACSM Annual Meeting:2017. Alphena an den Rijn:Wolters Kluwer,2017:237.

③ Fang S M, Lo M S, Lin L L, et al. Beneficial effects of senior functional fitness to manage blood pressure in community-dwelling older adults[C]//American College of Sports Medicine. Proceedings of 2017 ACSM Annual Meeting:2017. Alphena an den Rijn:Wolters Kluwer,2017:38.

④ Sangwoo I, Wi-Young S. Toward a customized program to promote physical activity by analyzing exercise types in adolescent,adult,and elderly Koreans[J]. Journal of Human Kinetics,2015(1):261-267.

⑤ Kershaw C, McIntosh J, Marques B, et al. A potential role for outdoor, interactive spaces as a healthcare intervention for older persons[J]. Perspectivesin Public Health,2017(4):212-213.

⑥ Gabrielle L S. The association between social support and physical activity in older adults:A systematic review[J]. The International Journal of Behavioral Nutrition and Physical Activity,2017(1):56.

⑦ Abby C K,James F S,Lawrence D F, et al. Aging in neighborhoods differing in walk ability and income:Associations with physical activity and obesity in older adults[J]. Social Science & Medicine,2011(10):1525-1533.

⑧ Kikuchi H,Inoue S,Fukushima N,et al. Unemployed older adults' social participation was associated with more physical activity and less sedentary time[J]. Medicine & Science in Sports & Exercis,2017(1):1-2.

2.3.5 国外运动促进寒地老年人体质研究

运动促进寒地老年人体质研究极其缺乏,尚未得到广泛关注。学者研究发现,冬季寒冷气候会降低老年人体力活动水平。Mizumoto 等研究发现,日本北部地区老年人冬季身体活动下降,他们评估了相关因素,提出应该增加老年人冬季室内和室外运动量。[①] Hamilton 等研究发现,由于全球气候不同,人们体力活动存在差异,英国成年人夏季的运动步数比冬季更高。[②] Arnardottir 等比较了冰岛老年人夏季和冬季体育活动与久坐行为,发现老年人在夏季的体力活动时间更长,更加活跃,静坐少动时间减少。[③] 日本学者研究发现,日本寒冷地区老年人在积雪季节的日平均步数明显低于非积雪季节,老年人进行体育活动所需的肌肉力量随季节变化而变化。[④] 现有研究比较关注寒地气候对体力活动的影响,尚未关注寒冷气候对久居寒地老年人体质的影响,也未关注久居寒地老年人体质特征。

综上,有学者关注身体活动与气候环境、社会支持和建成环境的关系研究,有学者研究认为冬季或寒冷环境下老年人身体活动或运动量减少,然而有关寒地老年人体质特征以及如何提高寒地老年人体质的研究较少,这是本书的选题出发点。

2.4 国内外体质与运动促进研究进展述评

我国国民体质促进研究得到国家大力支持和学者广泛关注,研究主要集中在青少年学生、成年人体质现状描述,学校体育促进健康,体质影响因素,体质发展趋势和体质提高策略等方面。老年人体质研究相对较少,寒地老年人体质研究极其缺乏。有关运动促进体质的研究多集中在理论层面,缺乏针对性强、应用性强的运动促进体质实证研究。

有关寒地城镇老年人体质促进的研究尚未引起学者关注,研究成果较少,亟须开展经济节约、安全有效、应用价值高的运动促进体质研究,指导寒地城镇老年人

① Mizumoto A,Ihira H,Makino K,et al. Physical activity changes in the winter in older persons living in northern Japan:A prospective study[J]. BMC Geriatrics,2015(1):1-7.

② Hamilton S L,Clemes S A,Griffiths P L. UK adults exhibit higher step counts in summer compared to winter months[J]. Annals of Human Biology,2008(2):154-69.

③ Arnardottir N Y,Oskarsdottir N D,Brychta R J,et al. Comparison of summer and winter objectively measured physical activity and sedentary behavior in older adults:Age,gene/environment susceptibility Reykjavik study[J]. Int J Environ Res Public Health,2017(10):1268.

④ Junko H,Hideki S,Taro Y. Impact of season on the association between muscle strength/volume and physical activity among community-dwelling elderly people living in snowy-cold regions[J]. Journal of Physiological Anthropology,2018(1):1-6.

养成科学运动等健康生活方式,真正达成绿色健康、科学有效的体质促进目标。

全球体力活动不足问题得到广泛关注。各国政府都非常重视通过体力活动或运动促进国民体质和预防疾病,相继下发各种体力活动指南、运动促进方案等文件。各国学者也进行了大量深入研究,国外学者重视采用先进的仪器设备、研究方法和研究手段开展应用性强的实证研究,其中不乏多年实验干预的追踪研究。研究热点集中于运动与老年人脑功能和认知、老年人生活方式与健康、运动与老年人平衡协调能力等方面。研究重视通过医疗、运动、营养、环境支持、心理调控等多种路径联合干预老年人体质;关注运动促进老年人健康的机制原理,如运动形式多样化、运动量精确化、心理激励、生活方式和慢性病干预等问题;重视不同学科、不同领域学者合作开展研究,因而其研究成果应用价值较高,为我国学者提供许多有意义的参考。许多寒地国家都比较重视运动促进老年人体质健康,纷纷出台相关体力活动和运动促进政策,引导老年人运动健身。但有关寒地老年人体质研究主要集中于气候环境与体力活动关系等方面,针对寒地老年人体质促进的研究相对较少。

综上,中国已有国民体质研究,对象多为青少年群体,针对老年人的体质研究相对较少。且研究中理论研究多,实证研究少;宏观层面综合性的干预研究多,微观层面操作性强的运动促进体质方案研究少。国外有关体力活动和运动促进体质健康的研究,内容比较丰富,然而针对寒地老年人体质特征与运动促进的研究,成果较少,集中在寒冷气候与体力活动的关系,非雪天和雪天的体育活动水平与肌肉强度、骨骼肌质量之间的关系等方面。可见国内外有关寒地老年人体质的研究均十分缺乏。运动促进老年人体质,绿色健康、经济节约,这为本研究提供了很好的切入点。

3 研究设计

3.1 研究对象、方法和技术路线

3.1.1 研究对象

本研究以中国寒地东北城镇老年人的体质特征与运动促进体质为研究对象。以定居中国寒地东北城镇 50 年及以上的 60～79 岁老年人为调查对象。

因东北三省寒地面积广大，严寒气候特征典型、居民文化习俗相近，故本研究对包括黑龙江、吉林、辽宁三省的东北严寒地区（以下简称寒地东北）进行研究。该地区纬度高，处于东亚季风区范围，冬季寒冷漫长，日照时间较短，采暖期长达 145 天以上，夏季凉爽短暂、无酷暑。

黑龙江省在东北三省中纬度最高，严寒面积最大，年平均气温低，冬季时间较长，严寒气候特点突出，这种冬夏温差极大、春秋天气变化剧烈的气候特点，给当地老年人的机体造成极大影响。该省纬度较高，气候寒冷，严寒面积大、人口众多，城镇化率较高，代表性较好。

哈尔滨市有"冰城"美誉，纬度较高，位于严寒 B 区。[①] 冬季日照时间短，常受严寒、冰雪、冷风的侵袭，积雪、结冰等现象严重，时有寒风、暴风雪等恶劣天气。1 月气温在 $-15\sim-30℃$，最低气温曾达 $-37.7℃$。供暖期从每年 10 月 20 日到次年 4 月 20 日，长达 6 个月。老年人冬季出行次数极少，冬季户外体育锻炼严重不足，体质水平堪忧。[②] 同时，哈尔滨市是黑龙江的省会城市，全市人口 951.5 万，约占黑龙江省人口总数的 1/4。城镇化发展较好，户籍人口城镇化率达到 49.1%。[③] 哈尔滨市气候寒冷、老年人缺乏体育锻炼、人口数量多、城镇化率高，代表性较好。

---

① 梅洪元.寒地建筑[M].北京：中国建筑工业出版社，2012.
② 冷红，袁青，郭恩章.基于"冬季友好"的宜居寒地城市设计策略研究[J].建筑学报，2007(9)：18-22.
③ 哈尔滨市统计局.哈尔滨市 2018 年国民经济和社会发展统计公报[EB/OL].(2019-05-10)[2019-12-15].http://www.tjcn.org/tjgb/08hlj/36012_4.html.

因此,选择哈尔滨市作为测试和实验地点。

3.1.2 研究方法

3.1.2.1 文献资料法

根据研究需要,从中国国家图书馆、北京体育大学图书馆等查阅整理有关文献资料,利用中国知网、谷歌学术等电子资源数据库,查阅"体质""健康""体质健康""健康促进""体质影响因素""体质促进""运动促进体质""寒冷地区""寒地城镇老年人体质""寒地居民体质健康"等方面的文献,包括专著、期刊、学位论文等,共计600余种文献。以"constitution""fitness""physicalfitness""physical health promotion""exercise promotes physical health""the physical health of residents in cold areas"等为关键词,在 *Web of Science*、*EBSCO-SPORT Discus with Full Text* 平台检索出 200 余篇与本研究相关的国外文献。以上文献资料为本研究提供了理论依据。

3.1.2.2 专家访谈法

为保证本研究建构的中国寒地东北城镇老年人运动促进体质方案科学可行,笔者对多年从事国民体质研究的运动健身指导专家和健康促进专家进行访谈。形成正式提纲之前,邀请专家对提纲内容进行审核评价,并根据专家建议修改提纲设计,确保提纲有效。最终形成《专家访谈提纲》,见附录 A。2019 年 3—4 月,笔者以当面访谈或视频访谈方式,多次走访王正珍教授、张一民教授、李红娟教授等国内知名国民体质研究专家和运动健身指导专家 23 人,就研究选题意义、测试指标筛选、运动促进体质方案设计、方案实施、实验控制等问题进行访谈,专家信息详见表 3.1。

表 3.1 专家信息一览表

编号	姓名	工作单位	职务/职称/社会兼职	研究方向
1	张一民	北京体育大学	北京体育大学运动与体质健康实验室主任,教授,博导	体质健康理论与实践
2	王正珍	北京体育大学	北京体育大学运动处方研究中心主任,教授,博导	科学健身与运动处方
3	李红娟	北京体育大学	北京体育大学,教授,博导	体质健康促进
4	才琦	黑龙江省体育科学研究所	黑龙江省体育科学研究所所长	科学健身与运动促进
5	温朝辉	吉林省体育科学研究所	吉林省体育科学研究所副所长,研究员	国民体质与健康促进

编号	姓名	工作单位	职务/职称/社会兼职	研究方向
6	范秀彬	哈尔滨市体育科学研究所	哈尔滨市体育科学研究所所长,研究员	体质健康与健身指导
7	张连涛	黑龙江省体育科学研究所	黑龙江省体育科学研究所副所长,研究员	科学健身理论与实践
8	白明	哈尔滨市体育科学研究所	哈尔滨市体育科学研究所副所长	体质监测与运动选材
9	华立君	哈尔滨师范大学	哈尔滨师范大学体育科学学院副院长,教授,硕导	体质测量与评价
10	李晓琳	哈尔滨体育学院	哈尔滨体育学院运动人体科学专业带头人,教授,硕导	运动人体科学
11	文治禄	黑龙江省委党校	黑龙江省科学健身指导专家,教授	体质健康与传统体育
12	麻正茂	哈尔滨市体育科学研究所	哈尔滨市体育科学研究所运动选材办公室主任,研究员	国民体质与运动选材
13	唐云松	黑龙江大学	黑龙江大学教授	冰雪运动健身指导
14	刁钰子	黑龙江省国民体质监测中心	黑龙江省国民体质监测中心主任,主治医师	国民体质检测与评价
15	任兰秀	哈尔滨市国民体质监测中心	哈尔滨市国民体质监测中心主任	体质检测与科学健身
16	王东	辽宁省体育事业发展中心	辽宁省康复医疗中心国民体质监测室主任,副研究员	国民体质监测研究
17	许浩	江苏省体育科学研究所	国民体质研究中心副主任,副研究员	国民体质监测研究
18	叶丹	辽宁省体育事业发展中心	辽宁省体育事业发展中心科员,副研究员	运动营养与运动损伤康复
19	黄丽敏	哈尔滨师范大学	哈尔滨师范大学体育科学学院运动康复专业带头人,副教授	运动康复与健身指导
20	王高峰	哈尔滨市体育科学研究所	哈尔滨市国民体质监测中心副主任,副研究员	体质监测与健身指导
21	朱宝峰	哈尔滨工业大学	哈尔滨工业大学副教授	冬季体育运动指导
22	姜桂萍	哈尔滨学院	哈尔滨学院体育学院实验教学中心主任,副教授	运动康复及健康养生
23	袁贵生	牡丹江市体育局	牡丹江市体育局秘书长	科学健身与运动促进

3.1.2.3　问卷调查法

(1)问卷目的

为了解老年人运动、饮食和行为习惯等生活方式特点,在查阅文献资料、专家咨询基础上,遵循调查问卷设计原则,设计《中国寒地东北城镇老年人生活方式调查问卷》(以下简称问卷一),见附录C。为了选取符合实验条件的研究对象,设计《中国寒地东北城镇患一级高血压老年人调查问卷》(以下简称问卷二),见附录D。

(2)问卷设计

在查阅文献、专家咨询的基础上设计调查问卷一、问卷二。形成正式问卷之前,聘请专家对问卷内容进行全面审核评价,并根据建议修改问卷设计,确保问卷的有效性。在正式调查之前,进行预调查。

(3)效度检验

为确保调查问卷设计的合理可靠,邀请13位高级职称专家,对问卷一和问卷二的整体设计、问卷结构和问卷内容进行效度检验。专家效度评价表见附录B。参与问卷一和问卷二效度检验的专家名单见表3.2。92.31%的专家认为问卷一的整体设计和内容设计非常合理,84.62%的专家认为问卷一的结构设计非常合理,见表3.3。92.31%的专家认为问卷二的整体设计、结构设计和内容设计非常合理,见表3.4。问卷一和问卷二都能够完成调查目的,表明专家对问卷一和问卷二的设计比较满意,问卷具有较高的效度,合理性和可靠性较好。

表3.2 问卷一和问卷二的效度检验专家信息一览表

序号	姓名	工作单位	职称	研究方向
1	张一民	北京体育大学	教授	体质健康理论与实践
2	李红娟	北京体育大学	教授	青少年体质健康促进
3	温朝辉	吉林省体育科学研究所	研究员	国民体质与健康促进
4	李晓琳	哈尔滨体育学院	教授	运动人体科学
5	文治禄	黑龙江省委党校	教授	体质健康与传统体育
6	华立君	哈尔滨师范大学	教授	体质测量与评价
7	唐云松	黑龙江大学	教授	冰雪运动健身指导
8	范秀彬	哈尔滨市体育科学研究所	研究员	体质健康与健身指导
9	麻正茂	哈尔滨市体育科学研究所	研究员	国民体质与运动选材
10	张连涛	黑龙江省体育科学研究所	研究员	科学健身理论与实践
11	朱宝峰	哈尔滨工业大学	副教授	冬季体育运动指导
12	黄丽敏	哈尔滨师范大学	副教授	运动康复与健身指导
13	姜桂萍	哈尔滨学院	副教授	运动康复及健康养生

表 3.3　问卷一效度检验专家评价

专家评价	非常合理	合理	基本合理	不合理	非常不合理
问卷整体设计	12	1	0	0	0
问卷结构设计	11	2	0	0	0
问卷内容设计	12	1	0	0	0

表 3.4　问卷二效度检验专家评价

专家评价	非常合理	合理	基本合理	不合理	非常不合理
问卷整体设计	12	1	0	0	0
问卷结构设计	12	1	0	0	0
问卷内容设计	12	1	0	0	0

（4）信度检验

为确保被调查者填写问卷数据的可信度，采取"重测法"对问卷一和问卷二的数据进行重测信度检验。在问卷回收的 15 天后，再次对首次填写问卷一的 45 名老年人和填写问卷二的 41 名老年人，进行同一问卷的第二次问卷调查，测量一定时间间隔内受试者问卷作答的一致性，检验两份问卷的信度。

①问卷一的信度检验

在 9 个区中每个区选取 5 名老年人，共 45 名老年人进行重测信度。将检验效度合格的问卷发放给老年人，问卷回收后，统计第一次问卷调查结果。在 15 天后将问卷再次发放给之前的 45 名老年人，问卷回收后进行数据统计。比较两次问卷的重合率，如果重合率达到 75.00％以上，即问卷具有可信度。由于问卷一中的 1、2、3、4、8 为基本事实题，因此只对剩余的 35 道问题进行重合率的检验，检验结果见表 3.5，每道题的重合率为抽取人数的重合率之和与抽取人数的比值，总重合率等于 35 道题的重合率之和与总题量的比值。问卷一的总重合率为：(T5＋T6＋…＋T40)÷35＝87.66％。总重合率大于 75.00％，问卷设计合理，具有较高的可信度。

②问卷二的信度检验

检验方法同问卷一，在招募的受试者中抽取 41 名老年人间隔 15 天进行问卷重合率的检测。由于问卷 1、2、3 题为基本事实题，因此只对剩余的 12 道问题进行重合率的检验，检验结果见表 3.6。问卷二的总重合率为：(T4＋T5＋…＋T15)÷12＝92.48％。总重合率大于 75.00％，问卷设计合理，具有较高的可信度。

表3.5 问卷一的信度检验

题号	重合率(%)	题号	重合率(%)	题号	重合率(%)
T5	91.11	T18	77.58	T30	78.32
T6	95.55	T19	86.66	T31	86.66
T7	75.20	T20	82.22	T32	75.37
T9	93.33	T21	84.44	T33	75.60
T10	84.44	T22	91.11	T34	91.11
T11	77.63	T23	88.88	T35	85.60
T12	88.88	T24	95.55	T36	88.88
T13	95.55	T25	93.33	T37	91.11
T14	91.11	T26	86.66	T38	93.33
T15	88.88	T27	100.00	T39	97.77
T16	86.66	T28	95.55	T40	93.33
T17	84.44	T29	76.16		

表3.6 问卷二的信度检验

题号	重合率(%)	题号	重合率(%)
T4	100.00	T10	95.12
T5	92.68	T11	87.80
T6	95.12	T12	90.24
T7	97.56	T13	92.68
T8	92.68	T14	85.36
T9	92.68	T15	87.80

(5)问卷的发放与回收

问卷调查采用非概率抽样方法中的方便抽样方式,根据被调查人的意愿决定是否给予问卷,在国民体质监测现场发放、现场回收。发放对象为参加体质监测的寒地东北城镇老年人。在问卷发放之前进行问卷的预发放,发现部分老年人阅读理解能力不高、视力不好,在自填问卷的过程中,有看不清问卷内容或遗漏情况发生。故采取访谈与问卷调查同时进行的方式,由调查员"一对一"地边访谈边填写调查问卷。

问卷调查时间为2019年5—7月。由于本研究对受试者的体质监测全程免费,因而老年人愿意参加检测,共采集体质监测有效样本1405人。由于采取"一对一"地边访谈边填写的方式进行问卷调查,每份问卷填写时间较长,部分参加体质监测的老年人怕麻烦或怕耽误时间等,不愿意配合问卷调查,因而仅获取 768 份有效问卷。问卷一发放 827 份,回收 803 份,有效问卷 768 份,回收率为 97.10%,有效率为 95.64%。问卷一发放对象年龄分段统计见表 3.7;问卷调查现场情景见图 3.1;问卷一内容见附录 C。问卷二发放 200 份,回收 198 份,有效问卷 188 份,回收率为 99.00%,有效率为 94.95%。问卷二发放对象年龄分段统计见表 3.8;问卷二内容见附录 D。

表 3.7 问卷一发放对象年龄分段统计

性别	60～64 岁		65～69 岁		70～74 岁		75～79 岁		合计	
	人数(人)	百分比(%)	人数(人)	百分比(%)	人数(人)	百分比(%)	人数(人)	百分比(%)	人数(人)	百分比(%)
男	72	34.62	83	39.91	34	16.34	19	9.13	208	100.00
女	263	46.96	182	32.50	78	13.93	37	6.61	560	100.00
合计	335	43.62	265	34.51	112	14.58	56	7.29	768	100.00

表 3.8 问卷二发放对象年龄分段统计

性别	60～64 岁		65～69 岁		70～74 岁		75～79 岁		合计	
	人数(人)	百分比(%)	人数(人)	百分比(%)	人数(人)	百分比(%)	人数(人)	百分比(%)	人数(人)	百分比(%)
男	28	30.43	27	29.35	23	25.00	14	15.22	92	100.00
女	30	31.25	29	30.21	20	20.83	17	17.71	96	100.00
合计	58	30.85	56	29.79	43	22.87	31	16.49	188	100.00

图 3.1 部分问卷调查现场

3.1.2.4　测试法

(1)测试目的

本研究共进行三次测试,分别是:为探究中国寒地东北城镇老年人体质特征而进行的体质测试(以下简称测试一),共获取有效样本1405人;为探讨长期规律运动老年人与不运动老年人的体质差异,找寻健身效果较好的运动项目而进行的体质测试(以下简称测试二),共获得有效样本527人,运动组运动场景照片见附录E;为验证运动方案健身效果的实验后测(以下简称测试三),共获得有效样本109人。实验前测受试者是根据问卷调查、实验纳入和排除标准在参加测试一的受试者中筛选出来的,因而实验前测数据在测试一开展时采集。

(2)测试时间和地点

聘请哈尔滨市国民体质监测中心专业监测人员,于2019年5—7月,在哈尔滨市各区国民体质监测站进行测试一和测试二,在2019年10月进行测试三。

(3)测试对象

①测试一的测试对象为居住在哈尔滨市城镇50年及以上的60～79岁老年人。依据随机整群抽样原则抽取测试对象。按性别分为男、女2类样本,以每5岁为一个年龄组(60～64岁、65～69岁、70～74岁、75～79岁),2类样本共8个年龄组。计划在9个区中,每个区每个年龄组抽取30人,计划总样本量为2160人。由于各种原因,最后实际参加测试的人员为1532人,去除测试项目不全、测试数据无效等数据,最终获得有效样本1405人。

测试对象所在地包括哈尔滨市9个区,每个区有2个抽样点(区政府所在地及下辖城镇),9个区一共18个抽样点。抽样地点是哈尔滨市南岗区、道外区、香坊区、道里区、呼兰区、松北区、双城区、阿城区、平房区等9个区政府所在地,以及各区下辖的王岗镇、杏山镇、新发镇、团结镇、幸福镇、孟家镇、乐业镇、平房镇、平山镇等9个城镇。测试对象有效样本地域分布和人数,见表3.9。

表3.9　测试对象有效样本地域分布和人数

单位:人

序号	测试单位信息	男				女				合计
		60～64岁	65～69岁	70～74岁	75～79岁	75～79岁	60～64岁	65～69岁	70～74岁	
1	哈尔滨市南岗区	23	20	18	13	29	24	17	14	158
2	哈尔滨市道外区	22	18	18	11	30	25	17	13	154

续　表

序号	测试单位信息	男				女				合计
		60~64岁	65~69岁	70~74岁	75~79岁	75~79岁	60~64岁	65~69岁	70~74岁	
3	哈尔滨市香坊区	22	20	16	10	29	27	16	14	154
4	哈尔滨市道里区	21	24	19	12	30	26	15	14	161
5	哈尔滨市呼兰区	23	20	16	10	29	25	15	13	151
6	哈尔滨市松北区	21	19	15	11	30	27	18	11	152
7	哈尔滨市双城区	22	19	16	13	29	26	19	12	156
8	哈尔滨市阿城区	22	20	17	12	30	27	18	14	160
9	哈尔滨市平房区	22	21	17	12	30	25	18	14	159
	合计	198	181	152	104	266	232	153	119	1405

②测试二依据专家咨询结果,结合中国寒地东北城镇老年人喜爱和练习人数较多的运动项目,对招募到居住在哈尔滨城镇50年及以上,进行3年规律运动的6组老年人与不运动老年人进行体质监测。其中,规律运动指每周运动3次以上,每次运动30min以上,每次运动达到中等强度。运动组包括广场舞、健步走、太极拳、东北大秧歌(下文简称秧歌)、"轮滑+滑冰"(下文简称双滑)、柔力球等6项运动。各组别运动锻炼图片,见附录E。不运动组老年人是从未进行过体育锻炼的老年人。测试对象基本信息,见表3.10。

表3.10　测试对象基本信息

组别	平均年龄(岁)		人数(人)		合计(人)
	男	女	男	女	
广场舞组	66.94±5.87	65.83±4.26	37	37	74
健步走组	66.57±4.43	66.12±4.63	37	37	74
太极拳组	67.42±5.01	66.26±5.47	36	36	72
秧歌组	67.38±6.27	65.47±4.40	36	36	72
双滑组	65.71±2.72	65.22±3.76	35	35	70
柔力球组	67.28±4.83	65.93±5.18	35	36	71

续 表

组别	平均年龄(岁)		人数(人)		合计(人)
	男	女	男	女	
运动组合计	66.97±7.24	65.75±6.14	216	217	433
不运动组	66.73±4.64	65.49±4.88	47	47	94
总体	66.87±6.74	65.60±7.62	263	264	527

③测试三的实验对象为定居哈尔滨市50年及以上,自愿参加本次实验的60~79岁共109名患一级高血压的城镇老年人。

(4)测试指标和测试细则

①依据专家问卷调查和专家访谈结果,筛选测试指标

多数专家认为指标选取应考虑对老年人体质影响较大、与老年人慢性病发病率相关度高的指标。如寒地东北心脑血管疾病、高血压、肥胖、动脉硬化、骨质疏松症等慢性病发病率高,建议在原有国民体质监测的基础上,新增身体成分、血管机能、骨密度等指标进行研究,以便更加深入地探究体质特征。

寒地老年人超重和肥胖的发病率较高,而超重和肥胖又是心脑血管疾病、高血压、高血脂、动脉硬化等慢性病的危险因素,因而寒地老年人保持正常的体脂肪率,有利于预防诸多慢性病。

骨骼属于运动系统的主要部分,骨骼健康与老年人运动密切相关。因寒地阳光照射相对缺乏和体育锻炼量不足,寒地老年人骨密度水平整体偏低,骨质疏松症发病率较高,老年人冬季雪后外出摔倒导致骨折的现象层出不穷,致残率和致死率高,给老年人生活带来巨大消极影响。

寒地东北城镇老年人心脑血管疾病、高血压、动脉硬化等发病率高,应早检查、早预防。

基于此,专家建议在国家体质监测基础上增加身体成分、血管机能、骨密度等三个指标。

②依据文献综述结果,筛选测试指标

身体成分、血管机能、骨密度等三个指标与运动密切相关,通过运动可以显著改善。三个指标与老年人的心脑血管疾病、血压、血脂、动脉硬化、代谢综合征等具有相关关系。三个指标之间关系密切,如身体成分与骨密度相关,骨密度与动脉硬化相关,身体成分与血管机能中脉搏波传导速度相关,因而三个指标之间相互影响、相互促进。对老年人进行三个指标的早期监测,有利于对诸多慢性疾病进行早期预警,有利于维护老年人的体质健康。

董剩勇等研究发现,体脂肪率可以准确评估心血管危险因素。① 胡滨等研究发现,不同性别个体的体脂肪率对代谢综合征的发生具有预测价值。② 高迎等研究发现,体脂肪分布与血脂水平有关。③ 金淑霞等研究发现,对老年人身体成分指标的分析有助于预测骨折风险。④ 吕利佳等研究发现,身体成分与骨密度、血糖、甘油三酯等具有相关性。⑤ 黄丽洁等研究发现,控制体脂肪率、提高骨密度可以减少运动功能障碍的发生。⑥ 综上,体脂肪率与心血管危险因素、代谢综合征、血脂水平、血糖、骨密度水平等都有相关关系,对于这些疾病的预测和评估具有一定意义,并且保持合理的体脂肪率和较好的骨密度可以减少老年人运动障碍的发生。

吴庆秋等研究发现,低骨密度与绝经后女性亚临床颅内动脉粥样硬化中颅内后循环动脉和颅内前循环动脉粥样硬化有关。⑦ 胡琴等研究发现,血脂异常与中老年腰椎骨密度下降存在相关性。⑧ 刘韵婷等研究发现,较高的身体活动水平有利于骨密度保持和提高,增加肌肉量改善身体成分对增加骨密度具有促进作用。⑨ 综上,骨密度与绝经后女性动脉硬化相关,提高绝经后女性的骨密度水平,对于预防动脉硬化的发生有重要作用;增加体力活动、改善身体成分有利于提高骨密度。

崔露露等研究发现,高血压患者的脉压与踝臂指数、脉搏波传导速度呈正相关。⑩ 梁瑞景等研究发现,身体质量指数非正常组老年高血压患者的收缩压、舒张

---

① 董剩勇,王曼柳,孙晓楠,等.体脂肪率评估心血管危险因素研究[J].中国全科医学,2015(36):4416-4421.

② 胡滨,赵辉,冷松,等.体脂肪率在代谢综合征诊断中的应用[J].吉林大学学报(医学版),2013(6):1270-1274.

③ 高迎,刘彦斌,李忠民.吉林地区农村中老年体脂肪分布与血脂水平的关系[J].中国老年学杂志,2013(9):2107-2109.

④ 金淑霞,韩杏梅,武剑,等.呼和浩特市社区居住中老年人群身体成分分析与骨折风险性的关系[J].中国骨质疏松杂志,2019(8):1150-1153.

⑤ 吕利佳,徐飞,李岩,等.大连地区成年男性身体成分、骨密度、血糖和血脂相关关系[J].解剖学杂志,2017(3):330-333.

⑥ 黄丽洁,刘堃,刘永闻,等.社区老年人运动功能与体成分及骨质强度的相关性研究[J].中国现代医学杂志,2017(9):91-94.

⑦ 吴庆秋,王雅蓉,马丽.颅内动脉粥样硬化与绝经后女性骨密度相关性研究[J].中国骨质疏松杂志,2020(2):255-259.

⑧ 胡琴,翟建,吴雅琳,等.基于定量CT分析不同性别腰椎骨密度和血脂的相关性[J].中国医学影像技术,2019(9):1396-1399.

⑨ 刘韵婷,郭辉,张一民.骨骼肌含量、身体活动水平与骨密度的相关性[J].中国组织工程研究,2018(16):2478-2482.

⑩ 崔露露,商黔惠,王晓春,等.高血压患者脉压与早期动脉粥样硬化指标的关系[J].中国老年学杂志,2019(19):4625-4631.

压与脉搏波传导速度呈正相关,而与踝臂指数呈负相关。[①] 刘傲亚等研究发现,脉搏波传导速度是颈动脉斑块的独立影响因素之一,对血管病变具有早期诊断和筛查的作用。[②] 刘想娣等研究发现,超重、肥胖与踝臂脉搏波传导速度增快密切相关,保持正常体重对维护血管健康、缓解动脉硬化有重要意义。[③] 王启兴等研究发现,脉搏波传导速度对评估血管功能状态有重要价值,脉搏波传导速度监测可以起到提前筛查脑血管疾病的作用,达到二级预防的效果。[④] 刘森等研究认为,社区老年人群的肱踝脉搏波传导速度水平与代谢综合征显著相关,尤其是在女性人群中。[⑤] 可见,收缩压、舒张压、脉压、超重、肥胖均与脉搏波传导速度相关,脉搏波传导速度对动脉血管病变和脑血管疾病具有早期诊断和筛查作用。

综上,身体成分、血管机能、骨密度等三个指标与运动密切相关,通过运动可以显著改善,且三个指标相互关联、相互影响,对老年人体质水平具有重要影响,因而这三个指标作为老年人体质监测内容比较合理。

③依据测试仪器设备适合大规模测试的特点,筛选测试指标

本研究选择生物电阻抗测试法测试老年人的身体成分,该仪器测量的数据准确度较高,具有操作简单、安全方便和易于搬运等优点,已被广泛应用于临床、减肥、体育、流行病学的调查研究中,适合大规模测试使用。

骨密度的测试方法有单光子吸收法、定量计算机断层扫描、双能 X 线吸收测定法、放射性核素骨显像、X 线摄片和定量超声测定法等。每种测试方法各有优缺点。其中,超声骨密度测试法具有精确度高、安全健康、仪器方便搬运、经济实惠等优点,而其他测试方法费用高昂,有放射性源,仪器不便移动,无法大规模流动开展骨密度测试。此外,超声骨密度检测与双能 X 射线吸收测定法相比,两者间的正相关关系非常明确,因而本研究选用超声骨密度测试方法,测量老年人的骨密度。

血管机能的测试方法有动脉造影术、核磁共振、计算机断层扫描、动脉超声等。其他仪器设备因价格昂贵、操作复杂、不便搬运等,限制了这些技术在流动性大规

① 梁瑞景,梁瑞凯.不同体质量指数老年高血压患者血压水平与臂踝动脉脉搏波传导速度及踝臂血压指数的相关性[J].中华高血压杂志,2019(6):530-535.

② 刘傲亚,张纯,朱永苏,等.中老年高血压患者肱踝脉搏波速度与颈动脉斑块形成的相关性研究[J].中华老年医学杂志,2016(6):577-580.

③ 刘想娣,刘于.体检人群中老年人超重、肥胖与踝臂脉搏波传导速度和颈动脉斑块的相关性[J].中国老年学杂志,2015(20):5756-5757.

④ 王启兴,刘晓康,李燕.脉搏波传导速度与脑血管疾病发病风险的相关关系的病例对照研究[J].现代预防医学,2015(5):948-951.

⑤ 刘森,何耀,姜斌,等.北京某社区老年人群肱踝脉搏波传导速度与代谢综合征的现况研究[J].北京大学学报(医学版),2014(3):429-434.

模血管机能检测中的应用。血管机能测试作为一种操作简便、精确性高、经济有效、无创的血管检查方法,对于防治心血管疾病极具实用性,适合对医疗资源有限的基层普通人群进行筛查。

综上,这三种仪器设备具有测试准确性高、测试操作相对简便、设备方便搬运等优点,因而适合大规模测试使用。

④测试指标的确定

综合考虑专家访谈、文献综述和仪器设备适用性等几方面因素,本研究筛选测试一的测试指标包括:身体形态指标——身高、体重、身体质量指数(BMI)、身体成分(体脂肪率、内脏脂肪等级);身体机能指标——肺活量、血压(收缩压、舒张压)、骨密度(骨密度 T 值)、血管机能[心率、脉搏波传导速度(PWV)、踝臂指数(ABI)];身体素质指标——握力、闭眼单脚站立、坐位体前屈、选择反应时。

为探究不同运动项目对老年人身体成分的影响,测试二的指标在测试一的基础上增加了身体成分中的内脏脂肪含量、脂肪量、皮下脂肪含量、肌肉量、脂肪控制和体成分得分等指标。

测试三的测试指标同测试二。

⑤测试方法及操作标准

测试方法严格按照《2014 年国民体质监测工作手册》老年人部分测试细则。体质测试指标、测试方法及操作标准,见附录 F。

(5)测试人员与培训

所有测试者由哈尔滨市国民体质监测中心多年从事国民体质监测工作的人员组成,共 16 名。其中高级职称 5 人,中级职称 7 人,初级职称 4 人。聘请体质监测中心副主任对全体测试人员进行测试培训和分工,保证每位测试人员熟悉测试细则和操作规范,能够统一按照《2014 年国民体质监测工作手册》老年人部分测试细则要求进行测试,明确测试具体流程、测试动作要领、易犯错误和注意事项等。同时,对测试人员进行测试技术考核,考核合格后进行内部预测试,发现问题及时进行调整,以确保所有工作人员统一按照规定测试。

(6)测试仪器和设备

所有的测试仪器设备,采用国家规定的健民牌国民体质监测仪器、韩国拜斯倍斯(Biospace)的全自动电子血压仪(型号:BPBIO320)、日本百利达(Tanita)人体成分测试仪(型号:MC-180)、韩国澳思托(OsteoSys)超声骨密度仪(型号:SONOST-2000)和日本欧姆龙(Omron)动脉硬化检测仪(型号:BP-203RPEIII)等仪器。

(7)测试质量控制

在测试前和测试中,充分取得当地体育局等有关机构和调查对象的配合。为保证测试数据的精准性,测试前聘请仪器设备厂家的工程师进行相关仪器设备的安装、调试和校验,保证仪器正常运转。为保证测试质量,每天测试人数控制在60人以内。测试前和测试中对所有仪器设备进行反复校正。现场人员及测试工作照片,见图3.2至图3.8。

图 3.2　测试人员合影

图 3.3　电脑录入和报告单打印

图 3.4　身体形态、身体机能和身体素质测试

图 3.5　血压测试

图 3.6　身体成分测试

图 3.7　骨密度测试

图 3.8　血管机能测试

（8）体质测试流程

体质测试流程,见图 3.9。测试本着先静态后动态的原则进行,保证血压测试前受试者至少休息 15min。在流水作业确有困难的前提下,依据测试原则,根据现场情况进行灵活安排,在保证心率、血压、血管机能等静态指标测试完成的前提下,身体形态、身体机能和身体素质指标测试可交叉进行。

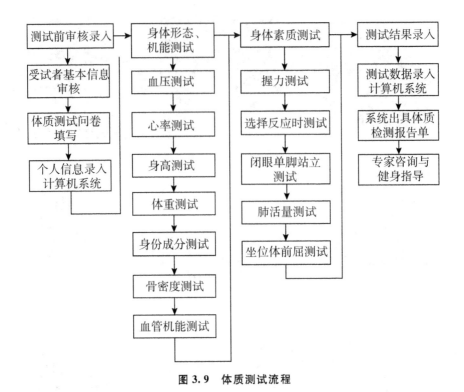

图 3.9 体质测试流程

3.1.2.5 实验法

（1）实验目的与假设

实验旨在考察运动促进方案对寒地东北城镇老年人体质的影响，并通过运动干预实验，验证运动促进体质方案的健身效果。结合体质监测研究成果，提出运动促进体质方案能够提高老年人体质水平的假设。

（2）实验变量

本研究的自变量运动促进体质方案，采用集体授课的形式进行干预。因变量为老年人体质水平，采用测试法进行测试。实验设计中无关变量的控制，主要通过设置对照组来控制老年人体质发生退行性病变等影响。将性别和年龄设为控制因素，避免可能由于性别和年龄与实验处理产生交互作用而混淆实验效果。实验组由黑龙江省科学健身指导专家进行指导，由从事秧歌运动十余年的教练执教，由 2 名国家一级社会体育指导员和 1 名运动队跟队医生进行实验辅助。他们具有多年教学经验和运动训练经历，对老年人身心健康水平和运动能力了解深入透彻，具有很强的教学指导能力，能够深入理解和实施运动促进体质方案，确保实验组实验干预过程得到严格控制。对照组由 1 名国家一级社会体育指导员进行监督，确保对照组实验期间不参与运动,保持原有生活状态。

为避免实验过程中受试者饮食和生活习惯对实验结果的影响,要求实验组受试者在实验过程中,除按规定要求进行运动外,还要保持原有的饮食和生活习惯,对照组受试者保持原有的饮食和生活习惯。并由社会体育指导员通过微信监督实验过程中受试者饮食热量摄入和生活习惯。

(3)实验对象

①实验对象和运动项目的确定

主要基于以下三个方面考虑:

第一,为考察多年寒冷气候对老年人体质的影响,本实验选取在哈尔滨市居住50年及以上的60~79岁城镇老年人为受试者,以确保实验对象的地域性特征。

第二,寒地东北城镇老年人心脑血管和高血压疾病的发病率高。因高血压是心脑血管疾病的主要危险因素,因此控制高血压的发病率,不仅对高血压病防治有重要意义,对心脑血管疾病控制也有重要意义。选择无明显临床症状的一级高血压患者进行干预,主要目的是保证老年人运动干预过程中的安全。

第三,运动项目选择。依据不同运动组别老年人体质测试结果,秧歌运动具有较好的运动效果。且该项目具有较好的群众基础,是东北老年人喜爱的东北特色运动项目。秧歌简单易学,运动强度适中,适合老年人练习。且有关秧歌运动对体质的影响研究匮乏,极具研究价值,需要进行深入研究和探索。另外,增加肌肉力量的抗阻运动、平衡性练习和柔韧性练习,也被加入运动促进体质方案中,一并在实验中实施,以全面改善老年人体质。

②实验对象选取和实验对象情况

以定居哈尔滨市50年及以上,自愿参加本次实验的60~79岁共109名城镇老年人为实验对象。实验对象不按年龄分组,选取年龄范围为60~79岁的老年人,对照组55人,实验组54人。受试者参与实验前,均了解实验目的和内容并签署知情同意书,见附录G。测试前采用体力活动准备问卷(2014 PAR-Q+问卷)①(见附录H)和受试者调查问卷、心血管危险分层,对老年人健康状况进行调查,要求受试者血压水平为一级高血压水平,即收缩压在140~159mmHg和/或舒张压在90~99mmHg范围内。除此之外身体健康。

随机将受试者分为两组——实验组和对照组,实验前进行前测,结果表明两组无显

---

① Bredin S S, Gledhill N, Jamnik V K, et al. PAR-Q and ePARmed-x: New risk stratification and physicalactivity clearance strategy for physicians and patients alike[J]. Canadian Family Physician,2013(3): 273-277.

著性差异,具有可比性。之后依据纳入和排除标准,共招募实验组 62 人,有效样本 54 人纳入分析。对照组共招募 62 人,有效样本 55 人纳入统计分析,有效样本信息见表 3.11,实验对象筛查流程见图 3.10。实验组进行运动促进体质方案的干预实验,对照组实验期间不参与运动干预,保持原有生活状态。实验后进行体质测试。所有实验参与者都加入运动促进体质的微信群中,以便受试者在实验中遇到问题及时交流,研究者将运动视频资料上传微信群供大家学习。通过查阅高血压患者病历,对高血压患者进行问卷调查,见附录 D。掌握高血压患者的患病时间、是否服药、饮食特点、运动情况、既往病史和家族史等信息,详细了解受试者的情况。实验组中 12 人服用一种降压药,其余人未服药。对照组中 11 人服用降压药,其余人未服药。实验期间要求服药的受试者用药的种类和剂量保持不变,不服药的受试者保持不服药的习惯。

表 3.11 实验对象基本情况

组别	性别	人数(人)	年龄(岁)	身高(cm)	体重(kg)	体脂肪率(%)
对照组	男	27	66.55±4.44	167.56±6.30	69.07±9.78	23.00±4.93
	女	28	67.03±5.51	154.83±4.35	60.09±7.87	35.23±7.33
实验组	男	28	65.10±3.45	167.22±4.50	68.74±7.12	22.28±3.93
	女	26	66.53±5.14	155.47±5.79	60.36±8.42	34.93±5.88

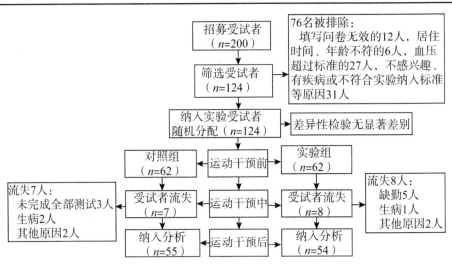

图 3.10 实验对象筛查流程

(4)实验对象纳入标准和排除标准

①纳入标准

在哈尔滨市定居 50 年及以上的 60～79 岁城镇老年人共 124 人,有 15 人因各种原因未完成实验,最后收集到 109 人的有效数据。要求受试者能使用微信,意识清楚,沟通能力正常。在未使用降压药物的情况下,非同日 3 次测量血压,收缩压在 140~159mmHg 和/或舒张压在 90~99mmHg 的原发性一级高血压患者①;当收缩压和舒张压分属不同级别时,以较高级别为准。招募时告知受试者研究目的、内容和要求,受试者自愿参加 12 周运动实验,并签署知情同意书。受试者无运动锻炼习惯。除一级高血压外,身体健康、无医学诊断其他临床疾病。能够完成一定强度的体育锻炼,无运动禁忌症。认知状态良好,有自主行为能力。在实验期间,不参加其他有固定组织的体育运动项目。

②排除标准

收缩压≥160mmHg 和/或舒张压≥100mmHg,收缩压<140mmHg 和/或舒张压<90mmHg;血压上下波动明显,病情很难控制者。长期吸烟和饮酒者。患有严重的心、脑、肺、肝、肾病者;患有心脑血管后遗症、严重肌少症、骨质疏松症等运动禁忌症;有骨关节疾病、膝盖损伤等运动功能障碍;服用影响心率的药物等;手术期内或准备进行手术治疗;患认知障碍或神经疾病等。

(5)实验研究参与人员、时间和地点

由黑龙江省科学健身指导专家 1 名、秧歌教练 1 名、国家一级社会体育指导员3 名、运动队医生 1 名和研究者,共同进行实验过程监控。2019 年 7 月,在哈尔滨市国民体质监测站进行实验前测。基于对老年人运动促进体质干预实验周期的文献梳理,发现干预周期多为 12~16 周,因此本研究采用 12 周的时间干预,实验时间为 2019 年 7—10 月。在呼兰区开展实验研究。天气良好时在广场练习,遇到雨天等不良天气时,在老年人活动中心进行练习。实验后在 10 月进行实验后测,以现场指导监督掌握受试者的锻炼情况。实验指标选取、测试仪器和测试方法同测试法部分。实验中运动场景,见图 3.11。

图 3.11　实验中秧歌运动场景

① World Health Organization, International Society of Hypertension Writing Group. 2003 World Health Organization (WHO)/International Society of Hypertension (ISH) statement on management of hypertension[J]. J Hypertens,2003(11):1983-1992.

（6）实验安排

①实验的质量控制

2019 年 7 月，召集所有参与实验人员召开实验前会议，对实验目的、内容、流程等进行详细说明，明确参与实验人员的工作分工。召集受试者召开实验前会议，对实验目的、内容、流程、受试者的获益和风险等进行详细说明，并进行有关问卷调查、体力活动前准备问卷和运动风险分层筛查。对于符合实验要求的受试者，纳入实验研究，受试者签署知情同意书。要求受试者测试前一天不饮酒，不参加剧烈运动；测试时穿运动服、运动鞋。进行身体成分测试时，需穿轻便衣服，并取下手机、手表、钥匙等电子产品和金属物品。血压测试前要保持安静状态 15min，方能测试。

②实验流程

实验前研究者对聘请的秧歌教练、社会体育指导员、运动队医生和黑龙江省科学健身指导专家进行培训，说明实验目的、内容、流程和注意事项，要求主试能够按照实验程序和实验要求，依据运动促进体质方案，对受试者进行运动干预实验。实验过程中研究者对其运动干预过程进行监督和指导，在出现问题的地方及时予以指导。实验采用前测、运动干预和后测方式进行。实验流程见图 3.12。

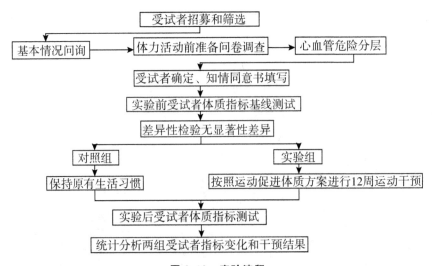

图 3.12　实验流程

a. 实验前对受试者进行体质评估。由于老年人慢性病患病率较高，为规避运动风险并确定运动强度，对受试者进行问卷调查、体力活动准备问卷调查，以及运动风险分层。通过问卷调查和体质评估的受试者方可参加运动实验。

b. 体力活动前准备问卷调查。利用 2014 PAR-Q＋问卷进行运动禁忌评估，评估受试者是否可以进行运动干预。如果受试者在急性病期（感冒发热、手术期等），或问卷中有任意一项为"是"，则推荐受试者去医院进一步检查，不进行运动干预。评估运动风险为高风险的禁止参加实验。

c. 实验中聘请指导员和健身指导专家依据运动促进体质方案对受试者进行实验干预。实行为期 12 周，每周 3～5 次，每次 60min 的运动干预。运动干预过程中受试者佩戴小米计步器（可监测心率的智能运动手环），监控实时心率（靶心率 ± 5 次/min），同时使用《自觉用力程度等级表》（RPE）（见附录 I）和主试观察的方式进行运动强度监控。

d. 实验后对受试者进行体质测试，并进行统计分析，得出实验结论。

3.1.2.6 数理统计法

将测试的原始数据录入 Excel 2010，建立原始数据库，使用 SPSS 21.0 软件和国民体质监测专用软件奥美之路 V8 系统，对数据进行统计分析，对调查问卷和测试数据进行描述性统计、差异性检验（单样本 T 检验、独立样本 T 检验、配对样本 T 检验、重复测量方差分析、单因素方差分析、非参数检验）、相关分析、回归分析等。对于满足正态分布且通过方差齐性检验的数据采用 T 检验和方差分析，对于不满足方差齐性检验的非正态分布数据采用非参数检验。部分数值用平均数和标准差表示，Mean ± SD 表示平均值和标准差，$P < 0.05$ 表示具有显著性差异，$P < 0.01$ 表示具有非常显著性差异。采用 Origin 10.0 软件制作相关数据图，用 ProcessOn 软件制作流程图。

（1）相关分析和回归分析

为深入分析影响寒地东北城镇老年人体质的生活方式因素，本书在进行体质监测的同时，对参加体质监测的老年人采取自愿原则，进行生活方式的问卷调查。其中体质监测有效样本为 1405 人，问卷调查有效样本为 768 人。经过筛查将体质监测和问卷调查均有效的 709 个有效数据结合起来进行相关分析和回归分析，辨析影响寒地东北城镇老年人体质的生活方式因素。经统计，这 709 个有效数据的性别和年龄比例与 768 个问卷调查样本相差不大，可以进行数据统计处理。

相关分析，因变量为体质，自变量为生活方式各因素，将自变量与因变量进行斯皮尔曼相关分析，检验其显著性效果；相关变量的赋值情况，见表 3.12。相关分析后，将与男女体质都相关的影响因素进一步纳入回归分析。运用 SPSS 21.0 统计软件对数据进行最优尺度回归分析，本研究的因变量体质综合评分是连续变量，自变量为分类变量和等级变量，考虑到量纲的影响，本研究采用最优尺度回归分析法进行回归分析。最优尺度回归会对分类变量不同取值进行量化处理，将分类变量、等级变量转换为数值型进行统计分析。采用最优尺度回归将提高分类变量、等级变量数据的处理能力,突破分类变量、等级变量对分析模型选择的限制,扩大回归分析的应用能力。回归分析中各变量名代表的因素,见表3.13。

表 3.12 相关变量的赋值情况

变量	变量名	赋值方法
体质评分	Y	①不合格<15;②合格15~20;③良好21~23;④优秀>23
年龄	X_1	①60~64岁;②65~69岁;③70~74岁;④75~79岁
学历	X_2	①未上过学;②扫盲班或小学;③初中;④高中或中专;⑤大学(含大专)及以上
健康状况	X_3	①身体有重大疾病;②有慢性病;③偶尔生病;④身体健康
慢性病患病情况	X_4	①否;②是
参加锻炼情况	X_5	①不锻炼;②参加锻炼
每周锻炼次数	X_6	①0次;②1~2次;③3~4次;④5~6次;⑤7次及以上
每次锻炼时间	X_7	①0~30min;②31~60min;③61~90min;④91min及以上
每次锻炼强度	X_8	①小强度(稍感疲劳);②中强度(疲劳);③大强度(很疲劳)
参加体育锻炼年限	X_9	①0年;②1~5年;③6~10年;④11~20年;⑤21年以上
锻炼是否有组织	X_{10}	①否,没有组织;②是,有组织
吸烟状况	X_{11}	①从不;②已戒烟;③每天10支以下;④每天10~20支;⑤每天20支以上
饮酒状况	X_{12}	①不饮酒;②偶尔饮酒;③每周1~2次;④每周3~5次;⑤每周6次及以上
睡眠质量	X_{13}	①非常不好;②不好;③一般;④好;⑤非常好
生活满意度	X_{14}	①非常不满意;②不满意;③一般;④满意;⑤非常满意
饮食口味轻重	X_{15}	①口味清淡(少盐、少油);②口味正常(油盐正常);③口味偏重(高盐、高油)
体检频率	X_{16}	①从不体检;②几年体检一次;③一年体检一次;④一年体检两次以上
月平均收入	X_{17}	①900元以下;②900~1270元;③1270~4735元;④4735元以上

注:变量赋值根据具体情况进行等级赋值;部分题目中将问卷调查的部分答案合并进行赋值。

表 3.13　老年人体质可能的影响因素

因素	变量名	因素	变量名
慢性病患病情况	X_1	每次锻炼强度	X_5
参加锻炼情况	X_2	参加锻炼年限	X_6
每周锻炼次数	X_3	锻炼组织情况	X_7
每次锻炼时间	X_4	体质	Y

3.1.3　技术路线

本研究按照"问题切入→问卷调查→体质监测→体质特征和影响因素分析→构建方案→实验验证→效果评价→整理成书"的路线依次展开。综合运用规范研究与实证研究、定性分析与定量分析的方法,深入系统探寻寒地东北城镇老年人体质特征和影响因素,构建运动促进体质方案,通过实验验证方案的有效性,形成初稿。

3.1.3.1　准备阶段:国内外体质研究理论梳理,确定选题

在查阅大量文献资料和实践调查的基础上,在"健康中国"发展目标的大背景下,梳理国内外体质相关文献,依据研究现状和发展动态,确定具有较高学术价值和应用价值的选题。

3.1.3.2　监测阶段:问卷调查与体质测试,数据收集与统计分析

对久居寒地东北的城镇老年人,设计并发放有关体质健康状况、运动状况和生活习惯等体质健康调查问卷,收集相关数据。对受试者进行体质测试,测试后进行数据录入和统计分析。

3.1.3.3　设计阶段:数据统计分析,构建运动促进体质方案

根据问卷调查和体质测试的数据统计分析结果,探究寒地东北城镇老年人的体质特征和影响因素。进行不同项目规律运动和不运动老年人的体质状况对比,找出最适合寒地东北城镇老年人的体育锻炼项目。依据寒地东北城镇老年人体质特征和影响因素,制定运动促进方案。通过对科学健身专家及健康管理专家等进行多次访谈,不断修正运动促进方案,最终形成科学性强、实用价值高的运动促进方案。

3.1.3.4　实证阶段:实验验证运动促进体质方案

选取实验对象,进行运动促进方案效果的实验验证。实验前进行问卷调查和体质监测等基线测试。实验分组后,按照实验方案,进行运动干预实验。实验后进行体质监测,采集各项监测指标和数据,并利用 SPSS 21.0 和 Origin 10.0 软件进行数据统

计,将统计结果与实验前测试结果进行对比,验证运动促进方案的科学性。

3.1.3.5 成书阶段:论证运动促进体质方案

根据研究结果论证运动促进方案的健身效果,促进寒地东北城镇老年人体质水平提高,助力"健康中国 2030 计划"早日实现。本书的技术路线,见图 3.13。

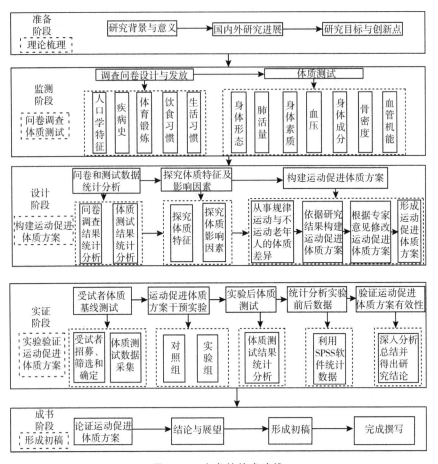

图 3.13 本书的技术路线

3.1.4 研究相关概念界定

3.1.4.1 寒地东北城镇老年人

(1)寒地

根据《民用建筑热工设计规范》绘制的中国建筑气候区划图①,我国被划分为严寒

---

① 中华人民共和国建设部.民用建筑设计通则:GB 50352—2005[S].北京:中国建筑工业出版社,2005:7.

地区、寒冷地区、夏热冬冷地区、夏热冬暖地区及温和地区①。严寒地区主要包括东北和内蒙古、新疆北部、西藏北部和青海等地区。在欧美国家,这类地区被称为"冬季地区"。在日本,这类地区被称为"北方地区"。中国专家学者称这类地区为"寒地地区"。②根据《严寒和寒冷地区农村住房节能技术导则(试行)》,依据不同的采暖度日数(HDD18)和空调度日数(CDD26)范围,又将寒地划分为严寒A区、严寒B区和严寒C区共3个子气候区。③ 加拿大学者Philips提出包括冬季时间、冷风、强风、冬季降水、日照等指标的"冬季严寒指数"概念,表明寒地气候条件恶劣,冬季以时间漫长、降雪积雪、低温寒风、剧烈温差和日照局限为显著特征。④

(2)寒地东北

本研究中寒地东北指包括中国东北黑龙江、吉林、辽宁三省在内的严寒地区。

(3)城镇

《中国百科大辞典》《中国方志大辞典》将城镇定义为:具有一定规模的工商业集中地,以非农业人口为主的居民点。按照我国相关规定,市、地、县机关所在地,或者常住人口在2000人以上,其中非农业人口占50%以上的居民点,都是城镇。⑤本研究对城镇的界定同《中国百科大辞典》《中国方志大辞典》。

(4)老年人

1982年联合国召开的"老龄问题世界大会"研究确认,60周岁及以上的人为老年人。根据《中华人民共和国老年人权益保障法》中对老年人的界定为60岁以上人口,本研究将老年人界定为60岁以上公民。⑥ 由于80岁以上老年人年龄较大,人口数量相对60~79岁较少,体质相对较差,多伴有各种老年性疾病,且运动能力差,运动损伤风险大,故本研究只调查60~79岁老年人。又因只有长期寒冷气候刺激才会对人体造成不良影响,故本研究中寒地东北城镇老年人是指具有寒地东北城镇居民户口,且定居城镇50年及以上的60~79岁城镇老年人。

---

① 夏伟.基于被动式设计策略的气候分区研究[D].北京:清华大学,2009;30-31.

② 赵蕾.雨洪管理视角下寒地城市水系规划研究[D].哈尔滨:哈尔滨工业大学,2018.

③ 中华人民共和国住房和城乡建设部.关于印发《严寒和寒冷地区农村住房(试行)》的通知[EB/OL].(2009-06-30)[2019-11-25]. http://www.mohurd.gov.cn/wjfb/200907/t20090707_192137.html.

④ Philips D W. Planning with Winter Climate in Mind[C]//Manty J,Pressman N. Cities Designed for Winter. Helsinki:Building Book Li Co. ,1988;70-71.

⑤ 《中国百科大辞典》编辑委员会.中国百科大辞典[Z].北京:华夏出版社,1990.《中国方志大辞典》编辑委员会.中国方志大辞典[Z].杭州:浙江人民出版社,1988.

⑥ 全国人民代表大会常务委员会.中华人民共和国老年人权益保障法[EB/OL].(2019-01-07)[2019-10-25]. http://www.npc.gov.cn/npc/c30834/201901/47231a5b9cf94527a4a995bd5ae827f0.shtml.

3.1.4.2 体质

世界各国对于体质的概念和定义各有不同。各国的历史文化不同,对事物的认识也不尽相同,对体质概念理解有所区别。中国不同领域和其他国家对体质一词的定义截然不同,见图 3.14。

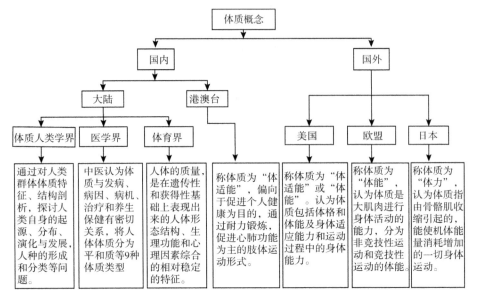

图 3.14 国内外对体质概念的不同界定

(1)国内体质概念

在我国,体质概念涉及的学科较多,体质人类学界、医学界和体育界都对体质下了定义。三者之间既相互联系,又相互区别,所包含的内容和意义有所不同。

①医学界对体质的定义

中医体质学说认为,体质与发病、病因、病机、治疗和养生保健密切相关,表现为病理和生理上所反映的发病倾向性或特征。2009 年,中华中医药学会体质分会联合北京中医药大学发布《中医体质分类与判定》,将人的临床体质分为平和质、阳虚质、湿热质、阴虚质、血瘀质、特禀质、气虚质、气郁质等 9 种类型[①],并给出了每种临床体质类型的临床判断标准与方式。中医体质学说以降低疾病发生率和"治未病"为目的,具有较强的临床指导和应用价值。

②体质人类学界对体质的定义

体质人类学又称"自然人类学"或"人体学",是研究人类群体体质特征及其形

---

① 中华中医药学会.中医体质分类与判定[J].中华养生保健(上半月),2009(9):54-58.

成和发展规律的一门科学,通过对人类群体体质特征、结构剖析,探讨人类自身的起源、分布、演化与发展、人种的形成和分类等问题。① 体质人类学与人类演化史密切相关,其研究范围涉及人体解剖学、形态学、心理学、生理学和人体测量学等领域。测试指标一般为颅面特征指标、骨骼特征指标和体形特征指标等。

③体育界对体质的定义

中国体育界学者对体质概念的认识,从身体一元论逐渐转变为基于生理、心理和社会等层面的多元认知论。自《黄帝内经》开始,我国学者就开始关注体质研究。不同历史时期的体质定义,见表 3.14。

表 3.14　我国体育界体质定义的历史演变

时间	学者/文献	定义/阐述
2500 年前	《黄帝内经》	指出研究人的体质必须认识人体自身机理;阐述了体质与自然等因素的关系。[1]
公元 420 年	《晋书》	"保体质丰伟,尝自称八百斤",体质即为身体的实质。
1982 年	体质研究分会	体质是人体的质量,它是在遗传性和获得性基础上表现出来的人体形态结构、生理功能和心理因素综合的相对稳定的特征。[2]
1990 年	王则珊	体质是人体的质量,是人的有机体在遗传变异和后天获得性基础上所表现出来的机能和形态上相对稳定的特征。[3]
2014 年	蒯放	体质是在形态、机能和心理活动三个方面反映出来的人体的基本特征。[4]
2016 年	张兴奇、方征	体质是人体在先天遗传性基础上和后天环境的影响下所反映在身体形态、身体素质、身体机能、心理活动和社会活动上相对稳定的一种状态。[5]

[1]冯宁.身体活动不足成年人体质健康综合评价体系研究[D].北京:北京体育大学,2015.

[2]任弘.体质研究中人体适应能力的理论与实证研究[D].北京:北京体育大学,2004.

[3]王则珊.体育理论基本概念的新阐释[J].体育与科学,1990(3):10-13.

[4]蒯放.根源、属性、范畴:论体质的内涵及其与健康的关系[J].山东体育学院学报,2014(5):34-38.

[5]张兴奇,方征.美国体质概念的嬗变及对我国体质研究的启示[J].体育文化导刊,2016(10):62-67.

④港澳台地区称体质为"体适能"

我国香港、澳门、台湾地区称体质为"体适能",是指通过有氧、力量和耐力锻炼,提高人体心肺功能、身体各器官系统机能和身体素质,从而促进个人健康。

---

① 袁世全.中国百科大辞典[Z].北京:华夏出版社,1990.

(2)国外体质概念

①美国称体质为"体适能"或"体能"

美国对体质的认识随着时代变迁不断发展,演变路径为:与运动能力有关的体质→与身体健康有关的体质→多元视角下的体质。① 体育教育和社会体育领域从"健康促进"角度,探讨体质概念,认为体质包括体格、体能和身体对社会环境和自然环境的适应能力,可称为"体适能"。竞技体育领域从"运动能力"角度探讨体质概念,认为体质是个体学习运动技能过程中表现出来的身体能力,可称为"体能"。

20世纪60年代,美国学者开始从运动能力视角认识体质概念,认为体质包含力量、速度、耐力等身体素质要素,强调体质的自然属性。代表学者有 Darling 、Ludwig、Fleishman、Karpovich 等。70年代,美国学者开始从身体健康视角认识体质,将体质分为与健康相关的体质和与运动相关的体质,将身体成分、心肺耐力、肌肉耐力、肌肉力量和柔韧性纳入其中。代表学者有 Pate、Clarke、Caspersen 等。80年代后,美国学者开始从身体形态、身体机能、心理和运动锻炼等多元视角认识体质②,认为体质包括身体形态、身体机能、身体素质、身体成分、肌肉耐力和柔韧性,有时还包括营养和健康生活方式。代表学者有 Safrit 、Bouchard、Stephens、Shephard、Corbin 等。他们构建了身体健康体质、生理功能体质和运动技能体质的三维体质结构模型。③

②欧盟称体质为"体能"

欧盟各国称体质为"体能",将其分为非竞技性运动体质和竞技性运动体质。非竞技运动以个体健康和娱乐游戏为目的,以促进心肺功能为主,是运动负荷量通常较小的耐力身体锻炼形式。竞技运动以竞赛夺金和取得优异运动成绩为目的,以增强肌肉和骨骼力量为主,是运动负荷量较大的抗阻力量练习。欧盟各国统一采用尤罗菲特(EUROFIT)测试组合进行体质测试④,主要测试内容包括肌肉力量、肌肉耐力、心肺功能、平衡性、协调性和灵敏性等。

③日本称体质为"体力"

20世纪初,日本开始称体质为"体力",主要是指由骨骼肌收缩引起的,能使机

---

① Lee I M,Shiroma E J,Lobelo F,et al. Effect of physical inactivity on major non-communicable diseases world-wide:An analysis of burden of disease and life expectancy[J]. Lancet,2012(9838):219-229.

② Centers for disease control and prevention. Health disparities and inequalities report-United States. Morbidity and mortality weekly report supplement[R]. 2011(60):1-116.

③ Welk G J,Meredith M D. Fitness Gram/Activity Gram Reference Guide[S]. Dallas TX:The Cooper Institute,2008.

④ 王梅,王晶晶,范超群.体质内涵与健康促进关系研究[J].体育学研究,2018(5):23-31.

体能量消耗增加的身体活动。因此,日本"体力"概念的外延更加广泛,包括与工作相关体力活动(货物搬运等)、交通中体力活动(步行或骑车等)、闲暇时间体力活动(散步等)、家庭中体力活动(家务等)。日本定期对国民进行体力测定,测定内容包括身体形态、肌肉力量、肌肉耐力、灵敏性和柔韧性等。

国际生物学发展规划理事会与国际体力研究委员会为促进国际体质测试标准化,经研究后发布体质测试实施方案。该方案包含的测试内容有:生理学测定,身体形态、身体成分、身体素质测试和基础的医学检查。世界卫生组织将体质定义为:个人除足以胜任日常工作外,还有余力享受休闲活动,能够应付压力与突然变化的身体适应能力。[①]

综上,国外的体质概念各有侧重。体质不仅与个人的身体状况紧密相关,还与个人的整体生活质量息息相关。

在对国内外体质概念进行比较分析后,本书以体育界公认的体质研究分会1982年给出的定义"体质是人体的质量,它是在遗传性和获得性基础上,表现出来的人体形态结构、生理功能和心理因素的综合的相对稳定的特征"为依据开展研究。因心理和适应能力的内容错综复杂,测试技术烦琐,对仪器设备等要求较高,且适应能力的构成要素不确定,本研究中体质的内容包括身体形态、身体机能和身体素质等。

3.1.4.3　运动处方

1954年,美国生理学家Kapovish提出运动处方概念;20世纪70年代初,日本成立运动处方研究委员会,并开始研究和制定运动处方。[②] 1969年,世界卫生组织正式使用"运动处方"术语。[③] 1986年,美国医学家Cuper出版《有氧代谢运动》等专著,推广运动处方。早期的运动处方仅限于治疗疾病的康复运动处方,后来,根据锻炼者运动的目的和性质不同,逐渐发展为康复运动处方、临床治疗运动处方、竞技运动处方、健身运动处方、体育教学运动处方等多领域的运动处方。对老年人而言,健身运动处方应用价值最高,因此本研究主要以健身运动处方为核心制定健身方案。

世界卫生组织将"运动处方"定义为:对从事体育活动的锻炼者或患者,据医学检查资料、运动试验、体测试等,按其健康、体力、心血管功能等状况,结合生活环境和运动爱好等特点,运用处方的形式规定适合个体的运动种类、时间、频率及运

---

① 王晖.体质改善策略与实践[M].上海:华东理工大学出版社,2011:73.

② 周国正.中国老年百科全书:保健·医疗·强身卷[M].银川:宁夏人民出版社,1994.

③ 张崇林.公务员体质健康促进智能化运动处方系统的研究与应用[D].上海:上海体育学院,2012.

动中的注意事项,以便个体有计划地经常锻炼,达到健身或治疗疾病的目的。

《中国医学百科全书》将运动处方定义为:由医生按健康情况及心血管系统功能状态,为准备从事体育运动的人用处方的方式规定适当的运动内容、运动强度及运动量。[①]

王正珍教授认为,运动处方是由医生、体育工作者、社会体育指导员或运动康复医师针对体育锻炼者或需要康复的病人,根据其医学检查结果,按其年龄、性别、健康状况、身体锻炼经历、心肺适能以及运动器官的技能水平状况等,结合生活环境表现和运动爱好等个体特点,用处方的形式,制定健身方案。[②]

综合以上相关见解,本研究将运动处方界定为:由体育或医疗卫生部门相关人员,根据个体的运动目的、运动爱好、体质状况和体力活动水平等,以处方形式为运动者制定包含运动项目、内容、负荷、强度和频率等要素,计划周密、科学合理、定量化、周期性的运动健身指导方案。

3.1.4.4　运动促进体质方案

(1)体力活动和体育运动

体力活动是指任何可以引起骨骼肌收缩,并在静息能量消耗基础上引起能量消耗增加的体力活动。[③] 体育运动是有计划、有组织、可重复的体力活动,是一种旨在促进或维持一个或多种体质组成的体力活动。

(2)健康促进

1986 年,世界卫生组织在第一届国际健康促进大会上提出健康促进概念。健康促进是运用行政、政策、法律、组织、教育、经济等手段,广泛协调国家各部门、社会团体、家庭和个人力量,共同促进人们的身体健康、精神健康和社会适应良好,使人体健康保持在最优状态。[④] 健康促进含义除包括健康教育外,还包括促使行为向有益于健康方面改变的一切支持系统,例如政策、方法、组织、计划、经济支持等实现人群健康。[⑤]

(3)方案

方案是指人们为实现某种目标而拟订的行动计划或工作计划。[⑥] 一般包括指

① 曲绵城.中国医学百科全书:运动医学[M].上海:上海科学技术出版社,1983.
② 王正珍.ACSM 运动测试与运动处方指南(第十版)[M].北京:北京体育大学出版社,2019.
③ Caspersen C J, Powell K E, Christenson G M. Physical activity, exercise, and physical fitness: Definitions and distinctions for health-related research[J]. Public Health Reports,1985(2):126-31.
④ 林琬生.中国优生优育优教百科全书:优育卷[M].广州:广东教育出版社,2000.
⑤ 余岚.大学生个性化体质健康促进研究[D].北京:北京体育大学,2013.
⑥ 宋书文.管理心理学词典[M].兰州:甘肃人民出版社,1989.

导思想、主要目标、工作重点、实施步骤、政策措施、具体要求等项目。

(4)运动促进体质方案

基于以上研究,本研究中将运动促进体质方案定义为:根据个体体质特征和运动目标,依据健康促进理论、原则和程序,设计以运动处方为核心,设计包含方案进度、练习方式、运动负荷和效果评价等内容,促进个体强身健体、防治慢性病的一种综合性运动促进体质方案。

3.2 研究重点、难点和创新点

3.2.1 研究重点

3.2.1.1 探究寒地东北城镇老年人体质特征、生活方式特征和影响因素

通过文献综述、问卷调查、测试法、实地调研了解寒地东北城镇老年人体质特征、生活方式特征,结合体质监测与问卷调查结果进行相关分析和回归分析,探究老年人体质的影响因素,这是本研究的重点,也是后续研究的基础。

3.2.1.2 构建科学有效的运动促进体质方案

依据世界卫生组织发布的《体力活动指南》、美国运动医学学会发布的《ACSM运动测试与运动处方指南》,结合老年人体质特征,设计科学有效、针对性强,适合寒地东北城镇老年人的运动促进体质方案。

3.2.2 研究难点

3.2.2.1 测试过程的组织管理

体质监测组织工作困难,许多老年人对体质监测工作认识不足,自愿参加监测的人数不多,需要进行广泛宣传,才能吸引大批老年人前来测试。测试队伍需要往返多个城镇进行体质监测,路途遥远,监测工作十分艰苦。测试时间短,任务重,测试指标多、数据量大、统计分析耗时长,需要耗费大量的人力、物力和财力。

3.2.2.2 运动促进体质方案的科学性

设计科学有效的运动促进方案,既需要众多交叉学科理论知识的支撑,又需要把握老年人的体质特征和影响因素,慎重考虑老年人的运动负荷和运动量等问题,还需要经过严密论证,多次访谈不同领域专家。

3.2.2.3 运动实验过程的控制

由于实验对象是患一级高血压的老年人,实验组老年人年龄较大、体质状况不

同、文化程度不同,运动实验过程中受试者对秧歌的学习能力不同,运动能力不同,因而需要聘请科学健身指导专家和有多年经验的社会体育指导员进行指导。

3.2.3 研究创新点

3.2.3.1 研究视角创新

首次对久居寒地东北城镇的老年人进行体质特征与运动促进的理论与实证研究,研究地域视角独特。构建的寒地东北城镇老年人运动促进体质方案属寒地首创,可为寒地东北城镇老年人提供健身指导,解决了寒地东北城镇老年人"缺乏科学健身指导""冬季停练"等健身瓶颈问题,为寒地东北城镇老年人科学健身提供新思路和新方法。

3.2.3.2 研究内容创新

(1)探讨长期运动与不运动老年人的体质差异和不同运动项目的健身效果

通过对长期规律运动的老年人和不运动老年人进行体质对比,辨析运动与不运动老年人的体质差异,以及不同运动项目的健身效果,为老年人健身项目挑选提供借鉴,为寒地东北运动项目推广提供理论依据。

(2)新增的三项监测指标,鉴别力更强

监测指标选取涵盖面更广,在国家国民体质监测指标基础上,增加身体成分、骨密度和血管机能指标。指标选取针对性强,与久居寒地东北城镇老年人发病率较高的慢性病高度相关,可以精准确定老年人体质特征,为靶向定位提高老年人体质提供依据。这三项新增体质指标鉴别力强,使老年人体质评价更加全面准确,为精准指导老年人健身提供科学依据。

(3)研究对象年龄段选取的实践指导价值更大

全国第四次国民体质监测中,老年人年龄设置为 $60 \sim 69$ 岁,本研究在此基础上增加 $70 \sim 74$ 岁、$75 \sim 79$ 岁年龄段。研究对象年龄段选取更广,实践指导价值更大。

4 研究结果与分析

4.1 寒地东北城镇老年人体质特征研究

本研究对寒地东北城镇老年人体质各项指标进行测试和统计分析,以期深入挖掘寒地东北城镇老年人体质特征。最近一次全国国民体质监测——全国第四次国民体质监测是在 2014 年进行的,老年人年龄设置为 60～69 岁,年龄分组为 60～64 岁、65～69 岁。本研究为了深入研究老年人体质特征,扩大研究成果的应用价值,故将年龄范围扩大为 60～79 岁。但年龄分组仍然按照 2014 年国家分组标准,每 5 岁为一个年龄组,具体分组为 60～64 岁、65～69 岁、70～74 岁、75～79 岁。

根据国家体育总局发布的《2014 年国民体质监测报告》①,国家体质监测指标为身体形态(身高、体重、BMI)、身体机能(收缩压、舒张压、心率、肺活量)、身体素质(握力、坐位体前屈、闭眼单脚站立、选择反应时)三大类 11 个指标。本研究依据专家访谈建议,考虑寒地东北城镇老年人心脑血管疾病、肥胖症、骨质疏松症等慢性病高发病率的疾病特点,在国家体质监测指标之外,增加身体成分、骨密度、血管机能指标,旨在深入挖掘寒地东北城镇老年人体质特征。

根据国家体育总局发布的《2014 年国民体质监测报告》即"国常模"仅有 60～69 岁数据的实际情况,将本研究 60～64 岁、65～69 岁年龄组与国常模进行对比。而 70 岁以上组别进行男女对比和随年龄增长老年人体质变化趋势研究。

4.1.1 寒地东北城镇老年人常规体质测试结果与分析

4.1.1.1 寒地东北城镇 60～64 岁老年人常规体质测试结果与分析

(1)身体形态指标测试结果

男性身高平均数 168.88cm 大于国常模平均数的 166.8cm,体重平均数

---

① 国家体育总局.2014 年国民体质监测报告[M].北京:人民体育出版社,2014:239-248.

70.99kg 大于国常模平均数的 68.9kg，均具有非常显著性差异（$P<0.01$）。BMI 平均数 24.95 大于国常模平均数的 24.7，无显著性差异（$P>0.05$），见表 4.1。说明该组男性身材高大、体重较重。

女性身高平均数 156.61cm 大于国常模平均数的 155.8cm，体重平均数 60.08kg 与国常模平均数的 60.0kg 相差不大，无显著性差异（$P>0.05$）。BMI 平均数 24.34 小于国常模平均数的 24.7，具有非常显著性差异（$P<0.01$），见表 4.1。说明该组女性身材适中、体形尚可。

表 4.1　寒地东北城镇 60～64 岁老年人身体形态与国常模对比（Mean±SD）

指标	性别	寒地东北	国常模	差值	T 值	P 值
身高（cm）	男	168.88±5.19	166.8±6.00	2.08	5.111	0.000
	女	156.61±9.38	155.8±5.46	0.81	1.946	0.052
体重（kg）	男	70.99±9.62	68.9±9.87	2.09	3.150	0.002
	女	60.08±8.72	60.0±8.67	0.08	0.211	0.833
BMI（kg/m²）	男	24.95±2.96	24.7±3.03	0.258	1.268	0.206
	女	24.34±3.50	24.7±3.18	−0.36	−2.952	0.003

（2）身体机能指标测试结果

男性收缩压平均数 135.24mmHg 大于国常模平均数的 129.1mmHg，具有非常显著性差异（$P<0.01$）。舒张压平均数 81.46mmHg 大于国常模平均数的 80.9mmHg，心率平均数 76.28 次/min 小于国常模平均数的 77.5 次/min，无显著性差异（$P>0.05$），见表 4.2。说明该组男性的收缩压显著高于全国平均水平，具有收缩压高的特点，舒张压和心率与全国平均水平接近。

女性收缩压平均数 130.19mmHg 大于国常模平均数的 125.6mmHg，具有非常显著性差异（$P<0.01$）。舒张压平均数 78.00mmHg 大于国常模平均数的 77.2mmHg，无显著性差异（$P>0.05$）。心率平均数 77.20 次/min 大于国常模平均数的 76.2 次/min，具有显著性差异（$P<0.05$），见表 4.2。说明该组女性收缩压、心率均高于全国平均水平，舒张压与全国平均水平接近。

男性肺活量平均数 3008.61ml 大于国常模平均数的 2649.8ml，女性肺活量平均数 1987.15ml 大于国常模平均数的 1881.4ml，具有非常显著性差异（$P<0.01$），见表 4.2。说明该组老年人具有肺活量大的特点。

表 4.2　寒地东北城镇 60～64 岁老年人身体机能与国常模对比（Mean±SD）

指标	性别	寒地东北	国常模	差值	T 值	P 值
收缩压（mmHg）	男	135.24±19.31	129.1±15.03	6.14	4.601	0.000
	女	130.19±17.18	125.6±15.66	4.59	5.974	0.000
舒张压（mmHg）	男	81.46±11.77	80.9±10.09	0.568	0.698	0.486
	女	78.00±9.72	77.2±10.18	0.80	1.855	0.064
心率（次/min）	男	76.28±11.43	77.5±9.84	−1.21	−1.533	0.127
	女	77.20±10.20	76.2±8.90	1.00	2.198	0.028
肺活量（ml）	男	3008.61±688.05	2649.8±694.27	358.81	7.575	0.000
	女	1987.15±515.77	1881.4±480.69	105.75	4.589	0.000

（3）身体素质指标测试结果

男性坐位体前屈平均数 5.68cm 大于国常模平均数的 2.3cm，选择反应时平均数 0.52s 小于国常模平均数的 0.63s，具有非常显著性差异（$P<0.01$）。握力平均数 39.26kg 大于国常模平均数的 38.2kg，闭眼单脚站立平均数 8.36s 小于国常模平均数的 9.9s，具有显著性差异（$P<0.05$），见表 4.3。说明该组男性具有握力大、柔韧性好、选择反应时快的特点，但闭眼单脚站立较差。

女性握力平均数 22.98kg 小于国常模平均数的 23.6kg，坐位体前屈平均数 11.04cm 大于国常模平均数的 8.4cm，选择反应时平均数 0.56s 小于国常模平均数的 0.65s，具有非常显著性差异（$P<0.01$）。闭眼单脚站立平均数 8.11s 小于国常模平均数的 9.0s，具有显著性差异（$P<0.05$），见表 4.3。说明该组女性具有柔韧性好、反应时快的特点，但握力小，闭眼单脚站立较差。

表 4.3　寒地东北城镇 60～64 岁老年人身体素质与国常模对比（Mean±SD）

指标	性别	寒地东北	国常模	差值	T 值	P 值
握力（kg）	男	39.26±6.76	38.2±7.95	1.06	2.279	0.024
	女	22.98±4.70	23.6±4.87	−0.62	−2.944	0.003
坐位体前屈（cm）	男	5.68±10.54	2.3±8.94	3.38	4.659	0.000
	女	11.04±8.48	8.4±8.22	2.64	6.964	0.000
闭眼单脚站立（s）	男	8.36±10.36	9.9±10.16	−1.53	−2.144	0.033
	女	8.11±8.91	9.0±8.85	−0.88	−2.228	0.026
选择反应时（s）	男	0.52±0.18	0.63±0.195	−0.10	−7.810	0.000
	女	0.56±0.15	0.65±0.203	−0.09	−13.894	0.000

(4)寒地东北城镇 60～64 岁老年人身体形态、机能和素质指标对比分析

男性身高平均数 168.88cm 大于女性平均数的 156.61cm,体重平均数 70.99kg 大于女性平均数的 60.08kg,收缩压平均数 135.24mmHg 大于女性平均数的 130.19mmHg,舒张压平均数 81.46mmHg 大于女性平均数的 78.00mmHg,肺活量平均数 3008.61ml 大于女性平均数的 1987.15ml,握力平均数 39.26kg 大于女性平均数的 22.98kg,坐位体前屈平均数 5.68cm 小于女性平均数的 11.04cm,具有非常显著性差异($P<0.01$)。男性 BMI 平均数 24.95 大于女性平均数的 24.34,具有显著性差异($P<0.05$)。男性心率平均数 76.28 次/min 小于女性平均数的 77.20 次/min,闭眼单脚站立平均数 8.36s 大于女性平均数的 8.13s,选择反应时平均数 0.52s 小于女性平均数的 0.56s,无显著性差异($P>0.05$),见表 4.4。

该组对比结果显示,男性较之女性,身材高大、体重较重、肺活量大、握力大,但柔韧性较女性差,体形更胖,血压更高。男性和女性的心率、闭眼单脚站立、选择反应时水平接近。

表 4.4　寒地东北城镇 60～64 岁老年男女身体形态、机能和素质对比(Mean±SD)

指标	男	女	差值	T 值	P 值
身高(cm)	168.88±5.91	156.61±9.38	17.572	12.26	0.000
体重(kg)	70.99±9.62	60.08±8.72	10.91	14.142	0.000
BMI(kg/m²)	24.95±2.96	24.34±3.50	0.615	2.234	0.026
收缩压(mmHg)	135.24±19.31	130.19±17.18	5.05	3.439	0.001
舒张压(mmHg)	81.46±11.77	78.00±9.72	3.46	4.049	0.000
心率(次/min)	76.28±11.43	77.20±10.20	−0.91	−1.052	0.293
肺活量(ml)	3008.61±688.05	1987.15±515.77	1021.46	19.392	0.000
握力(kg)	39.26±6.76	22.98±4.70	16.28	31.863	0.000
坐位体前屈(cm)	5.68±10.54	11.04±8.48	−5.36	−6.543	0.000
闭眼单脚站立(s)	8.36±10.36	8.13±8.92	0.23	0.308	0.758
选择反应时(s)	0.52±0.18	0.56±0.28	−1.551	−0.04	0.121

4.1.1.2　寒地东北城镇 65～69 岁老年人身体形态、机能和素质与国常模对比分析

(1)身体形态指标与国常模对比分析

男性身高平均数 167.68cm 大于国常模平均数的 166.3cm,体重平均数 70.22kg 大于国常模平均数的 68.1kg,具有非常显著性差异($P<0.01$)。BMI 平均数 25.08 大于国常模平均数的 24.6,具有显著性差异($P<0.05$),见表 4.5。说

明该组男性身材高大、体重较重,身体形态比较魁梧。

女性身高平均数 155.26cm 大于国常模平均数的 154.7cm,体重平均数 59.51kg 小于国常模平均数的 59.7kg,BMI 平均数 24.53 小于国常模平均数的 24.9,无显著性差异($P>0.05$),见表 4.5。说明该组女性体形适中,与国常模接近。

表 4.5　寒地东北城镇 65~69 岁老年人身体形态与国常模对比(Mean±SD)

指标	性别	寒地东北	国常模	差值	T 值	P 值
身高(cm)	男	167.68±6.21	166.3±6.15	1.38	2.866	0.005
	女	155.26±9.74	154.7±5.48	0.56	0.978	0.329
体重(kg)	男	70.22±9.78	68.1±9.88	2.12	2.791	0.006
	女	59.51±7.85	59.7±9.15	−0.18	−0.40	0.686
BMI(kg/m²)	男	25.08±2.95	24.6±3.08	0.48	2.132	0.035
	女	24.53±3.22	24.9±3.41	−0.36	−1.92	0.056

(2)身体机能指标与国常模对比分析

男性收缩压平均数 140.54mmHg 大于国常模平均数的 130.3mmHg,肺活量平均数 2744.95ml 大于国常模平均数的 2516.6ml,具有非常显著性差异($P<0.01$)。舒张压平均数 81.66mmHg 大于国常模平均数的 79.8mmHg,具有显著性差异($P<0.05$)。心率平均数 77.34 次/min 大于国常模平均数的 77.1 次/min,无显著性差异($P>0.05$),见表 4.6。说明该组男性收缩压、舒张压显著高于全国平均水平,高血压的发病率较高。肺活量高于全国平均水平,心率与全国水平接近。

女性肺活量平均数 1860.32ml 大于国常模平均数的 1775.0ml,具有非常显著性差异($P<0.01$)。收缩压平均数 131.25mmHg 大于国常模平均数的 128.9mmHg,舒张压平均数 76.85mmHg 小于国常模平均数的 77.6mmHg,心率平均数 77.68 次/min 大于国常模平均数的 76.9 次/min,无显著性差异($P>0.05$),见表 4.6。说明该组女性肺活量高于全国平均水平,收缩压、舒张压和心率水平与全国平均水平接近。

表 4.6　寒地东北城镇 65~69 岁老年人身体机能与国常模对比(Mean±SD)

指标	性别	寒地东北	国常模	差值	T 值	P 值
收缩压(mmHg)	男	140.54±17.00	130.3±14.42	10.24	7.669	0.000
	女	131.25±20.40	128.9±15.22	2.35	1.943	0.236

续 表

指标	性别	寒地东北	国常模	差值	T 值	P 值
舒张压(mmHg)	男	81.66±10.65	79.8±10.13	1.86	2.223	0.028
	女	76.85±10.51	77.6±10.41	−0.74	−1.188	0.236
心率(次/min)	男	77.34±12.84	77.1±9.76	0.24	0.239	0.812
	女	77.68±11.71	76.9±9.11	0.78	1.123	0.262
肺活量(ml)	男	2744.95±653.57	2516.6±685.60	228.35	4.488	0.000
	女	1860.32±472.69	1775.0±463.34	85.32	3.053	0.002

(3)身体素质指标与国常模对比分析

男性闭眼单脚站立平均数 6.95s 小于国常模平均数的 8.7s,具有非常显著性差异($P<0.01$)。握力平均数 36.32kg 大于国常模平均数的 36.0kg,坐位体前屈平均数 3.16cm 大于国常模平均数的 1.7cm,选择反应时平均数 0.69s 大于国常模平均数的 0.65s,无显著性差异($P>0.05$),见表 4.7。说明该组男性握力、坐位体前屈和选择反应时与全国平均水平接近,闭眼单脚站立水平较差。

女性握力平均数 21.57kg 小于国常模平均数的 22.5kg,坐位体前屈平均数 10.08cm 大于国常模平均数的 7.5cm,闭眼单脚站立平均数 5.74s 小于国常模平均数的 7.7s,具有非常显著性差异($P<0.01$)。选择反应时平均数 0.67s 小于国常模平均数的 0.71s,无显著性差异($P>0.05$),见表 4.7。说明该组女性坐位体前屈好于全国平均水平,选择反应时与全国平均水平持平,握力和闭眼单脚站立低于全国平均水平。老年女性应加强手臂力量和平衡能力的锻炼。

表 4.7 寒地东北城镇 65～69 岁老年人身体素质与国常模对比(Mean±SD)

指标	性别	寒地东北	国常模	差值	T 值	P 值
握力(kg)	男	36.32±7.61	36.0±7.53	0.32	0.551	0.582
	女	21.57±5.05	22.5±4.74	−0.92	−3.098	0.002
坐位体前屈(cm)	男	3.16±11.24	1.7±8.70	1.46	1.679	0.095
	女	10.08±9.29	7.5±8.45	2.58	4.707	0.000
闭眼单脚站立(s)	男	6.95±7.91	8.7±9.13	−1.74	−2.831	0.005
	女	5.74±5.61	7.7±8.19	−1.95	−5.882	0.000
选择反应时(s)	男	0.69±1.06	0.65±0.210	0.04	0.599	0.550
	女	0.67±0.65	0.71±0.241	−0.03	−0.808	0.420

(4)寒地东北城镇 65～69 岁老年男女身体形态、机能和素质指标对比分析

男性身高平均数 167.68cm 大于女性平均数的 155.26cm,体重平均数 70.22kg 大于女性平均数的 59.51kg,收缩压平均数 140.54mmHg 大于女性平均数的 131.25mmHg,舒张压平均数 81.66mmHg 大于女性平均数的 76.85mmHg,肺活量平均数 2726.77ml 大于女性平均数的 1860.32ml,握力平均数 35.78kg 大于女性平均数的 21.57kg,坐位体前屈平均数 3.16cm 小于女性平均数的 9.98cm,具有非常显著性差异($P<0.01$)。BMI 平均数 25.08 大于女性平均数的 24.57,心率平均数 77.34 次/min 小于女性平均数的 77.68 次/min,闭眼单脚站立平均数 6.95s 大于女性平均数的 5.74s,选择反应时平均数 0.63s 小于女性平均数的 0.67s,无显著性差异($P>0.05$),见表 4.8。

该组对比结果显示,男性与女性相比,身高较高、体重较重、血压较高、肺活量较大、握力较大,但坐位体前屈水平较低。男性 BMI、心率、闭眼单脚站立和选择反应时水平与女性持平。

表 4.8　寒地东北城镇 65～69 岁老年男女身体形态、机能和素质指标对比(Mean±SD)

指标	男	女	差值	T 值	P 值
身高(cm)	167.68±6.21	155.26±9.74	12.42	14.735	0.000
体重(kg)	70.22±9.78	59.51±7.85	10.71	12.000	0.000
BMI(kg/m²)	25.08±2.95	24.57±3.13	0.51	1.717	0.087
收缩压(mmHg)	140.54±17.0	131.25±20.40	9.28	4.903	0.000
舒张压(mmHg)	81.66±10.65	76.85±10.51	4.80	4.616	0.000
心率(次/min)	77.34±12.84	77.68±11.71	-0.34	-0.284	0.776
肺活量(ml)	2726.77±614.94	1860.32±472.69	866.45	15.630	0.000
握力(kg)	35.78±7.41	21.57±5.05	14.20	21.860	0.000
坐位体前屈(cm)	3.16±11.24	9.98±9.17	-6.8	-6.618	0.000
闭眼单脚站立(s)	6.95±7.91	5.74±5.61	1.20	1.721	0.086
选择反应时(s)	0.63±0.76	0.67±0.63	-0.04	-0.540	0.589

4.1.1.3　寒地东北城镇 70～74 岁老年男女身体形态、机能和素质对比分析

男性身高平均数 164.82cm 大于女性平均数的 154.09cm,体重平均数 69.11kg 大于女性平均数的 58.69kg,肺活量平均数 2644.91ml 大于女性平均数的 1759.39ml,握力平均数 33.25kg 大于女性平均数的 21.11kg,坐位体前屈平均数 4.64cm 小于女性平均数的 9.74cm,具有非常显著性差异($P<0.01$)。BMI 平均

数 24.74 小于女性平均数的 24.95,收缩压平均数 140.14mmHg 大于女性平均数的 139.62mmHg,舒张压平均数 82.41mmHg 大于女性平均数的 79.33mmHg,心率平均数 76.37 次/min 小于女性平均数的 77.69 次/min,闭眼单脚站立平均数 5.14s 大于女性平均数的 4.39s,选择反应时平均数 0.70s 小于女性平均数的 0.71s,无显著性差异(P>0.05),见表 4.9。

该组对比结果显示,男性与女性相比,身高较高、体重较重、肺活量较大、握力较大,但坐位体前屈水平较差。男性 BMI、收缩压、舒张压、心率、闭眼单脚站立、选择反应时水平与女性基本持平。

表 4.9 寒地东北城镇 70～74 岁男女身体形态、机能和素质对比(Mean±SD)

指标	男	女	差值	T 值	P 值
身高(cm)	164.82±23.0	154.09±5.42	10.72	3.192	0.002
体重(kg)	69.11±9.32	58.69±7.99	10.41	7.080	0.000
BMI(kg/m²)	24.74±2.82	24.95±3.45	−0.21	−0.366	0.715
收缩压(mmHg)	140.14±19.55	139.62±21.15	0.52	0.146	0.884
舒张压(mmHg)	82.41±9.17	79.33±11.68	3.08	1.622	0.107
心率(次/min)	76.37±9.77	77.69±9.88	−1.32	−1.061	0.476
肺活量(ml)	2644.91±665.12	1759.39±445.92	885.52	4.931	0.000
握力(kg)	33.25±7.17	21.11±5.17	12.13	10.563	0.000
坐位体前屈(cm)	4.64±9.32	9.74±8.07	−5.10	−3.476	0.001
闭眼单脚站立(s)	5.14±4.55	4.39±2.50	0.75	1.585	0.115
选择反应时(s)	0.70±0.54	0.71±0.38	−0.01	10.202	0.841

4.1.1.4 寒地东北城镇 75～79 岁男女身体形态、机能和素质对比分析

男性身高平均数 165.36cm 大于女性平均数的 154.03cm,体重平均数 68.00kg 大于女性平均数的 60.78kg,肺活量平均数 2301.36ml 大于女性平均数的 1612.24ml,握力平均数 30.80kg 大于女性平均数的 19.99kg,具有非常显著性差异(P<0.01)。坐位体前屈平均数 3.64cm 小于女性平均数的 8.01cm(P<0.05)。BMI 平均数 25.25 小于女性平均数的 25.82,收缩压平均数 149.46mmHg 大于女性平均数的 142.31mmHg,舒张压平均数 84.70mmHg 大于女性平均数的 79.27mmHg,心率平均数 76.73 次/min 小于女性平均数的 77.33 次/min,闭眼单脚站立平均数 4.33s 大于女性平均数的 3.46s,选择反应时平均数 0.72s 小于女性平均数的 0.76s,无显著性差异(P>0.05),见表 4.10。

该组对比结果显示,男性与女性相比,身高较高、体重较重、肺活量较大、握力较大,但坐位体前屈水平较差。男性 BMI、收缩压、舒张压、心率、闭眼单脚站立、选择反应时水平与女性基本一致。

表 4.10　寒地东北城镇 75～79 岁男女身体形态、机能和素质对比(Mean±SD)

指标	男	女	差值	T 值	P 值
身高(cm)	165.36±5.82	154.03±5.09	11.33	9.282	0.000
体重(kg)	68.00±7.93	60.78±8.83	7.21	3.378	0.001
BMI(kg/m²)	25.25±2.49	25.82±3.45	−0.57	−0.800	0.426
收缩压(mmHg)	149.46±22.49	142.31±21.40	7.15	1.441	0.153
舒张压(mmHg)	84.70±13.36	79.27±12.12	5.42	1.893	0.062
心率(次/min)	76.73±12.81	77.33±11.05	−1.4	−0.250	0.681
肺活量(ml)	2301.36±514.93	1612.24±478.16	689.12	6.158	0.000
握力(kg)	30.80±5.30	19.99±4.11	10.80	10.38	0.000
坐位体前屈(cm)	3.64±10.44	8.01±7.32	−4.37	−2.243	0.028
闭眼单脚站立(s)	4.33±4.90	3.46±3.32	0.87	1.516	0.136
选择反应时(s)	0.72±0.22	0.76±0.26	−0.03	−0.695	0.489

4.1.1.5　寒地东北城镇 60～79 岁老年人体质随年龄增长的变化趋势

为更加直观了解寒地东北城镇 60～79 岁老年人体质各项指标随年龄变化的发展趋势,本研究以 5 岁为一个年龄组,计算体质各项指标均值,并绘制出各项指标均值随年龄变化曲线图,以探究随年龄增长老年人身体形态、机能和素质的发展变化规律。

(1)寒地东北城镇老年人身体形态随年龄增长变化趋势

男性身高平均数变化范围为 164.82～168.88cm,女性身高平均数变化范围为 154.03～156.61cm,男性各年龄组身高平均数大于女性。男女身高整体随年龄增长呈下降趋势,这符合老年人身体机能退化的规律,与老年人骨密度下降、骨质疏松发病率增加,导致身高逐渐变矮有关,见图 4.1。

男性体重平均数变化范围为 68.00～70.99kg,女性体重平均数变化范围为 58.69～60.78kg,男性各年龄组体重平均数均大于女性。男性体重随年龄增长呈线性下降趋势,女性体重随年龄增长呈先降后升的趋势。女性 60～64 岁、65～69 岁、70～74 岁组体重随年龄增加逐渐下降,75～79 岁组体重随年龄增长呈明显上升趋势,见图 4.2。

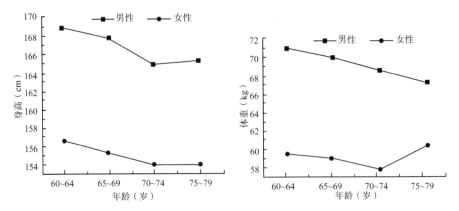

图 4.1　老年人身高随年龄增长变化趋势　　图 4.2　老年人体重随年龄增长变化趋势

男性 BMI 平均数变化范围为 24.74～25.25,女性 BMI 平均数变化范围为 24.34～25.82,男性各年龄组 BMI 平均数与女性差异不大。男性 BMI 随年龄增长呈波浪式缓慢上升趋势,女性 BMI 随年龄增长呈线性较快上升趋势。随着年龄增大,老年人体形逐渐变胖,见图 4.3。

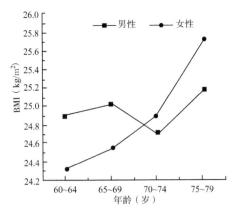

图 4.3　老年人 BMI 随年龄增长变化趋势

(2)寒地东北城镇老年人身体机能随年龄变化发展趋势

男性收缩压平均数变化范围为 135.24～149.46mmHg,女性收缩压平均数变化范围为 130.19～142.31mmHg,男性各年龄组收缩压平均数均大于女性。随年龄增长,男女收缩压均呈线性上升趋势,且上升速度较快,见图 4.4。

男性舒张压平均数的变化范围为 81.46～84.70mmHg,女性舒张压平均数的变化范围为 76.85～79.33mmHg,男性各年龄组舒张压平均数均大于女性。男性舒张压随年龄增长呈曲线上升趋势,女性舒张压随年龄增长呈波浪式上升趋势,见图 4.5。说明随年龄增长,男女血压会逐渐增加,血管机能逐渐退化。

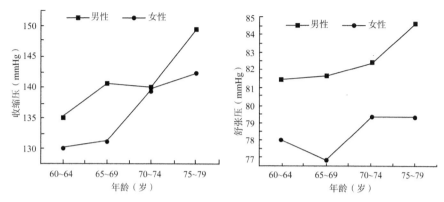

图 4.4 老年人收缩压随年龄增长变化趋势 图 4.5 老年人舒张压随年龄增长变化趋势

男性心率平均数变化范围为 76.28~77.34 次/min,女性心率平均数变化范围为 77.20~77.69 次/min,男性各年龄组心率均低于女性。男女心率变化不大,随年龄增长,男性心率呈波浪式趋势变化,女性心率呈先升后降趋势,见图 4.6。

男性肺活量平均数变化范围为 2301.36~3008.61ml,女性肺活量平均数变化范围为 1612.24~1987.15ml,男性各年龄组肺活量平均数均大于女性。男女肺活量随年龄增长呈线性下降趋势,下降幅度比较明显。这可能与增龄使老年人的呼吸肌力量变弱,胸廓弹性下降,导致肺活量下降有关,见图 4.7。

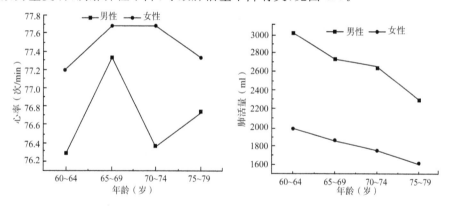

图 4.6 老年人心率随年龄增长变化趋势 图 4.7 老年人肺活量随年龄增长变化趋势

(3)寒地东北城镇老年人身体素质随年龄变化发展趋势

男性握力平均数变化范围为 30.80~39.26kg,女性握力平均数变化范围为 19.99~22.98kg,男性各年龄组握力平均数大于女性。男性握力随年龄增长呈线性下降趋势变化,下降速度比较快。女性握力随年龄增长呈缓慢下降趋势。这可能与增龄导致老年人肌纤维变细、肌肉体积和面积变小,以及肌肉量减少、肌肉力量下降有关,见图 4.8。

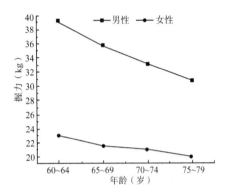

图4.8 老年人握力随年龄增长变化趋势

男性坐位体前屈平均数变化范围为 3.16~5.68cm,女性坐位体前屈平均数变化范围为 8.01~11.04cm,男性各年龄组坐位体前屈平均数小于女性。男性坐位体前屈水平随年龄增长呈波浪式缓慢下降趋势,女性坐位体前屈水平随年龄增长呈线性快速下降趋势。这与增龄使老年人的肌肉、关节和韧带的僵硬度增加,关节活动幅度和范围缩小有关,见图 4.9。

男性闭眼单脚站立平均数变化范围为 4.33~8.36s,女性闭眼单脚站立平均数变化范围为 3.46~8.13s,男性各年龄组闭眼单脚站立平均数大于女性。男女闭眼单脚站立值随年龄增长呈线性快速下降趋势,且男女两条线几乎处于平行下降状态。这与增龄使老年人前庭器官功能下降、共济协调能力逐步退化,从而导致老年人平衡能力逐渐下降有关,见图 4.10。

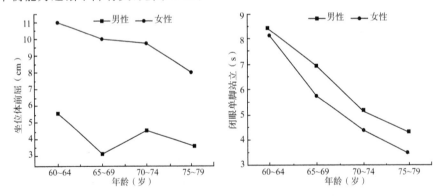

**图 4.9 老年人坐位体前屈随年龄增长
变化趋势**
**图 4.10 老年人闭眼单脚站立随年龄增长
变化趋势**

男性选择反应时平均数变化范围为 0.52~0.72s,女性选择反应时平均数变化范围为 0.56~0.76s,男性各年龄组选择反应时平均数小于女性。男女选择反应时随年龄增长,呈线性快速增加趋势,且男女选择反应时连线几乎处于平行状态逐渐增加。说明随年龄增加,老年人选择反应时测试的时间延长,反应能力不断下降。这可能与增龄使老年人大脑神经系统的灵活性、反应能力、手部的灵活性和手眼协调能力不断下降有关,见图 4.11。

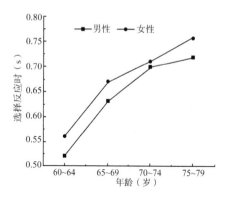

图 4.11　老年人选择反应时随年龄增长变化趋势

4.1.1.6　寒地东北城镇老年人常规体质测试结果讨论

(1)寒地东北城镇老年人身体形态、机能和素质测试结果讨论

寒地东北城镇老年人的体质指标与国常模相比,有优势也有劣势。

60～64 岁组老年人的优势指标:男女肺活量、坐位体前屈、选择反应时,男性身高、握力,女性 BMI。中等指标:男女舒张压,男性 BMI、心率,女性身高、体重。劣势指标:男女收缩压、闭眼单脚站立,男性体重,女性心率、握力。

65～69 岁组优势指标:男女肺活量,男性身高,女性坐位体前屈。中等指标:男女心率、选择反应时,男性握力、坐位体前屈,女性身高、体重、BMI、收缩压、舒张压。劣势指标:男女闭眼单脚站立,男性体重、BMI、收缩压、舒张压,女性握力。

(2)寒地东北城镇老年男女身体形态、机能和素质对比结果讨论

60～64 岁组、65～69 岁组的男性与女性相比,男性身高较高,体重较大,BMI较大,收缩压和舒张压较高,肺活量和握力较大,但坐位体前屈较女性差。男性心率、闭眼单脚站立、选择反应时与女性水平接近。60～64 岁组 BMI 男性较女性大,65～69 岁组 BMI 男性与女性水平接近。

70～74 岁组、75～79 岁组的男性与女性相比,男性身高较高、体重较重、肺活量较大、握力较大,但坐位体前屈较女性差。男性 BMI、收缩压、舒张压、心率、闭眼单脚站立、选择反应时水平与女性接近。

(3)寒地东北城镇 60～79 岁老年人体质随年龄增长的变化趋势讨论

随年龄增长,男女身高逐渐变矮,男性体重呈下降趋势,女性体重呈先降后升

趋势。男性 BMI 呈波浪式上升趋势,女性 BMI 呈线性上升趋势。男女收缩压呈线性上升趋势,男性舒张压呈线性缓慢升高趋势,女性舒张压呈波浪式上升趋势,高血压发病率逐渐升高。男女心率呈波浪式趋势变化。

随年龄增长,男女肺活量呈线性下降趋势。男性握力呈快速下降趋势,女性握力呈缓慢下降趋势。男性坐位体前屈呈波浪式缓慢下降趋势,女性坐位体前屈呈线性快速下降趋势。男女闭眼单脚站立呈线性快速下降趋势,男女选择反应时水平呈快速下降趋势。

综上,随年龄增长,老年人身高降低,体形变胖,血压升高,肺部通气能力、手臂力量、柔韧性、平衡能力和反应速度呈下降趋势,这与增龄使老年人身体机能水平下降,身体各器官和系统功能下降,出现退行性变化有关。

4.1.2 寒地东北城镇老年人身体成分测试结果与分析

4.1.2.1 利用生物电阻抗技术测试老年人身体成分精确可行

身体成分是人体内各种成分的总量,包括骨骼、肌肉、脂肪、水和矿物质等,身体成分由各种物质的组成和比例显示,是反映人体内部结构比例特征的指标。[①] 其中人体的体脂肪率对人体健康十分重要,是判定人体肥胖与否的重要指标。判定人体是否肥胖的指标还有 BMI、腰围、腰臀比等。用腰围和腰臀比判定肥胖过于粗略,用 BMI 判定肥胖简单易行。然而判定结果也有误差,易出现"假性肥胖"和"隐性肥胖"两种情况。如用 BMI 对健美运动员进行判定时,则很可能显示结果为"肥胖",因为该运动员体重超标。然而,该运动员的体脂肪率并不超标,只是因为肌肉、骨骼发达,身材健壮,而非真正肥胖,属于"假性肥胖"。Catherine 等研究表明,BMI 不能准确反映亚裔女性真实肥胖程度。亚裔女性的体重和 BMI 值都显示正常,然而实际测得体脂肪率值偏高。[②] 说明亚裔女性体内肌肉含量少、脂肪含量过多,体脂肪率超标,属于"隐性肥胖"。因此,应用 BMI 指标评估肥胖容易出现误差,而根据体脂肪率来评估人体是否肥胖,结果更加准确。因而,本研究利用体脂肪率来分析寒地东北城镇老年人是否肥胖。

体脂肪率的测量方法有水下称重法、空气排空法、双能 X 射线法、超声波法和生物电阻抗分析法等多种测量方法。前几种方法测量体脂误差非常小,但其设备昂贵、不易搬运,操作复杂,且要求受试者较好地配合,因而不适合老年人大规模身

---

① 石作砺,于葆.运动解剖学、运动医学大辞典[Z].北京:人民体育出版社,2000.

② Catherine L,Ericyan C,et al. Body fat and body-mass index among a multiethnic sample of college-age men and women[J].Journal of Obesity,2013(5):790 654.

体成分测试。生物电阻抗分析法具有操作简单、安全方便、对身体成分测量的准确度较高、易于开展等优点[1]，已被广泛应用于临床、减肥、体育、流行病学调查研究[2]。鉴于此，本研究采用生物电阻抗分析法测试老年人的身体成分。

4.1.2.2　寒地东北城镇老年人体脂肪率和内脏脂肪等级测试结果与分析

由于体脂肪率受年龄、性别和种族影响，至今尚无普遍适用的身体成分评价标准。目前，一般认为男性体脂肪率在 $10\%\sim22\%$、女性在 $20\%\sim32\%$ 范围内比较健康。[3] 寒地东北城镇老年男性体脂肪率变化范围为 $21.22\%\sim25.72\%$，女性体脂肪率变化范围为 $33.68\%\sim37.53\%$，男性各年龄组的体脂肪率显著低于女性，具有非常显著性差异（$P<0.01$），见表 4.11。说明老年人体脂肪率均超出健康标准范围，且女性体脂肪率超标较男性更加严重。老年人体脂肪率超标现象严重，超重和肥胖的人数较多。

中国内脏脂肪等级的评价标准为：内脏脂肪等级 9 以下为标准，$10\sim14$ 为偏高，15 以上为过高。寒地东北城镇老年男性内脏脂肪等级变化范围为 $12.72\sim15.70$，老年女性内脏脂肪等级变化范围为 $7.51\sim10.29$，男性各年龄组的内脏脂肪等级显著高于女性，具有非常显著性差异（$P<0.01$），见表 4.11。男性的内脏脂肪等级平均数在偏高等级和高等级范围内。内脏脂肪等级偏高，体内脏器容易聚集过多脂肪，发生炎症反应，导致脂肪肝等疾病的发病风险增加。

表 4.11　寒地东北城镇 60～79 岁老年人体脂肪率和内脏脂肪等级测试结果（Mean±SD）

指标	年龄组（岁）	男	女	差值	T 值	P 值
体脂肪率(%)	60～64	21.22±4.85	33.68±6.44	−12.45	−28.178	0.000
	65～69	22.90±5.51	34.24±6.00	−11.33	−19.854	0.000
	70～74	22.88±4.66	35.76±5.93	−13.32	−12.88	0.000
	75～79	25.72±4.17	37.53±7.06	−11.81	−9.631	0.000

---

①　许伟成，张鸣生，陈茵.多频生物电阻抗分析法测量人体脂肪率的可行性研究[J].中国康复医学杂志，2013(10)：947-949.

②　席焕久，陈昭.人体测量方法[M].北京：科学出版社，2010：243.

③　Lohman T G. Body composition methodology in sports medicine[J]. Phys Sportsmed,1982(12):46-47.

续 表

指标	年龄组（岁）	男	女	差值	T 值	P 值
内脏脂肪等级	60～64	12.72±2.76	7.51±2.88	5.20	22.242	0.000
	65～69	13.60±2.94	8.05±2.57	5.55	20.882	0.000
	70～74	14.06±2.97	9.17±2.54	4.88	10.523	0.000
	75～79	15.70±2.50	10.29±3.08	5.40	8.705	0.000

4.1.2.3 寒地东北城镇老年人体脂肪率和内脏脂肪等级随年龄增长变化趋势

随年龄增长，老年人体脂肪率平均数呈逐渐上升趋势，其中女性上升趋势更加明显。且同年龄组女性的体脂肪率显著高于男性，见图 4.12。高霞等研究发现，老年人体内脂肪含量随年龄增大明显增多。① 本研究结果与之一致。年龄越大，寒地东北城镇老年人体脂肪率越高。因而，高龄老年人应该重视降低体脂肪率，保持正常体重。

寒地东北城镇老年人内脏脂肪等级也随年龄增长呈上升趋势。同年龄组男性内脏脂肪等级平均数显著高于女性，男性较女性的内脏脂肪等级更高，见图 4.13。男性"中心性肥胖"现象突出，有"啤酒肚"的腹部肥胖老年人数量较多，减肥时更应注重减掉内脏脂肪。因此，高龄老人"中心性肥胖"的问题更加严重，应重视降低内脏脂肪等级，维持身体健康。

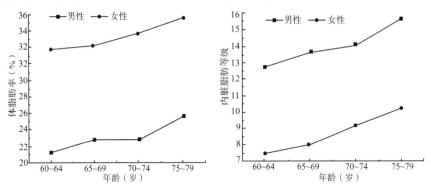

图 4.12 老年人体脂肪率随年龄增长变化趋势　　4.13 老年人内脏脂肪等级随年龄增长变化趋势

---

① 高霞,宋小燕,李艳,等.生物电阻抗测定用于老年人体成分分析[J].中国临床营养杂志,2005(1):35-37.

4.1.2.4 寒地东北城镇老年人体脂肪率和内脏脂肪等级评价百分比统计与分析

（1）体脂肪率评价百分比统计结果与分析

从低年龄组到高年龄组，男性体脂肪率评价标准正常的人数比例依次为70.14％、69.70％、66.67％、40.00％，可见体脂肪率标准正常的人数比例，随年龄增长逐渐降低。女性体脂肪率评价标准正常的人数比例依次为62.55％、64.34％、51.38％、42.59％，体脂肪率标准正常的人数比例，随年龄增长呈先微升后迅速下降的趋势，见表4.12。说明随年龄增长，体脂肪率标准正常的老年人数比例逐渐下降。

表 4.12 寒地东北城镇老年人体脂肪率评价百分比

性 别	年龄组（岁）	脂肪过低（％）	标准正常（％）	脂肪过高（％）	肥胖（％）
男	60～64	6.16	70.14	19.43	4.27
	65～69	2.42	69.70	18.18	9.70
	70～74	4.17	66.67	20.83	8.33
	75～79	3.33	40.00	36.67	20.00
女	60～64	5.18	62.55	23.90	8.37
	65～69	2.80	64.34	25.87	6.99
	70～74	2.75	51.38	35.78	10.09
	75～79	1.86	42.59	33.33	22.22

随年龄增长，男性脂肪过低的人数比例呈波浪式下降趋势，标准正常的人数比例呈先缓慢下降后快速下降趋势，脂肪过高人数比例呈先缓慢上升后先迅速上升的趋势，肥胖人数比例呈波浪式上升趋势，75～79岁组男性体脂肪率标准健康的仅占40.00％，见图4.14。

随年龄增长，女性脂肪过低人数比例逐年下降，标准正常的人数比例先微微上升后连续下降，脂肪过高的人数比例先逐渐上升后在较高水平上维持。肥胖的人数比例呈先下降后快速上升趋势，75～79岁组体脂肪率标准正常的女性仅占42.59％，见图4.15。

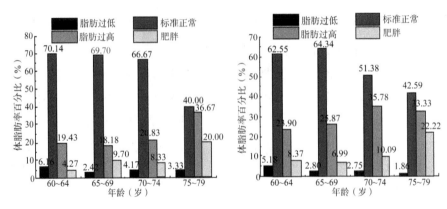

图 4.14　各年龄组男性体脂肪率百分比　　图 4.15　各年龄组女性体脂肪率百分比

（2）内脏脂肪等级评价百分比统计结果与分析

从低年龄组到高年龄组，男性各组内脏脂肪等级评价正常的人数比例依次为 11.85％、7.88％、4.17％、3.33％，女性内脏脂肪等级评价正常的人数比例依次为 78.69％、72.03％、55.97％、40.74％，见表 4.13。男性各组内脏脂肪等级评价正常的人数比例远低于女性，说明男性患脂肪肝等疾病的风险更大，应该采取积极措施控制内脏脂肪增加。

表 4.13　寒地东北城镇 60～79 岁老年人内脏脂肪等级评价百分比

性别	年龄组（岁）	高（％）	偏高（％）	正常（％）
男	60～64	26.54	61.61	11.85
	65～69	34.54	57.58	7.88
	70～74	45.83	50.00	4.17
	75～79	70.00	26.67	3.33
女	60～64	2.19	19.12	78.69
	65～69	1.40	26.57	72.03
	70～74	1.83	42.20	55.97
	75～79	14.82	44.44	40.74

随年龄增长，男性内脏脂肪等级评价高的人数比例呈线性上升趋势，内脏脂肪等级偏高和正常人数的比例呈连续下降趋势，见图 4.16。说明增龄使男性内脏脂肪等级增高的现象更加突出，需要采取积极措施，控制男性内脏脂肪增加。

随年龄增长，女性内脏脂肪等级评价高的人数比例，在 60～74 岁年龄组呈平稳发展走势，在 75～79 岁年龄组呈突增发展趋势。内脏脂肪等级评价偏高人数比例呈先快速上升后缓慢升高趋势，内脏脂肪等级正常人数比例呈线性下降趋势，见

图 4.17。说明增龄使女性内脏脂肪等级不断增高,应加以重视,采取措施控制内脏脂肪增加。

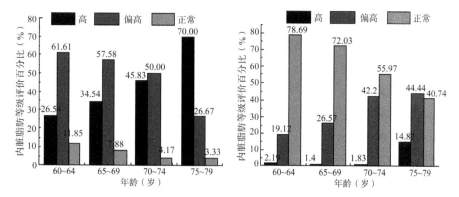

图 4.16   各年龄组男性内脏脂肪等级百分比   图 4.17   各年龄组女性内脏脂肪等级百分比

4.1.2.5   寒地东北城镇老年人身体成分测试结果讨论

现今世界各国超重和肥胖问题都比较突出。据世界卫生组织相关报告,2014年全球约有 6 亿人肥胖,肥胖率为 13%。其中男性肥胖率为 11%,女性为 15%。[①] 中国的肥胖问题也比较突出。[②] 超重和肥胖的老年人罹患心脑血管、高血压和糖尿病等疾病的概率较体形正常者要高许多。体脂过多,尤其是腹部和内脏脂肪过多,与高血压、心血管疾病[③]、脑卒中、血脂异常[④]、癌症[⑤]、2 型糖尿病等多种慢性病相关。超重和肥胖是脑卒中和冠心病发病的独立危险因素。2000—2014 年,我国 60~69 岁老年人形态指标呈持续增长趋势,预测未来十年将持续增长,超重和肥胖现象突出。可见,我国老年人的体重控制已迫在眉睫。[⑥] 另外,衰老和体力活动减少,导致老年人肌肉量和肌肉力量的退行性病变,引起老年人身体活动能力下降,肌肉损伤风险增加。因此,老年人体重控制问题也应重点关注。

本次研究结果表明,寒地东北城镇老年男性体脂肪率变化范围为 21.22%~25.72%,女性体脂肪率变化范围为 33.68%~37.53%。研究发现,老年男女的体

①   WHO. Obesity and overweight[R]. Geneva:WHO,2015.

②   倪国华,张璟,郑风田.中国肥胖流行的现状与趋势[J].中国食物与营养,2013(10):70-74.

③   Roger V L,Go A S,et al. Heart disease and stroke statistics 2012 update:A report from the American Heart Association[J]. Circulation,2012(1):e2-e220.

④   周北凡.我国成人体重指数和腰围对相关疾病危险因素异常的预测价值:适宜体重指数和腰围切点的研究[J].中华流行病学杂志,2002(1):5-10.

⑤   Sung H. Global patterns in excess body weight and the associated cancer burden[J]. CA:A Cancer Journal for Clinicians,2018(4):1-25.

⑥   张艺宏,王梅.2000—2014 年老年人形态变化及灰色预测研究[J].中国全科医学,2017(23):2884-2888.

脂肪率都相对较高,超过健康体脂肪率的标准范围。女性体脂肪率超标现象较男性严重,但男性"中心性肥胖"现象突出,内脏脂肪等级超标现象较女性严重。随年龄增长,老年男女体脂肪率和内脏脂肪等级呈缓慢上升趋势,增龄是老年男女体脂肪率和内脏脂肪等级增加的重要因素之一。

老年男女体脂肪率评价百分比统计发现,从低年龄组到高年龄组,男性体脂肪率评价标准正常的人数比例依次为 70.14%、69.70%、66.67%、40.00%。女性体脂肪率评价标准正常的人数比例依次为 62.55%、64.34%、51.38%、42.59%。老年男女内脏脂肪等级评价百分比统计发现,从低年龄组到高年龄组,男性各组内脏脂肪等级评价正常的人数比例依次为 11.85%、7.88%、4.17%、3.33%,女性各组内脏脂肪等级评价正常的人数比例依次为 78.69%、72.03%、55.97%、40.74%。

研究发现,随年龄增长,男性内脏脂肪等级标准正常的人数比例逐渐下降,脂肪等级高和偏高的人数比例不断上升。女性体脂肪率的正常比例呈先微升后下降趋势,脂肪过高和肥胖的比例呈上升趋势。男性内脏脂肪等级正常的人数比例较女性低。

研究发现,寒地东北城镇老年人身体成分特征如下:老年人超重和肥胖比例较高,女性体脂肪率超标现象严重,男性内脏脂肪超标现象严重,"中心性肥胖"人数比例较高,对老年人健康极其不利。

4.1.3 寒地东北城镇老年人骨密度测试结果与分析

4.1.3.1 寒地东北城镇老年人骨密度测试意义重大

骨质疏松症(osteoporosis,OP)已跃居常见病、多发病的第 7 位,给世界各国人民带来巨大医疗压力和经济损失。世界卫生组织将每年 6 月 24 日定为"世界骨质疏松日",以引起全世界人民对骨骼健康的重视。中国老年人的骨骼健康也存在严重问题。

骨质疏松症是一种以全身骨量减少、骨组织微结构改变,骨质脆性和骨折危险度增加为特征的全身性骨骼疾病。[1] 骨质疏松症主要分为三大类,即原发性、继发性和特发性骨质疏松症。[2] 本书主要研究中老年原发性骨质疏松症。寒地东北冬季冰雪路面湿滑,许多老年人害怕外出摔倒而闭门不出,体力活动量减少,静坐少动时间增加,长期缺乏阳光照射和体育锻炼,导致骨密度水平整体偏低,骨质疏松

---

[1] 刘忠厚.骨质疏松学[M].北京:科学出版社,1998:142.
[2] 中华中医药学会.中医内科常见病诊疗指南·西医疾病部分[M].北京:中国中医药出版社,2008.

症发病率增加。老年人冬季雪后外出摔倒,发生骨折现象层出不穷,致残率和致死率高,给老年人生活带来巨大消极影响。因而,需要采取措施提高寒地东北城镇老年人骨骼健康水平。

诊断骨质疏松、预测骨质疏松性骨折风险的最佳定量指标是骨密度。[1] 骨密度是指单位体积或者是单位面积的骨量。骨密度的测试方法有单光子吸收法、定量计算机断层扫描、双能 X 线吸收测定法、放射性核素骨显像、X 线摄片和定量超声测定法等。每种测试方法各有优缺点。世界卫生组织将数字化双能 X 线骨密度检查腰椎[2]和股骨颈骨密度定为骨质疏松诊断的金标准。[3] 双能 X 线骨密度测定法精准度最高,然而由于费用高昂、有放射性源、不便移动等,无法作为大规模流动开展骨密度测试的仪器设备。而超声骨密度测定法具有精确度高、安全健康、方便搬运、经济实惠等优点,而且超声骨密度测定法与双能 X 线骨密度测定相比,两者间的正相关关系非常明确。[4] 据报道,超声测量跟骨的骨密度可以用于骨质疏松症的诊断[5],适合大规模流动性骨密度检测。因此本研究选用超声骨密度检测方法测量老年人的骨密度,这对早期骨质疏松症检测有重要意义。

骨质疏松症诊断参照世界卫生组织推荐标准,采用 T 值评定法,T 值≥−1.0 为骨量正常,−2.5< T 值<−1.0 为骨量减少,T 值≤−2.5 为骨质疏松症。[6] 骨密度水平符合骨质疏松诊断标准,同时伴有一处或多处骨折视为严重骨质疏松。T 值是患者的测量值与健康青年人平均值之差除以标准差所得的数值。

4.1.3.2　寒地东北城镇老年人骨密度 T 值测试结果分析

男性骨密度 T 值平均数的变化范围为−1.34～−0.96。骨密度 T 值平均数在正常和骨质流失范围内,骨量减少现象频发。女性骨密度 T 值平均数的变化范围为−1.86～−1.57。骨密度 T 值平均值低于正常值,在骨质流失标准范围内,

---

① 刘翔,熊明洁,黄静,等. 双能 X 线骨密度测量和超声骨密度检测在社区居民骨质疏松症筛查中的应用研究[J]. 中国骨质疏松杂志,2017(11):1495-1499.

② World Health Organization. Guidelines for preclinical evaluation and clinical trials in oateoporosis [R]. Geneva:WHO,1998.

③ 中华医学会骨质疏松和骨矿盐疾病分会. 原发性骨质疏松诊疗指南[J]. 中华骨质疏松和骨矿盐疾病杂志,2011(4):2-17.

④ Dobin H,Fahrleitner A,Piswanger-Solkner C J,et al. Prospective evaluation of hip fracture risk in institutionalized elderly by measument of ultrasounic velocity at the radius and phalanx[J]. J Bone Miner Res,2002(1):188.

⑤ Yoh K,Makita K,Kishimoto H,et al. Correlation between cut-off value determined by using quantitative ultrasound and threshold of fracturein Japanese women[J]. J Bone Miner Res,2002(1):420.

⑥ John A K,Melton L J,Christiansen C,et al. The diagnosis of osteoporosis[J]. Journal of Bone and Mineral Research,1994(8):1137-1141.

说明女性骨质流失现象更加严重。60～74 岁组,男性骨密度 T 值高于女性,具有非常显著性差异($P<0.01$)。75～79 岁组,男性骨密度 T 值高于女性,具有显著性差异($P<0.05$),见表 4.14。男性骨密度 T 值高于女性,与前人研究成果相似。

表 4.14　寒地东北城镇 60～79 老年人骨密度 T 值测试结果(Mean±SD)

指标	年龄组(岁)	男	女	差值	T 值	P 值
骨密度 T 值	60～64	−0.96±0.94	−1.57±0.91	0.60	7.967	0.000
	65～69	−0.94±0.90	−1.60±1.00	0.65	6.889	0.000
	70～74	−1.13±1.09	−1.77±0.96	0.64	3.674	0.000
	75～79	−1.34±0.81	−1.86±1.16	0.52	2.201	0.031

4.1.3.3　老年人骨密度 T 值随年龄增长变化趋势分析

随年龄增长,老年人骨密度 T 值呈下降趋势变化。男性骨密度水平呈先平稳发展后迅速下降趋势,且骨密度下降水平逐渐增快。女性骨密度 T 值呈先缓慢下降后迅速下降趋势,见图 4.18。男性骨密度高于女性,这与其他学者研究成果一致。说明女性应高度关注骨密度水平,高龄女性应定期进行骨密度测试,预防骨质疏松症,降低骨折的发生率。

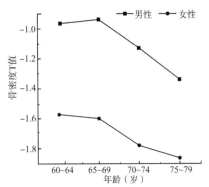

图 4.18　老年人骨密度 T 值随年龄增长变化趋势

4.1.3.4　老年人骨密度 T 值评价百分比统计与分析

从低年龄组到高年龄组,男性各年龄组骨质正常的人数比例依次为 55.40%、48.48%、45.83%、36.67%。女性各年龄组骨质正常的人数比例依次为 27.29%、22.73%、20.18%、16.67%,见表 4.15。男性骨密度正常的人数比例高于女性。女性骨质疏松发生率高于男性,应引起高度重视。

表 4.15　寒地东北城镇老年人骨密度 T 值评价百分比

性 别	年龄组（岁）	骨质疏松（%）	骨质少孔（%）	骨质正常（%）
男	60～64	5.70	38.90	55.40
	65～69	6.06	45.46	48.48
	70～74	10.42	43.75	45.83
	75～79	13.33	50.00	36.67
女	60～64	17.53	55.18	27.29
	65～69	18.53	58.74	22.73
	70～74	24.77	55.05	20.18
	75～79	40.74	42.59	16.67

　　随年龄增长，老年人骨质疏松的发病率逐年上升。男性骨质疏松发生率呈缓慢上升趋势，骨质少孔发生率呈现波浪式上升趋势，骨质正常发生率呈线性下降趋势，见图 4.19。女性骨质疏松发生率呈先缓慢上升后快速上升趋势，骨质少孔发生率呈先升后降趋势，骨质正常发生率呈缓慢下降趋势，见图 4.20。说明增龄是老年人骨质疏松症发病率的危险因素之一。高龄老人骨质疏松和骨质少孔发生率高，应定期进行骨密度检查，采取措施延缓老年人骨密度下降，降低骨质少孔发生率，延缓骨质疏松发病率。

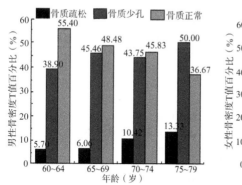

图 4.19　男性骨密度 T 值随年龄增长
变化百分比

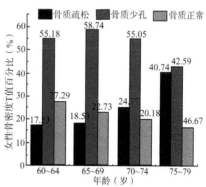

图 4.20　女性骨密度 T 值随年龄增长
变化百分比

4.1.3.5　寒地东北城镇老年人骨密度测试结果讨论

由于各地区的饮食、生活习惯、经济、文化和地域等差异，不同国家、地区、种族、性别的人群,骨密度水平有明显差别。① 如德国 50 岁及以上人群骨质疏松症总患病率为 14%,其中女性患病率达 24%。② 欧洲 27 个国家的调研结果显示,2200 万女性患有骨质疏松症,2010 年新发骨折有 350 万例。③ 美国 50 岁及以上人群中,有 4400 万人骨密度降低或患有骨质疏松症,其中 50 岁及以上女性骨质疏松症患病率达 30%,80 岁及以上女性高达 70%。④ 日本骨质疏松症患者达 1300 万,并且每年有 13 万人罹患骶骨骨折。⑤ 加拿大女性腰椎和股骨颈骨质疏松症患病率分别为 12.1% 和 7.9%,总患病率为 15.8%。在发生椎骨和骶骨骨折的老年人中,12%~20% 的病历是致命的,10% 的患者在 3 个月内死于手术或术后并发症,20% 的患者在 1 年内因抵抗力下降等死去。⑥ 骶骨骨折的病人生存达 1 年以上者,仅半数可以自由活动,21% 的人需拄拐杖方可行走,25% 的人丧失劳动能力,给患者和家属带来极大痛苦,消耗了国家巨额医疗费用。

2009 年,中国全国性骨质疏松症抽样调查数据显示,50 岁以上汉族人群骨质疏松症总患病率为 15.7%,男性和女性分别为 8.8% 和 30.8%。⑦ 我国各地区之间男女患病率存在很大差异。⑧ 苏州市清塘社区老年人骨质疏松发病率为 12.44%。⑨ 天津市老年人骨质疏松检出率为 43.10%。⑩ 北京市老年男性骨质疏松患病率为 20.7%,骨量减少者占 55.3%,骨量正常者占 24.0%。⑪

① Hill D D,Cauley J A,Sheu Y,et al. Correlates of boneminer density in men of African ancestry:The Tobago bone health study[J]. Osteoporos Int,2008(2):227-234.

② Hadji P,Klein S,Gothe H,et al. The epidemiology of osteoporosis-Bone Evaluation Study(BEST):An analysis of routine health insurance data[J]. Dtsch Arztebl Int,2013(4):52-57.

③ Holroyd C,Cooper C,Dennison E. Epidemiology of Osteoporosis [C]//Bartl R,Bartl C. Bone Disorders,2017:105-108.

④ Samelson E J,Hannan M T. Epidemiology of Osteoporosis[J]. Curr Rheumatol Rep,2006(1):76-83.

⑤ Iki M. Epidemiology of osteoporosis in Japan[J]. Clin Calcium,2012(6):797-803.

⑥ Tenenhouse A,Joseph L,Kreiger N,et al. Estimation of the prevalence of low bone density in Canadian women and men using a population-specific DXA reference standard:The Canadian Multicentre Osteoporosis Study(Ca Mos)[J]. OsteoporosInt,2000(10):897-904.

⑦ 中国健康促进基金会骨质疏松防治中国白皮书编委会.骨质疏松症中国白皮书[J].中华健康管理学杂志,2009(3):148-154.

⑧ 李宁华,区品中,朱汉民,等.中国部分地区中老年人群原发性骨质疏松症患病率研究[J].中华骨科杂志,2001(5):275-278.

⑨ 赵宗权,吴贻红,汤振源,等.老年骨质疏松症流行病学调查及预防措施研究[J].中国骨质疏松杂志,2019(7):994-997.

⑩ 王小华,王宇强,陈长香,等.老年人群骨质疏松的影响因素分析[J].中国骨质疏松杂志,2015(9):1107-1111.

⑪ 费琦,张效栋,林吉生,等.北京市方庄社区 70 岁以上男性骨质疏松症患病率及其临床危险因素调查[J].中国全科医学,2015(35):4344-4348.

同属寒冷地区,大庆市 60 岁以上人群骨质疏松患病率为 34.6%,男性为 25.9%,女性为 37.1%。① 哈尔滨市 60~69 岁年龄组男性骨质疏松发病率为 12.68%,女性为 17.59%;70~79 岁年龄组男性骨质疏松发病率为 37.95%,女性为 43.72%。② 齐齐哈尔市 50 岁以上女性骨质疏松发病率是 38.04%,男性骨质疏松发病率为 4.9%。③

本次测试结果显示,从低年龄组到高年龄组,男性 60~79 岁各年龄组骨质疏松发病率依次为 5.70%、6.06%、10.42%、13.33%。女性 60~79 岁各年龄组骨质疏松发病率依次为 17.53%、18.53%、24.77%、40.74%。本结果与前人研究结果相似,随年龄增长,老年男女骨质疏松发病率逐年提高。女性骨质疏松症患病率高于男性,可能与男女不同的生理结构、功能和激素水平有关。绝经是女性骨密度下降的一个重要独立因素。女性绝经后雌激素水平下降,使破骨细胞活跃,骨吸收增加,导致骨量丢失。④ 男性睾丸衰老是一个逐渐衰退的过程,不可能在短时间内丧失功能⑤,因而男性骨密度丢失速度较女性慢。

长期吸烟可促进人体骨吸收,烟碱刺激破骨细胞活性,导致机体骨吸收和骨形成之间平衡失调,并促进雌激素分解,降低血液中雌激素水平,使钙调节激素失调,从而影响骨密度。⑥ 长期过量饮酒会破坏骨钙平衡,导致骨质流失。⑦ 体力活动或运动减少,使骨吸收增加,骨量减少,增加骨折风险。⑧ 低体重与骨密度降低、骨折风险增加相关。体重较重能增加骨骼的机械负荷,促进骨骼结构适应性反应,从而强化骨骼。老年人应该避免以上不良影响因素,通过增加抗阻运动、补钙和补充

---

① 张楠楠,张晓艳,张姗姗,等.大庆地区老年人对骨质疏松症的认知程度及患病率调查[J].中国骨质疏松杂志,2017(8):1058-1062.

② 吴东红,徐滨华,程瑶,等.哈尔滨地区中老年人周围骨骨密度的测量状况分析[J].中国骨质疏松杂志,2011(9):800-801,805.

③ 官笑微,李荣滨,高飞,等.黑龙江省西部地区骨质疏松流行病学调查[J].齐齐哈尔医学院学报,2014(21):3204-3205.

④ 蒋建发,孙爱军.中老年女性骨质疏松症流行病学现状、分类及诊断[J].中国实用妇科与产科杂志,2014(5):323-326.

⑤ 龚戬芳,郑舟军,余晓明,等.4297 例浙江省中老年人骨质疏松患病率及骨密度 SOS 值参考范围的调查研究[J].现代预防医学,2015(23):4322-4324.

⑥ 鞠亮.老年人生活方式及营养状况与骨密度的关联性[J].中国老年学杂志,2014(17):4956-4957.

⑦ 徐秀兰,魏莉莉,沙玉芳,等.慢性饮酒、吸烟与骨质疏松的相关性研究[J].临床内科杂志,2013(7):478-480.

⑧ Hoidrup S,Sorensen T I,Stroger U,et al. Leisure-time physicalactivity levels and changes in relation to risk of hip fracture in men and women[J].Am J Epidemiol,2001(1):60 68.

维生素 D、多晒太阳、戒烟、避免过度饮酒、保持标准体重和预防跌倒等[①]，预防骨密度下降和骨折发生。

4.1.4 寒地东北城镇老年人血管机能测试结果与分析

4.1.4.1 寒地东北城镇老年人血管机能监测的必要性和优选测试指标

(1)老年人血管机能监测的必要性

《中国心血管病报告 2018》指出，中国心血管病患病率及死亡率处于上升阶段，心血管病现患病人数为 2.9 亿，死亡率居首位。[②] 老年人的心血管病发病率更高。心血管病的病理基础之一是动脉硬化。动脉硬化是指动脉管壁增厚、变硬、失去弹性的一类疾病。[③] 正常动脉血管发生硬化过程缓慢，采取适当措施预防，可以延缓病情，甚至使早期轻微动脉硬化发生逆转。但随着动脉硬化程度不断加深，动脉硬化将演变成不可逆病变。调查发现，寒地东北城镇老年人心血管病发病率极高，心血管病是寒地东北城镇老年人的"致命杀手"，应采取措施进行防控。

(2)脉搏波传导速度和踝臂指数是监测老年人血管机能的优选指标

动脉造影术、核磁共振、计算机断层扫描、动脉超声等都是临床检测动脉结构病变的有效方法，但因其价格昂贵、操作复杂、设备不便搬运等，难以在流动性血管机能检测中大规模应用。脉搏波传导速度(pulse wave velocity，PWV)和踝臂指数(ankle brachial index，ABI)作为一种操作简便、精确性高、经济有效、无创的血管检查方法，对于防治心血管疾病极具实用性，适用于对医疗资源有限的基层普通人群进行筛查[④]，是动脉硬化定量评价的优选指标[⑤]。

脉搏波传导速度是指心脏收缩射血至大动脉，并以冲击波形式向外周血管传播，即形成脉搏波。脉搏波在动脉里的传播速度，称作脉搏波传导速度[⑥]，用 PWV 表示。肱踝脉搏波传导速度(ba-PWV)是评估动脉僵硬度的早期敏感指标，能够

---

① 费秀文，郑嘉堂，孔玉侠，等.老年骨质疏松症的全科诊疗思路[J].中国全科医学，2019(18):2262-2266. Tang B M，Eslick G D，Nowson C，et al. Use of calcium or calciumin combination with vitamin D supplementation to prevent fractures and boneloss in people aged 50 years and older：A Meta-analysis[J]. Lancet，2007(9588):657-666.

② 胡盛寿.《中国心血管病报告 2018》概要[J].中国循环杂志，2019(3):209-220.

③ 刘福岭.现代医学辞典[Z].济南:山东科学技术出版社，1990:5.

④ 张艺宏.PWV 和 ABI 的测定在体质检测中的应用[J].体育学刊，2009(11):96-99.

⑤ Tsuchikura A，Shoji T，Kimoto E，et al. Brachial-ankle pulse wave velocity as an index of central arterial-stiffness[J]. Journal of Atherosclerosis and Thrombosis，2010(6):658-665.

⑥ 李宁川，尹夏莲，韦秀霞，等.16 周有氧运动对中老年 baPWV 及 ABI 的影响[J].中国应用生理学杂志，2018(2):145-149.

准确反映动脉硬化程度[1]，可以直接反映大动脉的顺应性。随着 PWV 增加，心血管疾病发病率逐渐增加。PWV 值越高，动脉血管弹性越差、动脉硬度越高；反之，动脉血管弹性越好、动脉硬度越低。[2] 本研究中血管弹性的诊断标准：PWV<1400cm/s 为正常，PWV≥1400 cm/s 为异常，1400～1700cm/s 为血管较硬水平，PWV≥1700cm/s 为血管硬水平，PWV<1100cm/s 为柔软。

踝臂指数是指胫后动脉或足背动脉的收缩压与肱动脉收缩压的比值，用 ABI 表示。它可以判断下肢动脉血管狭窄、阻塞及钙化情况，是评价外周动脉硬化的无创检测技术。[3] 踝臂指数异常能够有效预测心血管疾病发病风险，能够较准确地反映患肢缺血程度[4]，被广泛应用于动脉粥样硬化临床诊断。本研究中血管阻塞程度的诊断标准：ABI 在 0.91～1.40 范围内为正常；若 ABI≤0.90，则下肢动脉狭窄可能性增高，数值越低，狭窄和阻塞程度就越重；若 ABI>1.40，则表示血管有钙化现象。

4.1.4.2 寒地东北城镇老年人血管弹性特征与分析

（1）PWV 测试结果与分析

男性左踝血管 PWV 平均数变化范围为 1548.02～1865.13cm/s，右踝血管 PWV 平均数变化范围 1538.45～1860.03cm/s。女性左踝血管 PWV 平均数变化范围为 1497.22～1688.72cm/s，右踝血管 PWV 平均数变化范围为 1490.45～1673.90cm/s，见表 4.16。

男女血管机能对比结果显示，男性 60～64 岁组、75～79 岁组的左踝和右踝血管 PWV 平均数高于女性，具有显著性差异（$P<0.05$）。男性 65～69 岁组、70～74 岁组的左踝和右踝血管 PWV 平均数与女性相比差别不大，无显著性差异，见表 4.16。说明男性血管硬化现象较女性严重，血管弹性不如女性，应该重视对血管机能的监控。

---

① Tsuchikuras, Shojit T, Kimoto E, et al. Brachial-ankle pulse wave velocity as an index of central arterial-stiffness[J]. Journal of Atherosclerosis & Thrombosis, 2010(6):658-665.

② 李洁芳，袁洪，黄志军，等. 高血压合并肥胖患者脉搏波传导速度的变化及其相关影响因素分析[J]. 中国动脉硬化杂志，2009(5):387-390.

③ Tanaka M, Ishii H, Aoyama T, et al. Ankle brachial pressure index but not brachial-ankle pulse wave velocity is a strong predictor of systemic atherosclerotic morbidity and mortality in patients on maintenance hemodialysis[J]. Atherosclerosis, 2011(2):643-647.

④ 陈保见，吕罗岩，谭艳娇，等. 心踝血管指数与踝臂指数预测冠心病的价值[J]. 中国动脉硬化杂志，2014(2):163-167.

表 4.16　寒地东北城镇老年人 PWV 测试结果（Mean±SD）

指标	年龄组（岁）	男性	女性	差值	T 值	P 值
左踝血管PWV（cm/s）	60～64	1548.02±275.52	1497.22±236.40	50.80	2.340	0.020
	65～69	1625.53±291.52	1605.04±320.96	20.48	0.675	0.500
	70～74	1692.97±223.21	1683.82±245.96	9.15	0.138	0.823
	75～79	1865.13±390.11	1688.72±254.14	176.41	2.506	0.014
右踝血管PWV（cm/s）	60～64	1538.45±274.91	1490.45±230.37	48.00	2.228	0.027
	65～69	1618.10±311.11	1589.52±304.67	28.57	0.952	0.342
	70～74	1683.06±289.26	1669.33±280.74	13.76	0.158	0.829
	75～79	1860.03±363.31	1673.90±245.82	186.12	2.791	0.007

（2）随年龄增长老年人 PWV 的变化趋势

随年龄增长，男女左踝和右踝的 PWV 逐渐加快，血管弹性逐渐降低，血管硬化情况逐年加重。左踝和右踝血管的 PWV 变化趋势相似，仅以左踝为例进行阐述。男性 PWV 整体高于女性。随年龄增长，男性 PWV 呈线性上升，增长速度较快。女性 PWV 呈先上升后在较高水平上稳定状态，见图 4.21、图 4.22。60～64 岁、65～69 岁、70～74 岁这三个年龄组，老年男女 PWV 的上升曲线相似，但在 70～74 岁至 75～79 岁年龄组，男性 PWV 仍保持迅速上升趋势，而女性 PWV 相对稳定。说明 75 岁以上男性血管弹性下降，血管硬化速度变快，增龄对老年男性血管弹性影响更大，使老年男性动脉硬化风险更高。应高度关注血管机能，采取措施延缓动脉硬化进程。

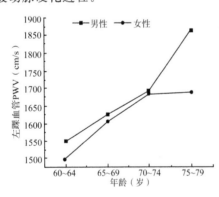

图 4.21　老年人左踝 PWV 随年龄增长
变化趋势

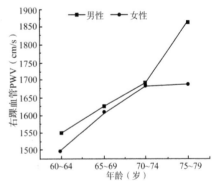

图 4.22　老年人右踝 PWV 随年龄增长
变化趋势

(3)老年人血管弹性评价百分比统计与分析

从低年龄组到高年龄组,男性各年龄组左踝血管弹性评价标准的人数比例依次为48.35%、46.06%、41.67%、26.67%。女性各年龄组左踝血管弹性评价标准的人数比例依次为55.78%、49.30%、45.87%、40.74%。男性各年龄组右踝血管弹性评价标准的人数比例依次为46.92%、45.45%、39.58%、26.67%。女性各年龄组右踝血管弹性评价标准的人数比例为57.57%、50.00%、44.95%、40.74%,见表4.17。

随年龄增长,老年人血管弹性评价标准、柔软的人数比例不断降低,血管弹性评价较硬和硬的人数比例不断上升。说明增龄使老年人血管弹性逐渐降低,血管机能下降和动脉硬化的发病率逐渐增加。

表 4.17 寒地东北城镇 60～79 岁老年人血管弹性评价百分比

指标	性别	年龄组(岁)	硬(%)	较硬(%)	标准(%)	柔软(%)
左踝血管弹性评价	男	60～64	16.11	27.96	48.35	7.58
		65～69	21.82	24.85	46.06	7.27
		70～74	18.75	35.42	41.67	4.16
		75～79	23.33	46.67	26.67	3.33
	女	60～64	14.14	22.31	55.78	7.77
		65～69	19.23	25.87	49.30	5.60
		70～74	15.60	33.03	45.87	5.50
		75～79	22.22	33.33	40.74	3.71
右踝血管弹性评价	男	60～64	17.54	26.54	46.92	9.00
		65～69	20.00	27.88	45.45	6.67
		70～74	20.83	35.42	39.58	4.17
		75～79	30.00	40.00	26.67	3.33
	女	60～64	13.74	21.12	57.57	7.57
		65～69	18.18	27.27	50.00	4.55
		70～74	16.51	31.20	44.95	7.34
		75～79	20.37	35.18	40.74	3.71

男女左踝和右踝血管弹性评价百分比柱状图走势基本一致,见图4.23至图4.26,仅以左踝为例进行阐述。随年龄增长,男性左踝血管弹性程度为硬水平的人数比例呈波浪式缓慢增长趋势,较硬水平人数比例呈波浪式上升趋势,标准水平人

数比例呈先缓慢下降后迅速下降趋势,柔软水平人数比例呈缓慢下降趋势,见图4.23。女性血管弹性程度为硬水平的人数比例呈波浪式上升趋势,较硬水平的人数比例呈缓慢上升趋势,标准水平的人数比例呈线性下降趋势,柔软水平的人数比例呈缓慢下降趋势,见图4.25。高龄老人需关注血管弹性,预防动脉硬化。

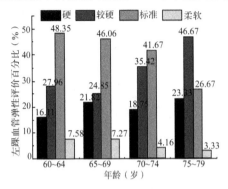

图 4.23 男性左踝血管弹性评价百分比

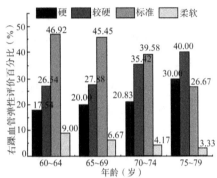

图 4.24 男性右踝血管弹性评价百分比

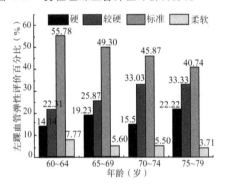

图 4.25 女性左踝血管弹性评价百分比

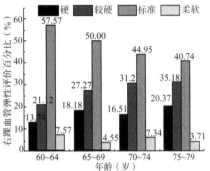

图 4.26 女性右踝血管弹性评价百分比

4.1.4.3 老年人血管阻塞程度测试结果统计与分析

(1)ABI测试结果与分析

男性左踝血管 ABI 平均数的变化范围为 1.10~1.12,右踝血管 ABI 平均数的变化范围为 1.11~1.13。女性左踝血管 ABI 平均数变化范围为 1.08~1.11,右踝血管 ABI 平均数变化范围为 1.10~1.12。男性左踝和右踝血管 ABI 与女性接近,阻塞程度差异不大,无显著性差异($P>0.05$),见表4.18。老年人血管阻塞程度平均值比较接近 0.9,因而小部分寒地东北城镇老年人血管会出现管壁上动脉粥样斑块沉积、血管管腔狭窄、血流不畅和毛细血管阻塞的问题。

表 4.18　寒地东北城镇 60~79 岁老年人 ABI 测试结果(Mean±SD)

指标	年龄组(岁)	男	女	差值	T 值	P 值
左踝血管ABI	60~64	1.12±0.10	1.11±0.07	0.01	0.390	0.697
	65~69	1.11±0.10	1.10±0.09	0.01	1.092	0.275
	70~74	1.11±0.08	1.09±0.09	0.02	1.341	0.182
	75~79	1.10±0.09	1.08±0.10	0.02	0.835	0.406
右踝血管ABI	60~64	1.13±0.08	1.12±0.09	0.01	1.661	0.097
	65~69	1.13±0.11	1.12±0.09	0.01	0.454	0.650
	70~74	1.12±0.08	1.10±0.09	0.02	1.263	0.209
	75~79	1.11±0.11	1.10±0.09	0.01	0.243	0.809

(2)随年龄增长老年人 ABI 变化趋势分析

随年龄增长,男性左踝血管 ABI 呈波浪式下降趋势,女性左踝血管 ABI 呈线性下降趋势,见图 4.27。男性右踝血管 ABI 值呈先平稳后迅速下降趋势,女性右踝血管 ABI 值呈先平稳发展后迅速下降再平稳发展趋势,见图 4.28。无论左踝和右踝,男性 ABI 值都略高于女性。

随年龄增长,老年人 ABI 逐渐变小,呈非常缓慢下降趋势。说明老年人血管壁上沉积的粥样斑块越来越多,管腔逐渐变得狭窄,血管阻塞现象越来越明显。

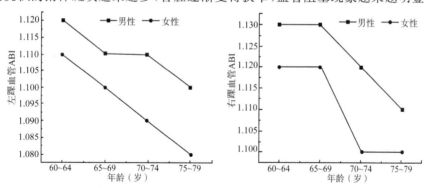

图 4.27　老年人左踝血管 ABI
随年龄增长变化趋势

图 4.28　老年人右踝血管 ABI
随年龄增长变化趋势

(3)老年人血管阻塞程度评价百分比分析

从低年龄组到高年龄组,男性各年龄组左踝血管阻塞程度正常的人数比例依次为 95.26%、90.91%、89.59%、86.66%。女性各年龄组左踝血管阻塞程度正常的人数比例依次为 96.61%、95.10%、89.90%、88.88%,男性各年龄组右踝血管阻塞程度正常的人数比例依次为 95.73%、92.12%、89.58%、83.33%。女性各年龄组右踝血管阻塞程度正常的人数比例依次为 96.41%、96.15%、90.82%、87.03%。老年人血管钙化现象相对较少。随年龄增加,男女各组血管阻塞程度正常的人数比例逐渐减少,见表 4.19。

随年龄增长,老年人血管阻塞程度正常的人数比例逐渐降低。血管出现"疑似闭塞"和"临界"的人数比例逐渐升高。说明高龄老人血管阻塞的风险较低龄老年人更高。老年人血管阻塞的发病率虽整体较低,但应引起重视,因为血管阻塞是脑梗和心梗的关键诱因之一。

表 4.19 寒地东北城镇老年人血管阻塞程度评价百分比

指标	性别	年龄组(岁)	疑似闭塞(%)	临界(%)	正常(%)	钙化(%)
左踝血管阻塞程度评价	男	60～64	1.90	2.84	95.26	0.00
		65～69	5.45	3.03	90.91	0.61
		70～74	6.25	4.16	89.59	0.00
		75～79	6.67	6.67	86.66	0.00
	女	60～64	1.00	2.19	96.61	0.20
		65～69	1.40	3.50	95.10	0.00
		70～74	3.67	6.42	89.90	0.00
		75～79	5.56	5.56	88.88	0.00
右踝血管阻塞程度评价	男	60～64	1.90	2.37	95.73	0.00
		65～69	5.45	1.82	92.12	0.61
		70～74	4.17	6.25	89.58	0.00
		75～79	6.67	10.00	83.33	0.00
	女	60～64	1.00	2.39	96.41	0.20
		65～69	1.75	1.75	96.15	0.35
		70～74	2.75	6.42	90.82	0.00
		75～79	5.56	7.41	87.03	0.00

老年人左踝和右踝血管阻塞程度评价百分比柱状图走势基本一致,仅以左踝为例进行阐述。随年龄增长,男性左踝血管疑似闭塞和临界的人数比例呈缓慢上升趋势,血管阻塞程度正常的比例逐渐下降。女性血管疑似闭塞和临界的人数比例缓慢增高,血管阻塞程度正常的比例逐渐下降,见图 4.29 至图 4.32。随年龄增加,血管阻塞程度正常的比例逐年下降,血管阻塞程度逐渐增加,血管内粥样硬化斑块沉积数量增多,血管阻塞发病率增高,血管机能下降。

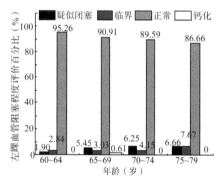
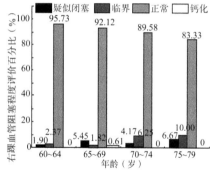

图 4.29　男性左踝血管阻塞程度评价百分比　图 4.30　男性右踝血管阻塞程度评价百分比

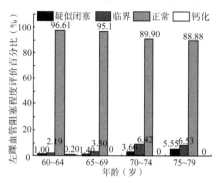
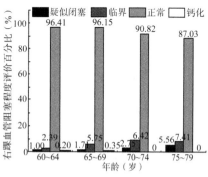

图 4.31　女性左踝血管阻塞程度评价百分比　图 4.32　女性右踝血管阻塞程度评价百分比

4.1.4.4　寒地东北城镇老年人血管机能测试结果讨论

本研究发现,各年龄组老年人左踝和右踝的血管弹性和阻塞程度评价结果相当,仅以左踝为例进行阐述。从低年龄组到高年龄组,男性各年龄组左踝血管弹性评价标准的人数比例依次为 48.35%、46.06%、41.67%、26.67%。女性各年龄组左踝血管弹性评价标准的人数比例依次为 55.78%、49.30%、45.87%、40.74%。男性各年龄组左踝血管阻塞程度正常的人数比例依次为 95.26%、90.91%、89.59%、86.66%。女性各年龄组左踝血管阻塞程度正常的人数比例依次为 96.61%、95.10%、89.90%、88.88%。

本研究结果表明,老年人血管机能水平较差,血管发生硬化和阻塞的人数比例较高。随年龄增高,老年人动脉内皮细胞结构和功能发生异常,血管内皮细胞调节血流、抗凝、抗血栓和抗细胞黏附功能逐渐下降。① 动脉管壁增厚,管腔变窄,血流顺应性下降,血流速度变慢,血管壁粥样硬化斑块增多,动脉血管 PWV 加快,血管

① 田振军,吕志伟.运动对脉搏波传导速度(PWV)影响的生物学分析及其应用研究[J].西安体育学院学报,2009(1):67-72,120.

弹性变差,僵硬度增加,血管阻塞程度增加,动脉硬化发病率增高。寒地东北城镇老年人高血压、糖尿病发病率高和吸烟比例高等危险因素,共同引起动脉血管内皮损伤,引起血管内皮功能障碍,促成动脉硬化斑块形成,并引起血管平滑肌细胞发生病变,从合成型向分化型转化,引起血管僵硬度增加。血管内膜增厚,血管组织结构发生改变,ABI值减小,血管阻塞现象加重,动脉硬化发病率增加。

男性血管机能下降主要以血管弹性下降为主,血管弹性水平较女性差,血管硬化程度较高,患动脉硬化风险较女性高。男女血管阻塞程度相当,差异不大。骆小红等研究表明,不运动的中老年人的 PWV 和 ABI 异常检出率分别为 46.9%、1.7%,而运动的中老年人的 PWV 和 ABI 异常检出率为 24.1%、1.1%。[①] 可见,运动对于提高血管机能的效果比较显著。寒地东北城镇老年人运动量不足,也是血管硬化的危险因素之一。

4.1.5 寒地东北城镇老年人体质测试结果讨论

老年人久居寒地东北,身体结构发生了地理性变异,即个体为了达到生存和发展的需要,身体各项器官和功能对所处地理环境产生适应性变化。[②] 本次研究发现,寒地东北城镇老年人体质指标具有明显的地域特征。

4.1.5.1 老年人身体形态、机能和素质测试结果讨论

寒地东北老年男性体形高大、魁梧,老年女性身体形态尚可。寒地东北气候寒冷,人体新陈代谢慢,生长发育期相对比较长,从而促进寒地东北人民身高的增长。寒地东北人民饮食中肉制品、奶制品等高热量食物较多,营养成分高,因而寒体东北人民身高也较高。此外,肺活量较好,肺部一次呼吸的最大通气量、机体摄氧能力和排除废气能力较好。柔韧性较好,躯干、腰和髋等部位关节活动幅度较大,韧带和肌肉伸展性较好。选择反应时水平较好,神经与肌肉系统的协调性较好,对光信号的反应快速准确,手眼协调能力等较好。男性握力较好,上肢肌肉发达,前臂和手部肌肉力量好。老年人舒张压和心率与全国平均水平基本一致。

老年人体重相对较重,超重和肥胖现象比较突出。收缩压显著高于全国平均水平,且收缩压平均数远远超过正常血压水平,寒地东北城镇老年人高血压的发病率较高。老年人闭眼单脚站立水平较差,平衡能力不好,抗跌倒能力较弱,发生摔倒的风险较高。女性握力水平低,上肢肌肉力量较弱。

---

① 骆小红,吴丽娜,燕虹,等.1065 例中老年体检人群运动状况及其对 PWV 和 ABI 的影响[J].武汉大学学报(医学版),2013(4):573-576,625.

② 徐亚涛.中国儿童青少年身体发育状况及其影响因素的研究[D].上海:华东师范大学,2019.

寒地东北城镇老年人超重和肥胖现象较突出,引起身体各种炎症反应,是各种慢性病发生的主要危险因素之一。老年人血压较高,收缩压高现象突出,高血压发病风险较大。高血压是人体动脉粥样硬化的主要危险因素,可使冠心病风险增加4倍,心脑血管疾病的风险增加2～3倍。[1] 可见老年人高血压和心脑血管疾病高发病率是密切相关的,控制高血压也可有效防控老年人心脑血管的高发病率;寒地东北城镇老年人平衡能力较差。在失去视觉调整的情况下,人体的共济协调功能、大脑前庭系统的平衡感受器和神经系统,控制全身肌肉协调运动共同维持身体重心,保持单脚站立时间较短,能力较差。因而,发生跌倒和踝关节扭伤的风险较大;女性握力水平差,上肢和前臂的肌肉力量较弱。在年龄、BMI、体力活动等因素水平大致相同的前提下,男性的肌肉力量每增加1/3,全死因死亡率的风险比降低约25%。[2] 下肢力量差的男性与女性,比下肢力量较好的男性和女性的死亡率风险高1.51倍和1.65倍。[3] 这说明肌肉力量对于人体的重要作用,因而,提高寒地东北女性的握力水平具有重要意义。

4.1.5.2 老年男女身体形态、机能和素质对比结果讨论

60～64岁组和65～69岁组男性较女性身材高大,体重较重,血压较女性高,肺部通气能力、上肢肌肉力量比女性好,但柔韧性远远不及女性。男性的心率、平衡能力、反应速度与女性水平接近。60～64岁组男性体形较女性更胖,65～69岁组男性体形与女性体形接近。

70～74岁组和75～79岁组男性身高较女性高,体重较女性重,肺部通气能力较女性好,手臂握力较女性大,但柔韧性水平较女性差。男性收缩压、舒张压、身体形态、心率、平衡能力和对光信号的反应能力与女性接近。

4.1.5.3 老年人身体形态、机能和素质随年龄增长变化趋势讨论

随年龄增长,老年人身高逐渐下降,整体而言老年人体重逐渐下降;老年人的BMI逐渐增加,体形逐渐变胖;收缩压、舒张压呈上升趋势,收缩压升高较快,高血压发病率逐渐升高;心率变化并不大;肺活量呈线性下降趋势,下降幅度较大;男性握力下降速度比较快,女性下降相对较慢;男性坐位体前屈水平缓慢下降,女性迅

[1] Kannel W B. Blood pressure as a cardiovascular risk factor: Prevention and treatment[J]. JAMA, 1996(20):1571-1576.

[2] Ruiz J R, Sui X, Lobelo F, et al. Association between muscular strength and mortality in men: Prospective cohort study[J]. British Medical Journal, 2008(7661):92-95.

[3] Newman A B, Kupelian V, Visser M, et al. Strength, but not muscle mass, is associated with mortality in the health, aging and body composition study cohort[J]. The Journals of Gerontology Series A, Biological Sciences and Medical Sciences, 2006(1):72-77.

速下降;闭眼单脚站立水平快速下降;选择反应时水平迅速降低,反应速度变慢。综上,增龄使老年人的肺活量、握力、坐位体前屈和闭眼单脚站立的水平逐渐下降,这与老年人身体机能的退行性病变有关。

4.1.5.4 老年人身体成分测试结果讨论

女性体脂肪率和男性内脏脂肪等级超标现象严重。女性体脂肪率高于男性,男性内脏脂肪等级高于女性。随年龄增长,寒地东北城镇老年人体脂肪率和内脏脂肪等级呈逐年上升趋势,体脂肪率和内脏脂肪等级超标的人数比例逐渐增高,超重和肥胖的人数比例呈上升趋势。

4.1.5.5 老年人骨密度测试结果讨论

老年人骨密度 T 值较低,骨质疏松发病率占一定比例。男女对比发现,女性骨密度更低,骨质流失和骨质疏松的发生率较高。随年龄增长,男女骨密度 T 值呈逐年下降趋势,超过 70 岁,骨密度下降速度加快。增龄是老年人骨密度下降和骨质疏松症发生的危险因素之一,尤其对于高龄女性,定期检测和维持骨密度十分重要,可以有效预防骨质疏松症发生。男性骨密度 T 值显著高于女性,可能与男女不同生理功能和激素水平有关。女性绝经后,骨密度下降速度加快,因而绝经后女性应加强对骨密度的监测,并采取措施延缓骨密度下降。

4.1.5.6 老年人血管机能测试结果讨论

老年人血管机能相对较差,血管弹性下降和血管阻塞的人数比例较大。男性血管硬化程度较女性严重,血管机能水平较女性更差。随年龄增长,老年人 PWV 逐渐增快,血管弹性下降,僵硬度增加。老年人血管壁粥样硬化斑块沉积增多,管腔逐渐变窄,血流减慢,血管阻塞程度逐年严重。高龄老年人血管弹性变差、硬度增加,阻塞程度增加,血管机能下降,动脉硬化风险增高。

综上,寒地东北城镇老年人肺活量、握力、坐位体前屈、选择反应时水平较好,男性体形比较高大。然而,体质弱项很多,健康状况不容乐观。老年人平衡能力较差、血压较高、血管机能下降。男性内脏脂肪含量超标严重。女性手臂肌肉力量水平较差,体脂肪率高,骨密度水平较差,骨质疏松症发病率较高。

4.2 寒地东北城镇老年人生活方式研究

寒地东北以冬季时间漫长、降雪积雪、低温寒风、剧烈温差和日照局限为显著特征。寒地东北地区居民冬季常受严寒、冰雪、冷风的侵袭。这种冬夏温差极大、春秋天气变化剧烈的气候对人体健康极其不利。为了适应寒冷环境,久居寒地东北的居民逐渐形成特有的饮食、运动和行为习惯等生活方式特点。比如，寒地东北城镇老年人冬季有"猫冬"习惯，与其他地域明显不同。这些具有明显的地域特点的生活方式对寒地东北城镇老年人体质影响较大。为深入了解寒地东北城镇老年人生活方式特征和影响因素，本书设计老年人生活方式相关问卷，进行问卷调查。对问卷进行统计分析，探讨寒地东北城镇老年人的体质状况、饮食、运动和行为习惯特征，以期找出寒地东北城镇老年人生活方式特征，探讨寒地东北城镇老年人体质的影响因素和关键问题，为设计运动促进体质方案提供现实依据。

4.2.1 寒地东北城镇老年人人口学特征与健康状况调查结果与分析

（1）文化程度

问卷调查结果显示，60～79岁老年人文化程度较低，文化程度的人数百分比，从高到低依次为：初中占 37.89%，扫盲班或小学占 21.61%，高中或大专占 17.45%，未上过学占 14.06%，大学（含大专）占 8.99%，研究生及以上学历占 0%。不同年龄组之间，随年龄增加，老年人未上过学的人数百分比呈上升趋势，而上过大学或大专的人数百分比呈下降趋势。其中，女性文化程度较男性更低，扫盲班或小学及以下百分比较男性低 4.09%，见表 4.20。

寒地东北城镇老年人文化程度偏低，男性文化程度略高于女性。年龄越大低学历人口比例越大，这与该地区经济发展和教育水平有关，也与老年人学龄时期我国经济相对落后，许多适龄儿童及青少年纷纷辍学，参与生产劳动有关。女性文化程度更低，缘于许多家庭重男轻女思想严重，女童辍学现象较男性更多。

表 4.20　老年人文化程度的人数及百分比

单位：人（%）

性别	年龄组（岁）	人数（人）	未上过学	扫盲班或小学	初中	高中或中专	大学（含大专）	研究生及以上
男	60～64	72	8(11.11)	10(13.89)	33(45.83)	13(18.06)	8(11.11)	0(0.00)
	65～69	83	11(13.25)	16(19.29)	30(36.14)	17(20.48)	9(10.84)	0(0.00)
	70～74	34	5(14.71)	9(26.47)	11(32.35)	7(20.59)	2(5.88)	0(0.00)
	75～79	19	3(15.80)	6(31.57)	6(31.59)	3(15.78)	1(5.26)	0(0.00)
	60～79	208	27(12.98)	41(19.71)	80(38.46)	40(19.23)	20(9.62)	0(0.00)

续 表

性别	年龄组(岁)	人数(人)	未上过学	扫盲班或小学	初中	高中或中专	大学(含大专)	研究生及以上
女	60～64	263	38(14.45)	46(17.49)	103(39.16)	47(17.87)	29(11.03)	0(0.00)
	65～69	182	25(13.75)	48(26.37)	65(35.71)	30(16.48)	14(7.69)	0(0.00)
	70～74	78	12(15.38)	19(24.37)	30(38.46)	12(15.38)	5(6.41)	0(0.00)
	75～79	37	6(16.22)	12(32.43)	13(35.14)	5(13.51)	1(2.70)	0(0.00)
	60～79	560	81(14.46)	125(22.32)	211(37.68)	94(16.79)	49(8.75)	0(0.00)
合计	60～79	768	108(14.06)	166(21.61)	291(37.89)	134(17.45)	69(8.99)	0(0.00)

(2)退休前职业

老年人退休前有职业的人数百分比占 92.97%,无职业占 7.03%。职业类型人数百分比从高到低依次为:生产、运输、建筑等工人占 44.79%,商业、服务业人员占 18.63%,国企、事业单位人员占 13.67%,其他占 8.46%,专业技术人员占 7.42%。女性无职业人数比例高于男性,见表 4.21。

职业类型以工人、商业、服务业等体力劳动为主,脑力工作相对较少。中华人民共和国成立初期将寒地东北定位为工业基地,在城镇布局数量众多的工厂,提供大量工人岗位。改革开放后,一部分人员又进入了商业、服务业领域而较少进入对学历要求较高的国企和事业单位。女性无职业比例高于男性,与"男主外、女主内"思想的影响有关。

表 4.21 老年人退休前从事职业类型的人数及百分比

单位:人(%)

性别	年龄组(岁)	人数(人)	无职业	国企、事业单位人员	专业技术人员	商业、服务业人员	生产、运输、建筑等工人	其他
男	60～64	72	2(2.78)	13(18.06)	4(5.56)	10(13.88)	35(48.61)	8(11.11)
	65～69	83	4(4.82)	11(13.25)	6(7.23)	13(15.66)	43(51.81)	6(7.23)
	70～74	34	1(2.94)	4(11.76)	4(11.76)	4(11.76)	19(55.90)	2(5.88)
	75～79	19	1(5.26)	2(10.53)	1(5.26)	4(21.05)	8(42.11)	3(15.79)
	60～79	208	8(3.85)	30(14.42)	15(7.22)	31(14.90)	105(50.48)	19(9.13)
女	60～64	263	19(7.22)	35(13.31)	9(3.42)	56(21.29)	122(46.39)	22(8.37)
	65～69	182	18(9.89)	27(14.84)	19(10.44)	34(18.68)	67(36.81)	17(9.34)
	70～74	78	7(8.97)	9(11.54)	9(11.54)	14(17.95)	33(42.31)	6(7.69)
	75～79	37	2(5.41)	4(10.81)	5(13.51)	8(21.62)	17(45.95)	1(2.70)
	60～79	560	46(8.21)	75(13.39)	42(7.50)	112(20.00)	239(42.69)	46(8.21)
合计	60～79	768	54(7.03)	105(13.67)	57(7.42)	143(18.63)	344(44.79)	65(8.46)

（3）主要经济来源

老年人主要经济来源的人数百分比，从高到低依次为：退休金占 55.99％，储蓄与租金占 21.22％，最低生活保障占 12.63％，子女补贴占 5.34％，其他占 4.82％，见表 4.22。

退休金、储蓄与租金是老年人经济来源的前两位，大部分老年人有稳定的经济收入。最低生活保障居第三位，部分老年人因为年轻时没有固定单位，或所在单位没有交足社保，导致老年人没有退休金，仅能够靠最低生活保障维持生活；部分子女经济收入有限，对父母补贴有限；4.82％的老年人经济来源不稳定，生活存在一定困难；男性退休金高于女性，而女性在储蓄与租金、最低生活保障、子女补贴上要高于男性，说明男性有正式工作的人数较女性多。

表 4.22　老年人最主要经济来源的人数及百分比

单位：人（％）

性别	年龄组（岁）	人数（人）	退休金	子女补贴	储蓄与租金	最低生活保障	其他
男	60～64	72	57(79.16)	4(5.56)	6(8.33)	2(2.78)	3(4.17)
	65～69	83	54(65.07)	1(1.20)	15(18.07)	9(10.84)	4(4.82)
	70～74	34	21(61.77)	1(2.94)	3(8.82)	7(20.59)	2(5.88)
	75～79	19	12(63.17)	1(5.26)	1(5.26)	4(21.05)	1(5.26)
	60～79	208	144(69.22)	7(3.37)	25(12.02)	22(10.58)	10(4.81)
女	60～64	263	124(47.15)	13(4.94)	66(25.10)	43(16.35)	17(6.46)
	65～69	182	93(51.10)	14(7.69)	47(25.82)	21(11.54)	7(3.85)
	70～74	78	47(60.26)	2(2.56)	23(29.49)	5(6.41)	1(1.28)
	75～79	37	22(59.45)	5(13.51)	2(5.41)	6(16.22)	2(5.41)
	60～79	560	286(51.08)	34(6.07)	138(24.64)	75(13.39)	27(4.82)
合计	60～79	768	430(55.99)	41(5.34)	163(21.22)	97(12.63)	37(4.82)

（4）月平均收入情况

老年人月平均收入的人数百分比，从高到低依次为：1270～4735 元占 70.31％，900～1270 元占 13.41％，4735 元以上占 11.46％，900 以下占 4.82％，见表 4.23。

老年人整体平均收入不高，70.31％的人员收入集中在 2019 年最低工资 1270 元和社会平均工资 4735 元之间，然而调研发现，大多数老年人的工资集中在 2000 元左右，超过 3000 元以上的人数比例很小。老年人平均收入的绝对值低与黑龙江省经济发展落后、工资水平相对较低有关。

表 4.23　老年人月平均收入的人数及百分比

单位:人(%)

性别	年龄组(岁)	人数(人)	900 元以下	900~1270 元	1270~4735 元	4735 元以上
男	60~64	72	3(4.17)	8(11.11)	54(75.00)	7(9.72)
	65~69	83	4(4.82)	9(10.84)	62(74.70)	8(9.64)
	70~74	34	2(5.88)	7(20.59)	21(61.77)	4(11.76)
	75~79	19	1(5.26)	4(21.05)	13(68.43)	1(5.26)
	60~79	208	10(4.81)	28(13.46)	150(72.11)	20(9.62)
女	60~64	263	17(6.46)	43(16.35)	180(68.44)	23(8.75)
	65~69	182	7(3.85)	21(11.54)	124(68.13)	30(16.48)
	70~74	78	1(1.28)	5(6.41)	63(80.77)	9(11.54)
	75~79	37	2(5.41)	6(16.22)	23(62.15)	6(16.22)
	60~79	560	27(4.82)	75(13.39)	390(69.65)	68(12.14)
合计	60~79	768	37(4.82)	103(13.41)	540(70.31)	88(11.46)

(5)消费支出情况

为了解老年人消费支出情况,设计多项选择问卷题项对老年人进行调查。结果发现,老年人消费支出的前三位是生活费、医疗费和住房,其中男性消费前三位的人数百分比,依次是生活费、医疗费、住房和人情来往,见表 4.24。女性消费前三位的人数百分比,依次是生活费、医疗费、住房,见表 4.25。

老年人在衣、食、行等生活费支出费用位列第一;医疗费用位列第二位,这与老年人慢性疾病较多有关,医药费用消耗多,医疗负担沉重;住房支出位列第三位,包括购房款,支付房贷费用和冬季包烧费等;另外,人情来往也是支出大项,寒地东北人民重感情、讲义气,亲戚朋友家的婚丧嫁娶、祝寿、上学、乔迁新居等人情来往的消费必不可少。老年人消费结构不丰富,可支配收入较少,外出旅游、日常休闲消费比例低。

表 4.24　男性消费支出状况的人数及百分比

单位:人(%)

支出项目	60~64 岁 (72 人)	65~69 岁 (83 人)	70~74 岁 (34 人)	75~79 岁 (19 人)	60~79 岁 (208 人)
生活费	61(84.72)	74(89.16)	32(94.12)	17(89.47)	184(88.46)
住房	9(12.50)	13(15.66)	2(5.88)	3(15.79)	27(12.98)
医疗	14(19.44)	14(16.87)	7(20.59)	5(26.32)	40(19.23)

续　表

支出项目	60～64 岁 (72 人)	65～69 岁 (83 人)	70～74 岁 (34 人)	75～79 岁 (19 人)	60～79 岁 (208 人)
人情来往	15(20.83)	6(7.23)	5(14.71)	1(5.26)	27(12.98)
补贴子女	4(5.56)	3(3.61)	0(0.00)	1(5.26)	8(3.85)
其他	6(8.33)	5(6.02)	1(2.94)	1(5.26)	13(6.25)

表 4.25　女性消费支出状况的人数及百分比

单位:人(%)

支出项目	60～64 岁 (263 人)	65～69 岁 (182 人)	70～74 岁 (78 人)	75～79 岁 (37 人)	60～79 岁 (560 人)
生活费	215(81.75)	154(84.62)	68(87.18)	33(89.19)	470(83.93)
住房	50(19.01)	27(14.84)	14(17.95)	5(13.51)	96(17.14)
医疗	35(13.31)	35(19.23)	19(24.36)	10(27.03)	99(17.68)
人情来往	44(16.73)	23(12.64)	4(5.13)	3(8.11)	74(13.21)
补贴子女	28(10.65)	7(3.85)	5(6.41)	1(2.70)	41(7.32)
其他	30(11.41)	16(8.79)	5(6.41)	1(2.70)	52(9.29)

(6)婚姻状况

老年人婚姻状况的人数百分比,从高到低依次为:已婚占 83.33%,丧偶占 14.98%,离婚占 1.43%,未婚占 0.26%,见表 4.26。老年女性的丧偶率高于男性,反映女性的寿命长于男性。老年女性丧偶比例较大,生活上缺乏伴侣的陪伴与照顾,经济来源减少,生活面临困境。

表 4.26　老年人婚姻状况的人数及百分比

单位:人(%)

性别	年龄组(岁)	人数(人)	未婚	已婚	丧偶	离婚
	60～64	72	1(1.39)	68(94.44)	2(2.78)	1(1.39)
	65～69	83	0(0.00)	81(97.59)	2(2.41)	0(0.00)
男	70～74	34	0(0.00)	32(94.12)	2(5.88)	0(0.00)
	75～79	19	0(0.00)	17(89.47)	2(10.53)	0(0.00)
	60～79	208	1(0.48)	198(95.19)	8(3.85)	1(0.48)

续 表

单位：人（％）

性别	年龄组（岁）	人数（人）	未婚	已婚	丧偶	离婚
	60～64	263	0(0.00)	221(84.03)	36(13.69)	6(2.28)
	65～69	182	1(0.55)	147(80.77)	31(17.03)	3(1.65)
女	70～74	78	0(0.00)	51(65.38)	27(34.62)	0(0.00)
	75～79	37	0(0.00)	23(62.16)	13(35.14)	1(2.70)
	60～79	560	1(0.18)	442(78.92)	107(19.11)	10(1.79)
合计	60～79	768	2(0.26)	640(83.33)	115(14.98)	11(1.43)

（7）与家庭成员居住情况

老年人与家庭成员居住情况的人数百分比，从高到低依次为：与配偶居住占67.06％，独居占14.19％，与子女居住占9.90％，与配偶和子女一同居住占8.33％，与父母居住和养老院等其他居住方式的人数比例很小。其中，男性与配偶居住的比例高于女性。女性独居和与子女居住的比例高于男性，见表4.27。

独居老人比例高达14.19％，国家和社会对这类群体需要予以高度关注和关爱，采取措施保障他们的生活，使他们提高生活自理能力，增加社会交往，丰富精神世界，实现身心健康协调发展，安度晚年。

表 4.27　老年人与家庭成员居住的人数及百分比

单位：人（％）

性别	年龄组（岁）	人数（人）	配偶	配偶及子女	子女	独居	父母	其他
	60～64	72	57(79.16)	4(5.56)	2(2.78)	8(11.11)	1(1.39)	0(0.00)
	65～69	83	62(74.70)	12(14.46)	2(2.41)	7(8.43)	0(0.00)	0(0.00)
男	70～74	34	28(82.36)	2(5.88)	3(8.82)	1(2.94)	0(0.00)	0(0.00)
	75～79	19	14(73.69)	3(15.79)	1(5.26)	1(5.26)	0(0.00)	0(0.00)
	60～79	208	161(77.40)	21(10.10)	8(3.85)	17(8.17)	1(0.48)	0(0.00)
	60～64	263	173(65.77)	22(8.37)	26(9.89)	40(15.21)	1(0.38)	1(0.38)
	65～69	182	125(68.68)	14(7.69)	19(10.44)	23(12.64)	1(0.55)	0(0.00)
女	70～74	78	40(51.29)	5(6.41)	12(15.38)	21(26.92)	0(0.00)	0(0.00)
	75～79	37	16(43.24)	2(5.41)	11(29.73)	8(21.62)	0(0.00)	0(0.00)
	60～79	560	354(63.21)	43(7.68)	68(12.14)	92(16.43)	2(0.36)	1(0.18)
合计	60～79	768	515(67.06)	64(8.33)	76(9.90)	109(14.19)	3(0.39)	1(0.13)

（8）身体健康状况

老年人身体健康状况的人数百分比，从高到低依次为：偶尔生病、有小病痛的占 39.45%，有慢性病、长期吃药的占 30.33%，身体健康、不常生病的占 25.26%，有重大疾病、行动不便的占 4.96%。男女身体健康水平差异不大，见表 4.28。

表 4.28　老年人身体健康状况的人数及百分比

单位：人（%）

性别	年龄组（岁）	人数（人）	身体健康、不常生病	偶尔生病、有小病痛	有慢性病、长期吃药	有重大疾病、行动不便
男	60～64	72	19(26.39)	30(41.66)	19(26.39)	4(5.56)
	65～69	83	24(28.92)	30(36.14)	25(30.12)	4(4.82)
	70～74	34	8(23.53)	14(41.18)	10(29.41)	2(5.88)
	75～79	19	4(21.05)	8(42.11)	6(31.58)	1(5.26)
	60～79	208	55(26.44)	82(39.42)	60(28.85)	11(5.29)
女	60～64	263	69(26.24)	108(41.06)	74(28.14)	12(4.56)
	65～69	182	45(24.73)	69(37.90)	60(32.97)	8(4.40)
	70～74	78	17(21.79)	31(39.75)	26(33.33)	4(5.13)
	75～79	37	8(21.62)	13(35.14)	13(35.14)	3(8.10)
	60～79	560	139(24.82)	221(39.47)	173(30.89)	27(4.82)
合计	60～79	768	194(25.26)	303(39.45)	233(30.33)	38(4.96)

随年龄增大，老年人"身体健康、不常生病"的比例逐渐降低，身体健康水平逐渐下降。这与增龄使老年人身体机能出现退行性病变有关。因此，老年人日常应该关注身体健康状况，注意饮食健康，参加体育运动。

（9）患病状况

为了解老年人患病状况，设计多项选择的问卷题项。研究发现，老年人经医生诊断患病的占 81.25%。男女患病率排在前 3 位的均为心脑血管疾病、呼吸系统疾病和高血压，从第 4 位到第 6 位，男女患病率开始有所不同。男性患病人数百分比，从高到低依次为：心脑血管疾病占 26.92%，呼吸系统疾病占 26.44%，高血压占 25.96%，糖尿病占 7.21%，癌症占 7.21%，骨关节病占 6.25%，见表 4.29。女性患病人数百分比，从高到低依次为：心脑血管疾病占 35.71%，呼吸系统疾病占 27.32%，高血压占 22.32%，骨关节病占 13.92%，高血脂占 12.32%，糖尿病占 9.46%，见表 4.30。男女都应该预防心脑血管疾病、呼吸系统疾病和高血压，男性应该注重预防糖尿病、癌症和骨关节病，女性应该预防骨关节炎、高血脂和糖尿病。

表 4.29　男性患病情况的人数及百分比

单位:人(%)

疾病名称	60～64 岁 (72 人)	65～69 岁 (83 人)	70～74 岁 (34 人)	75～79 岁 (19 人)	60～79 岁 (208 人)
心脑血管疾病	21(29.17)	25(30.12)	4(11.76)	6(31.58)	56(26.92)
高血压	18(25.00)	20(24.10)	10(29.41)	6(31.58)	54(25.96)
糖尿病	8(11.11)	5(6.02)	1(2.94)	1(5.26)	15(7.21)
高血脂	6(8.33)	4(4.82)	1(2.94)	1(5.26)	12(5.77)
骨关节病	2(2.78)	5(6.02)	4(11.76)	2(10.53)	13(6.25)
癌症	3(4.17)	6(7.23)	5(14.71)	1(5.26)	15(7.21)
呼吸系统疾病	24(33.33)	22(26.51)	4(11.76)	5(20.00)	55(26.44)
其他疾病	1(1.39)	0(0.00)	2(5.88)	1(5.26)	4(19.23)
无疾病	8(11.11)	18(21.69)	13(38.24)	2(10.53)	41(19.71)

表 4.30　女性患病情况的人数及百分比

单位:人(%)

疾病名称	60～64 岁 (263 人)	65～69 岁 (182 人)	70～74 岁 (78 人)	75～79 岁 (37 人)	60～79 岁 (560 人)
心脑血管疾病	84(31.94)	75(41.21)	29(37.18)	12(32.43)	200(35.71)
高血压	49(18.63)	45(24.73)	23(29.49)	8(21.62)	125(22.32)
糖尿病	19(7.22)	23(12.64)	8(10.26)	3(8.11)	53(9.46)
高血脂	30(11.41)	28(15.38)	8(10.26)	3(8.11)	69(12.32)
骨关节病	36(13.69)	29(15.93)	8(10.26)	5(13.51)	78(13.92)
癌症	10(3.80)	9(4.95)	1(1.28)	7(18.92)	27(4.82)
呼吸系统疾病	97(36.88)	41(22.53)	10(12.82)	5(13.51)	153(27.32)
其他疾病	8(3.04)	13(7.14)	1(1.28)	1(2.70)	23(4.11)
无疾病	41(15.59)	30(16.48)	20(25.64)	12(32.43)	103(18.39)

　　心脑血管疾病、呼吸系统疾病和高血压的高发病率与寒地东北冬季严寒的气候特点有很大关系。寒地东北气温和气压的大幅度变化易引起冠心病、脑出血、脑梗死等问题。极端的气温下降或气压上升,心脑血管疾病的发病率会明显增加。哈尔滨市冠心

病、脑卒中发病有明显的季节性差异。① 2008—2010 年,哈尔滨共发生 38 天寒潮,寒冷刺激使人体的血管收缩,寒潮日发生脑出血死亡人数是非寒潮日的 1.27 倍。② 极端寒冷的气候给有心脑血管疾病和高血压的老年人带来了沉重的疾病负担和经济负担。

(10)体检频率情况

老年人体检频率的人数百分比,从高到低依次为:一年体检一次占 57.03%,几年体检一次占 19.40%,从不体检占 12.76%,一年体检两次以上占 10.81%。其中,男性从不体检的比例高于女性,见表 4.31。说明老年人定期体检的人数百分比较低,32.16% 的老年人几年体检一次或者从不体检,给身体健康带来了隐患。而男性从不体检比例高于女性,需要加强体检意识。

老年人体检频率不高,究其原因,主要是有些老年人害怕体检查出疾病,没钱医治,不敢体检;有人认为如果没有检查出疾病,体验费用就浪费了;有些老年人很少生病,自己认为身体健康,根本没有必要去体检。然而,对于老年人来说,体检意义重大。早发现,早治疗,早康复,有利于老人身体健康。因而,国家出台许多惠民医疗服务政策,寒地东北城镇社区医院对 60 岁以上的老年人每年提供一次免费体检。

表 4.31　老年人体检频率的人数及百分比

单位:人(%)

性别	年龄组(岁)	人数(人)	从不体检	几年体检一次	一年体检一次	一年体检两次以上
男	60～64	72	14(19.44)	20(27.78)	33(45.84)	5(6.94)
	65～69	83	12(14.46)	20(24.10)	42(50.60)	9(10.84)
	70～74	34	5(14.71)	9(26.46)	15(44.12)	5(14.71)
	75～79	19	1(5.26)	4(21.05)	11(57.89)	3(15.79)
	60～79	208	32(15.38)	53(25.48)	101(48.57)	22(10.58)
女	60～64	263	38(14.45)	56(21.29)	142(53.99)	27(10.27)
	65～69	182	18(9.89)	23(12.64)	120(65.93)	21(11.54)
	70～74	78	7(8.97)	10(12.82)	53(67.95)	8(10.26)
	75～79	37	3(8.11)	7(18.92)	22(59.46)	5(13.51)
	60～79	560	66(11.79)	96(17.14)	337(60.18)	61(10.89)
合计	60～79	768	98(12.76)	149(19.40)	438(57.03)	83(10.81)

① 高菡璐,兰莉,乔冬菊,等.1998—2010 年哈尔滨市市区慢性病流行趋势分析[J].中华疾病控制杂志,2012(5):396-399.

② 高菡璐,兰莉,杨超,等.哈尔滨市极端天气对脑出血死亡的时间序列分析[J].现代预防医学,2016(20):3676-3679,3741.

(11)医疗费用承担方式

老年人医疗费用承担方式的人数百分比,从高到低依次为:城镇职工医保占 60.42%,商业保险占 19.01%,城镇居民医保占 17.71%,自费、无医保占 2.86%,见表 4.32。随着国家医疗保障政策不断出台,城镇医疗保障体系逐渐健全,医保覆盖面越来越广,自费、无医保人数越来越少,医疗保障越来越好。城镇职工医保和居民医保、商业保险的报销比例越来越高,个人支出部分会越来越少。老年人医疗费用负担正逐渐减轻。

表 4.32 老年人医疗费用承担方式的人数及百分比

单位:人(%)

性别	年龄组(岁)	人数(人)	商业保险	城镇居民医保	城镇职工医保	自费、无医保
男	60~64	72	23(31.94)	13(18.06)	35(48.61)	1(1.39)
	65~69	83	14(16.87)	11(13.25)	56(67.47)	2(2.41)
	70~74	34	5(14.71)	4(11.76)	24(70.59)	1(2.94)
	75~79	19	2(10.53)	2(10.53)	15(78.94)	0(0.00)
	60~79	208	44(21.15)	30(14.42)	130(62.51)	4(1.92)
女	60~64	263	53(20.15)	47(17.87)	152(57.80)	11(4.18)
	65~69	182	38(20.88)	35(19.23)	107(58.79)	2(1.10)
	70~74	78	7(8.97)	16(20.51)	51(65.39)	4(5.13)
	75~79	37	4(10.81)	8(21.62)	24(64.87)	1(2.70)
	60~79	560	102(18.21)	106(18.93)	334(59.65)	18(3.21)
合计	60~79	768	146(19.01)	136(17.71)	464(60.42)	22(2.86)

(12)老年人自我感觉医疗负担沉重程度

老年人自我感觉医疗负担程度的人数百分比,从高到低依次为:没负担占 30.48%,一般占 27.08%,非常轻占 21.35%,沉重占 17.18%,非常沉重占 3.91%。女性认为负担非常沉重和沉重的比例高于男性,这主要与女性自费无医保人数百分比高于男性有关,见表 4.33。

随年龄增长,老年人认为医疗负担非常沉重和沉重的比例逐渐加大。这与老年人疾病发病率随年龄增长逐渐增高,医疗费支出不断增加有关。小病尚可承受。大病家庭负担则非常沉重,现今,因病致贫现象也屡有发生,因而亟须找到一种科学有效的方法,提高老年人的体质水平,降低老年人的发病率,减少医疗费用支出,降低医疗费用负担。

表 4.33　老年人自我感觉医疗负担沉重程度的人数及百分比

单位：人（%）

性别	年龄组（岁）	人数（人）	非常沉重	沉重	一般	非常轻	没负担
男	60~64	72	1(1.39)	11(15.28)	22(30.56)	16(22.21)	22(30.56)
	65~69	83	3(3.61)	14(16.87)	23(27.71)	18(21.69)	25(30.12)
	70~74	34	2(5.88)	6(17.65)	6(17.65)	12(35.29)	8(23.53)
	75~79	19	2(10.53)	4(21.05)	8(42.10)	3(15.79)	2(10.53)
	60~79	208	8(3.85)	35(16.83)	59(28.36)	49(23.56)	57(27.40)
女	60~64	263	6(2.28)	32(12.17)	69(26.24)	60(22.81)	96(36.50)
	65~69	182	7(3.85)	37(20.33)	49(26.92)	28(15.38)	61(33.52)
	70~74	78	6(7.69)	18(23.08)	21(26.92)	18(23.08)	15(19.23)
	75~79	37	3(8.11)	10(27.03)	10(27.03)	9(24.32)	5(13.51)
	60~79	560	22(3.93)	97(17.32)	149(26.61)	115(20.54)	177(31.60)
合计	60~79	768	30(3.91)	132(17.18)	208(27.08)	164(21.35)	234(30.48)

4.2.2　寒地东北城镇老年人饮食和行为习惯调查结果与分析

（1）饮食口味偏好

老年人饮食口味偏好的人数百分比，从高到低依次为：口味偏重（高盐、高油）占52.47%，口味清淡（少盐、少油）占24.61%，口味正常（油盐正常）占22.92%。男性口味偏重的比例高于女性，见表4.34。

表 4.34　老年人饮食口味偏好的人数及百分比

单位：人（%）

性别	年龄组（岁）	人数（人）	口味清淡 （少盐、少油）	口味正常 （油盐正常）	口味偏重 （高盐、高油）
男	60~64	72	16(22.22)	15(20.83)	41(56.95)
	65~69	83	18(21.69)	20(24.10)	45(54.21)
	70~74	34	7(20.59)	10(29.41)	17(50.00)
	75~79	19	3(15.79)	7(36.84)	9(47.37)
	60~79	208	44(21.15)	52(25.00)	112(53.85)

续　表

性别	年龄组(岁)	人数(人)	口味清淡 (少盐、少油)	口味正常 (油盐正常)	口味偏重 (高盐、高油)
	60～64	263	63(23.94)	60(22.81)	140(53.23)
	65～69	182	48(26.37)	39(21.43)	95(52.20)
女	70～74	78	24(30.77)	15(19.23)	39(50.00)
	75～79	37	10(27.03)	10(27.03)	17(45.94)
	60～79	560	145(25.89)	124(22.14)	291(51.97)
合计	60～79	768	189(24.61)	176(22.92)	403(52.47)

调研发现,这种口味偏好与气候条件、饮食习惯和生活观念有关。由于冬季气候寒冷,温度较低,人体基础能量消耗较大,需要摄入更多高热量食物来维持生命。因此,杀猪菜、酱牛肉、红肠等高热量、高油盐食物就成为百姓最爱;老年人经历过艰苦生活,改革开放后生活骤然变好,人们开始大量食用味浓厚重的"大鱼大肉"等食物,并持续多年,形成口味偏好。

许多老年人都表示现在的饮食比年轻时清淡许多,已经注意减少油盐用量。一方面,患有高血压等慢性疾病的老年人知道过量食用油盐不利于健康;另一方面,随着生活水平提高,老年人更加注重养生保健,已经由温饱饮食变为健康饮食,他们通过关注养生节目,培养健康的饮食习惯,主动减少油盐用量。

(2)食用腌制咸菜和晾制蔬菜情况

老年人食用腌制咸菜和晾制蔬菜的人数百分比,从高到低依次为:不食用占47.79%,少量食用占44.66%,大量食用占7.55%,见表4.35。

究其原因,寒地东北城镇老年人年轻时经济条件差,冬季新鲜蔬菜水果较少,绝大部分老年人会在秋季晾制豆角、茄子等干菜,秋末冬初腌制咸菜、酸菜,以便冬季来临蔬菜水果供应不足时食用,并形成饮食习惯。现在虽然经济条件变好,但许多老年人仍旧保持这一饮食习惯,即便自己不腌制和晾制,也会买来食用。

表 4.35　老年人食用腌制咸菜和晾制蔬菜的人数及百分比

单位:人(%)

性别	年龄组(岁)	人数(人)	不食用	少量食用	大量食用
	60～64	72	30(41.67)	32(44.44)	10(13.89)
	65～69	83	41(49.40)	33(39.76)	9(10.84)
男	70～74	34	13(38.24)	17(50.00)	4(11.76)
	75～79	19	10(52.63)	8(42.11)	1(5.26)
	60～79	208	94(45.19)	90(43.27)	24(11.54)

性别	年龄组（岁）	人数（人）	不食用	少量食用	大量食用
	60～64	263	119(45.25)	126(47.91)	18(6.84)
	65～69	182	98(53.85)	73(40.11)	11(6.04)
女	70～74	78	38(48.72)	36(46.15)	4(5.13)
	75～79	37	18(48.65)	18(48.65)	1(2.70)
	60～79	560	273(48.75)	253(45.18)	34(6.07)
合计	60～79	768	367(47.79)	343(44.66)	58(7.55)

（3）食用蘸酱菜情况

老年人食用蘸酱菜的人数百分比，从高到低依次为：少量食用占55.99％，不食用占29.30％，大量食用占14.71％。女性食用蘸酱菜的百分比高于男性，女性更加喜欢食用蘸酱菜，见表4.36。

研究发现，寒地东北城镇老年人吃蘸酱菜的习惯由来已久，蘸酱菜已成为寒地东北居民餐桌上的常备之物。大部分老年女性年轻时都会自制大酱，并用大葱、生菜、干豆腐等蔬菜蘸大酱，供家里人食用。至今许多老年人仍旧保持这种生活习惯。即便生活条件好了，老年人不必再自制大酱，但仍会购买"宝泉岭大酱""海天黄豆酱""香其酱"等食用，"没有大酱吃菜不香""黄瓜大葱蘸大酱，饺子包子都不换"更是东北老年人的顺口溜。但大酱中盐的含量极高，老年人盐摄入超标现象比较普遍，需要减少盐的摄入。

表 4.36　老年人食用蘸酱菜的人数及百分比

单位：人（％）

性别	年龄组（岁）	人数（人）	不食用	少量食用	大量食用
	60～64	72	19(26.39)	41(56.94)	12(16.67)
	65～69	83	21(25.30)	50(60.24)	12(14.46)
男	70～74	34	8(23.53)	15(44.12)	11(32.35)
	75～79	19	4(21.05)	14(73.69)	1(5.26)
	60～79	208	52(25.00)	120(57.69)	36(17.31)

续 表

性别	年龄组（岁）	人数（人）	不食用	少量食用	大量食用
	60～64	263	73(27.76)	145(55.13)	45(17.11)
	65～69	182	58(31.87)	103(56.59)	21(11.54)
女	70～74	78	27(34.62)	44(56.41)	7(8.97)
	75～79	37	15(40.54)	18(48.65)	4(10.81)
	60～79	560	173(30.89)	310(55.36)	77(13.75)
合计	60～79	768	225(29.30)	430(55.99)	113(14.71)

（4）休闲活动情况

老年人最喜爱休闲活动的人数百分比，从高到低依次为：看电视、上网等视听娱乐占 45.44%，体育锻炼占 22.14%，其他占 11.72%，逛街、散步、旅游占 10.68%，下棋打牌占 7.55%，聚会、喝酒、聊天占 2.47%，见表 4.37。

长达半年之久的寒冷冬季，限制老年人的室外休闲活动，导致老年人视听活动参与较多，静坐少动时间较长，而参加体育锻炼和逛街、旅游、散步等体力活动的时间相对较少。特别是雪后，老年人畏寒，更不愿意出门，喜欢宅在家里进行视听娱乐等休闲活动。

表 4.37　老年人最喜爱休闲活动的人数及百分比

单位：人（%）

性别	年龄组（岁）	人数（人）	下棋、打牌	聚会、喝酒、聊天	体育锻炼	看电视、上网等视听娱乐	逛街、旅游、散步	其他
	60～64	72	8(11.11)	4(5.56)	12(16.67)	29(40.28)	8(11.11)	11(15.28)
	65～69	83	6(7.23)	3(3.61)	18(21.69)	30(36.14)	16(19.28)	10(12.05)
男	70～74	34	5(14.71)	2(5.88)	9(26.47)	10(29.41)	6(17.65)	2(5.88)
	75～79	19	1(5.26)	1(5.26)	5(26.32)	5(26.32)	6(31.58)	1(5.26)
	60～79	208	20(9.62)	10(4.81)	44(21.15)	74(35.58)	36(17.31)	24(11.54)
	60～64	263	20(7.60)	4(1.52)	46(17.49)	147(55.89)	20(7.60)	26(9.89)
	65～69	182	11(6.04)	3(1.65)	49(26.92)	81(44.51)	15(8.24)	23(12.64)
女	70～74	78	6(7.69)	1(1.28)	19(24.36)	32(41.03)	7(8.97)	13(16.67)
	75～79	37	1(2.70)	1(2.70)	12(32.43)	15(40.54)	4(10.81)	4(10.81)
	60～79	560	38(6.79)	9(1.61)	126(22.50)	275(49.11)	46(8.21)	66(11.79)
合计	60～79	768	58(7.55)	19(2.47)	170(22.14)	349(45.44)	82(10.68)	90(11.72)

（5）日常体力活动量

体力活动是指由骨骼肌收缩引起能量消耗增加的身体活动，以梅脱（MET）为单位。美国运动医学学会将在清醒状态下能量消耗小于1.5METs的坐位或卧位的行为称为静坐少动，将2.0～2.9METs定义为低强度体力活动，3.0～5.9METs定义为中等强度体力活动，6.0METs及以上定义为大强度体力活动。[1] 体力活动对应的代谢当量，见表4.38。

表 4.38　轻、中或较大强度体力活动对应的代谢当量（METs）

单位：人（%）

	轻低/低（<3.0METs）	中（3.0～5.9METs）	较大（≥6.0METs）
步行、慢跑和跑步	在住宅、商店或办公室周围漫步=2.0a	步行 3.0mph=3.0a 快速健步走（4mph）=5.0a	健步走（4.5mph）=6.3a 慢跑 5mph=8.0a 慢跑 6mph=10.0a 慢跑 7mph=11.5a
居家和工作	站立时轻度工作如铺床、洗碗、做饭=2.0～2.5	擦窗户、擦车=3.0 扫地、拖地=3.0～3.5	搬重物=7.5 做重农活=8.0
休闲时间和运动	绘画和手工、打牌=1.5 台球=2.5 门球=2.5 演奏乐器=2.0～2.5	在河边步行钓鱼=4.0 乒乓球=4.0 打羽毛球（娱乐性）=4.5 打篮球（投篮）=4.5	平地自行车（低速）（10～12mph）=6.0 打篮球=8.0 网球单打=8.0 踢足球（随意）=7.0 踢足球（竞赛）=10.0

注：a=平地，表面凹凸不平。

资料来源：Ainsworth B E，Haskell W L，Whitt M C，et al. Compendium of physical activities：An update of activity MET intensities[J]. Med Sci Sports Ererc，2000（9）：498-504.

老年人日常体力活动量的人数百分比，从高到低依次为：低强度占39.71%，中等强度占36.72%，大强度占12.24%，静坐少动占11.33%，见表4.39。

男女体力活动量差异不大。体力活动以低强度和中等强度为主，还有一小部分为静坐少动，体力活动量明显不足。过少的体力活动使老年人的体力水平下降，肌肉力量和耐力不足，有氧能力下降。

---

[1]　Garber C E，Blissmer B，Deschenes M R，et al. American College of Sports Medicine Position Stand. The quantity and quality of exercise for developing and maintaining cardiorespiratory，musculoskeletal，and neuromotor fitness in apparently healthy adults：Guidance for prescribing exercise [J]. Med Sci Sports Exere，2011（7）：1334-559.

表 4.39 老年人日常体力活动量的人数及百分比

单位:人(%)

性别	年龄(岁)	人数(人)	静坐少动	低强度 体力活动	中等强度 体力活动	大强度 体力活动
男	60～64	72	7(9.72)	30(41.67)	23(31.94)	12(16.67)
	65～69	83	8(9.64)	34(40.97)	28(33.73)	13(15.66)
	70～74	34	6(17.64)	13(38.24)	13(38.24)	2(5.88)
	75～79	19	4(21.06)	7(36.84)	7(36.84)	1(5.26)
	60～79	208	25(12.02)	84(40.39)	71(34.13)	28(13.46)
女	60～64	263	23(8.75)	108(41.06)	95(36.12)	37(14.07)
	65～69	182	20(10.99)	71(39.01)	69(37.91)	22(12.09)
	70～74	78	12(15.38)	28(35.90)	33(42.31)	5(6.41)
	75～79	37	7(18.91)	14(37.84)	14(37.84)	2(5.41)
	60～79	560	62(11.07)	221(39.46)	211(37.68)	66(11.79)
合计	60～79	768	87(11.33)	305(39.71)	282(36.72)	94(12.24)

(6)吸烟状况

老年人吸烟情况的人数百分比,从高到低依次为:从不吸烟占 73.04%,每天 10 支以下占 15.62%,已戒烟占 4.42%,每天 10～20 支占 3.93%,每天 20 支以上占 2.99%,见表 4.40。其中男性现在吸烟率为 40.87%,吸烟率较高。

黑龙江省老年人吸烟率较高,男性现在吸烟率和戒烟率远远高于女性。张敬东等研究发现,哈尔滨市 45～64 岁男性吸烟率为 44.5%[1],与本研究结论相似。

表 4.40 老年人平均每天吸烟情况的人数及百分比

单位:人(%)

性别	年龄组(岁)	人数(人)	从不吸烟	每天 10 支以下	每天 10～20 支	每天 20 支以上	已戒烟
男	60～64	72	30(41.67)	18(25.00)	11(15.28)	6(8.33)	7(9.72)
	65～69	83	48(57.84)	19(22.89)	3(3.62)	7(8.43)	6(7.22)
	70～74	34	15(44.13)	8(23.53)	3(8.82)	4(11.76)	4(11.76)
	75～79	19	12(63.17)	3(15.79)	2(10.52)	1(5.26)	1(5.26)
	60～79	208	105(50.48)	48(23.08)	19(9.14)	18(8.65)	18(8.65)

① 张敬东,刘婷,马志杰,等.哈尔滨市主城区成人吸烟和戒烟情况调查[J].中国公共卫生管理,2016(6):879-880,898.

性别	年龄组(岁)	人数(人)	从不吸烟	每天10支以下	每天10~20支	每天20支以上	已戒烟
	60~64	263	215(81.76)	28(10.64)	5(1.90)	3(1.14)	12(4.56)
	65~69	182	147(80.77)	28(15.38)	3(1.65)	2(1.10)	2(1.10)
女	70~74	78	65(83.33)	10(12.82)	2(2.56)	0(0.00)	1(1.28)
	75~79	37	29(78.39)	6(16.21)	1(2.70)	0(0.00)	1(2.70)
	60~79	560	456(81.42)	72(12.87)	11(1.96)	5(0.89)	16(2.86)
合计	60~79	768	561(73.04)	120(15.62)	30(3.93)	23(2.99)	34(4.42)

（7）饮酒状况

饮酒状况是指过去一年喝过啤酒、白酒、黄酒、果酒等各类含有酒精成分的饮料。[1] 研究发现，寒地东北城镇老年人的饮酒率为43.62%，高于全国平均饮酒率。[2] 饮酒状况的人数百分比，从高到低依次为：不饮酒占56.38%，偶尔饮酒占29.17%，每周1~2次占4.17%，每周3~5次占3.90%，每周7次及以上占3.65%，每周6~7次占2.73%。男性饮酒率高于女性，见表4.41。

老年人饮酒率高与性格和气候有关。东北人性格豪迈，喜欢聚众饮酒，交流感情。气候寒冷，利用饮酒取暖，因而饮酒率较高。但过度饮酒容易引发酒精肝等慢性疾病，对老年人健康不利。

表4.41　老年人平均每周饮酒状况的人数及百分比

单位：人（%）

性别	年龄组(岁)	人数(人)	不饮酒	偶尔饮酒	每周1~2次	每周3~5次	每周6~7次	每周7次及以上
	60~64	72	20(27.77)	26(36.12)	3(4.17)	5(6.94)	7(9.72)	11(15.28)
	65~69	83	32(38.55)	27(32.53)	6(7.23)	5(6.02)	5(6.02)	8(9.65)
男	70~74	34	14(41.17)	9(26.47)	1(2.94)	4(11.77)	2(5.88)	4(11.77)
	75~79	19	6(31.58)	6(31.58)	1(5.26)	1(5.26)	2(10.53)	3(15.79)
	60~79	208	72(34.61)	68(32.69)	11(5.28)	15(7.21)	16(7.69)	26(12.52)

---

[1] 中国疾病预防控制中心，等.中国慢性病及其危险因素监测报告(2010)[M].北京：军事医学科学出版社，2012.

[2] 中国疾病预防控制中心，慢性非传染性疾病预防控制中心.中国慢性病及其危险因素监测报告(2013)[M].北京：军事医学科学出版社，2016：41-42.

续　表

性别	年龄组(岁)	人数(人)	不饮酒	偶尔饮酒	每周1～2次	每周3～5次	每周6～7次	每周7次及以上
	60～64	263	167(63.49)	68(25.85)	13(4.94)	12(4.56)	2(0.77)	1(0.39)
	65～69	182	118(64.83)	55(30.21)	5(2.76)	1(0.56)	2(1.09)	1(0.56)
女	70～74	78	51(65.38)	23(29.48)	2(2.56)	1(1.29)	1(1.29)	0(0.00)
	75～79	37	25(67.56)	10(27.02)	1(2.71)	1(2.71)	0(0.00)	0(0.00)
	60～79	560	361(64.46)	156(27.86)	21(3.75)	15(2.68)	5(0.89)	2(0.36)
合计	60～79	768	433(56.38)	224(29.17)	32(4.17)	30(3.90)	21(2.73)	28(3.65)

(8)睡眠时间情况

老年人平均每天睡眠时间的人数百分比,从高到低依次为6～9小时占61.46%,6小时以下占36.46%,9小时以上占2.08%。男性睡眠时间长于女性,每天睡眠6～9小时的人数百分比高于女性,见表4.42。

随年龄增长,男性睡眠不足6小时的比例呈波浪式上升趋势,女性睡眠不足6小时的比例呈线性上升趋势,说明年龄越大睡眠时间越少。

表4.42　老年人平均每天睡眠时间的人数及百分比

单位:人(%)

性别	年龄组(岁)	人数(人)	6小时以下	6～9小时	9小时以上
	60～64	72	19(26.39)	52(72.22)	1(1.39)
	65～69	83	28(33.73)	53(63.86)	2(2.41)
男	70～74	34	7(20.59)	27(79.41)	0(0.00)
	75～79	19	7(36.84)	12(63.16)	0(0.00)
	60～79	208	61(29.33)	144(69.23)	3(1.44)
	60～64	263	97(36.88)	160(60.84)	6(2.28)
	65～69	182	70(38.46)	109(59.89)	3(1.65)
女	70～74	78	33(42.31)	41(52.56)	4(5.13)
	75～79	37	19(51.35)	18(48.65)	0(0.00)
	60～79	560	219(39.11)	328(58.57)	13(2.32)
合计	60～79	768	280(36.46)	472(61.46)	16(2.08)

(9)睡眠质量情况

老年人睡眠质量的人数百分比,从高到低依次为:好占49.87%,一般占

23.96％,不好占14.06％,非常好占8.98％,非常不好占3.13％。男性睡眠好和非常好的人数百分比高于女性,说明男性睡眠质量好于女性,见表4.43。

研究发现,高龄老年人存在睡眠时间短、难以入睡、早醒等睡眠质量下降问题。刘芸等人研究,老年人睡眠障碍患病率47.2％,男性睡眠障碍患病率49.2％,女性睡眠障碍患病率58.2％。[1] 本研究与刘云等人研究结果相近。长期睡眠质量下降可导致老年人记忆力下降、抑郁、认知功能减退、焦虑等[2],引起高血压[3]、脑卒中等疾病的发生率增高[4],严重影响老年人的身心健康,应引起重视。

表4.43　老年人自我感觉睡眠质量的人数及百分比

单位:人(％)

性别	年龄组(岁)	人数(人)	非常好	好	一般	不好	非常不好
男	60～64	72	6(8.33)	37(51.39)	18(25.00)	9(12.50)	2(2.78)
	65～69	83	9(10.84)	45(54.22)	19(22.89)	8(9.64)	2(2.41)
	70～74	34	1(2.94)	21(61.77)	8(23.53)	3(8.82)	1(2.94)
	75～79	19	2(10.53)	10(52.63)	4(21.05)	2(10.53)	1(5.26)
	60～79	208	18(8.65)	113(54.33)	49(23.56)	22(10.58)	6(2.88)
女	60～64	263	26(9.89)	121(46.01)	65(24.71)	44(16.73)	7(2.66)
	65～69	182	12(6.59)	96(52.74)	45(24.73)	23(12.64)	6(3.30)
	70～74	78	9(11.54)	36(46.15)	18(23.08)	12(15.38)	3(3.85)
	75～79	37	4(10.81)	17(45.94)	7(18.92)	7(18.92)	2(5.41)
	60～79	560	51(9.11)	270(48.21)	135(24.11)	86(15.36)	18(3.21)
合计	60～79	768	69(8.98)	383(49.87)	184(23.96)	108(14.06)	24(3.13)

(10)生活压力情况

老年人自我感觉生活压力的人数百分比,从高到低依次为:没有压力占89.98％,有压力占8.59％,压力很大占1.43％。男性感觉压力很大和有压力的人数百分比高于女性,见表4.44。

随年龄增长,自我感觉没有压力的人数比例不断上升。老年人生活幸福感和

---

① 刘芸,董永海,李晓云,等.中国60岁以上老年人睡眠障碍患病率的Meta分析[J].现代预防医学,2014(8):1442-1445,1449.

② 董淑慧,秦虹云,胡承平.老年人睡眠障碍相关研究进展[J].医药论坛杂志,2019(10):173-177.

③ 朱令圆,龙苏瀚,吴玉攀,等.我国中老年人睡眠时间与高血压的关联性研究[J].中国慢性病预防与控制,2019(6):421-424.

④ 韩岳洋.黑龙江省老年人生活方式与体质现状的相关性研究[D].沈阳:沈阳师范大学,2012.

满意度较高,这与近年来国家的经济发展较好,人们生活水平提高,社会保障体系逐渐健全有关,大部分老年人能够衣食无忧,安享晚年。

表 4.44 老年人自我感觉生活压力状况的人数及百分比

单位:人(%)

性别	年龄组(岁)	人数(人)	压力很大	有压力	没有压力
男	60~64	72	1(1.39)	10(13.89)	61(84.72)
	65~69	83	1(1.20)	9(10.84)	73(87.96)
	70~74	34	1(2.94)	1(2.94)	32(94.12)
	75~79	19	0(0.00)	1(5.26)	18(94.74)
	60~79	208	3(1.44)	21(10.10)	184(88.46)
女	60~64	263	3(1.14)	23(8.75)	237(90.11)
	65~69	182	2(1.10)	15(8.24)	165(90.66)
	70~74	78	2(2.56)	5(6.41)	71(91.03)
	75~79	37	1(2.70)	2(5.41)	34(91.89)
	60~79	560	8(1.43)	45(8.04)	507(90.53)
合计	60~79	768	11(1.43)	66(8.59)	691(89.98)

(11)过去一年发生跌倒情况

老年人过去一年发生跌倒的人数百分比,从高到低依次为:从未跌倒占86.46%,偶尔跌倒占11.85%,经常跌倒占1.69%,见表4.45。

老年人跌倒可以从侧面反映老年人大脑、神经系统对外界物体的判断能力,对肌肉的控制能力,以及身体平衡性、动作敏捷性等。随年龄增长,经常跌倒和偶尔跌倒的比例不断上升。老年人需要加强运动,避免摔伤。

表 4.45 老年人过去一年发生跌倒情况的人数及百分比

单位:人(%)

性别	年龄组(岁)	人数(人)	经常跌倒	偶尔跌倒	从未跌倒
男	60~64	72	1(1.39)	6(8.33)	65(90.28)
	65~69	83	2(2.41)	9(10.84)	72(86.75)
	70~74	34	1(2.94)	6(17.65)	27(79.41)
	75~79	19	1(5.26)	3(15.79)	15(78.95)
	60~79	208	5(2.40)	24(11.54)	179(86.06)

性别	年龄组（岁）	人数（人）	经常跌倒	偶尔跌倒	从未跌倒
	60～64	263	4(1.52)	20(7.60)	239(90.88)
	65～69	182	2(1.10)	26(14.29)	154(84.61)
女	70～74	78	1(1.28)	13(16.67)	64(82.05)
	75～79	37	1(2.70)	8(21.62)	28(75.68)
	60～79	560	8(1.43)	67(11.96)	485(86.61)
合计	60～79	768	13(1.69)	91(11.85)	664(86.46)

（12）自我感觉生活满意度情况

老年人自我感觉生活满意度的人数百分比，从高到低依次为：满意占79.44%，非常满意占8.85%，一般占8.72%，不满意占2.08%，非常不满意占0.91%，女性自我感觉生活满意度高于男性，见表4.46。

随年龄增长，老年人对生活感觉非常满意和满意的比例呈上升趋势。这与我国老年人生活水平提高，养老保险和医疗保险相对健全有关。多数老年人可以衣食无忧，颐养天年。

表 4.46　老年人自我感觉生活满意度的人数及百分比

单位：人（%）

性别	年龄组（岁）	人数（人）	非常满意	满意	一般	不满意	非常不满意
	60～64	72	5(6.94)	54(75.00)	10(13.89)	2(2.78)	1(1.39)
	65～69	83	7(8.43)	62(74.71)	10(12.05)	3(3.61)	1(1.20)
男	70～74	34	4(11.76)	26(76.48)	2(5.88)	2(5.88)	0(0.00)
	75～79	19	3(15.79)	15(78.95)	0(0.00)	0(0.00)	1(5.26)
	60～79	208	19(9.13)	157(75.48)	22(10.58)	7(3.37)	3(1.44)
	60～64	263	26(9.89)	203(77.18)	23(8.75)	7(2.66)	4(1.52)
	65～69	182	14(7.69)	151(82.97)	16(8.79)	1(0.55)	0(0.00)
女	70～74	78	6(7.69)	66(84.62)	5(6.41)	1(1.28)	0(0.00)
	75～79	37	3(8.11)	33(89.19)	1(2.70)	0(0.00)	0(0.00)
	60～79	560	49(8.75)	453(80.89)	45(8.04)	9(1.61)	4(0.71)
合计	60～79	768	68(8.85)	610(79.44)	67(8.72)	16(2.08)	7(0.91)

4.2.3 寒地东北城镇老年人体育锻炼状况调查结果与分析

(1)过去一年内参加体育锻炼情况

过去一年内,寒地东北参加过体育锻炼的老年人占比达 45.05%,不锻炼的占 54.95%。而全国老年人参加过体育锻炼的人数比例为 61.10%,不锻炼的占 33.90%。[1] 可见,寒地东北老年人参加体育锻炼的人数比例远远低于国家平均水平,体育锻炼严重不足。寒地东北城镇女性参加体育锻炼的人数总体比例高于男性,说明女性更热爱体育锻炼,见表 4.47。

表 4.47 过去一年内参加体育锻炼情况的人数及百分比

单位:人(%)

性别	年龄组(岁)	人数(人)	不锻炼	参加锻炼
男	60~64	72	50(69.44)	22(30.56)
	65~69	83	51(61.45)	32(38.55)
	70~74	34	20(58.82)	14(41.18)
	75~79	19	11(57.89)	8(42.11)
	60~79	208	132(63.46)	76(36.54)
女	60~64	263	139(52.85)	124(47.15)
	65~69	182	100(54.94)	82(45.05)
	70~74	78	34(43.59)	44(56.41)
	75~79	37	17(45.95)	20(54.05)
	60~79	560	290(51.79)	270(48.21)
合计	60~79	768	422(54.95)	346(45.05)

(2)体育锻炼坚持情况

体育锻炼人群中,能够坚持常年锻炼的人数百分比为 45.66%,夏季锻炼、冬季天冷停练占 54.34%。见表 4.48。

---

[1] 国家体育总局.2014 年国民体质监测报告[M].北京:人民体育出版社,2014:124-125.

表 4.48　锻炼者体育锻炼坚持情况

单位:人(%)

性别	年龄组(岁)	人数(人)	坚持常年锻炼	夏季锻炼、冬季天冷停练
男	60～64	22	13(59.09)	9(40.91)
	65～69	32	15(46.88)	17(53.13)
	70～74	14	6(42.86)	8(57.14)
	75～79	8	3(37.50)	5(62.50)
	60～79	76	37(48.68)	39(51.32)
女	60～64	124	61(49.49)	63(50.81)
	65～69	82	35(42.68)	47(57.32)
	70～74	44	16(36.36)	28(63.64)
	75～79	20	9(45.00)	11(55.00)
	60～79	270	121(44.81)	149(55.19)
合计	60～79	346	158(45.66)	188(54.34)

调研发现,寒地东北冬季气温骤减、天冷路滑,许多老年人担心冻伤、摔伤,更倾向蛰居室内,不再外出锻炼。因而寒地东北城镇老年人体育锻炼具有季节性特点,夏季锻炼、冬季天冷停练现象比较普遍。这种时断时续的体育锻炼习惯,不利于运动效果的累积,健身效果大打折扣。因而亟待开发室内运动场地、推广适合室内室外都可进行的运动项目,保证体育锻炼的可持续性。

(3)参加体育锻炼障碍情况

设计多项选择的问卷题项,对不锻炼者参加体育锻炼障碍进行调查。男女参加体育锻炼的障碍排名前 3 位的是:太忙、没时间,没兴趣、不喜欢,懒惰、不愿参加。且男性与女性的主要障碍基本一致,男性参加体育锻炼的障碍排名前 3 位的人数百分比,从高到低依次为:太忙、没时间占 50.76%,没兴趣、不喜欢占 50.00%,懒惰、不愿参加占 22.73%,见表 4.49。女性参加体育锻炼的障碍排名前 3 位的人数百分比,从高到低依次为:太忙、没时间占 53.33%,没兴趣、不喜欢占 52.96%,懒惰、不愿参加占 25.19%,缺乏场地器材、组织或指导占 25.19%,见表 4.50。

低龄老年人需要开展社会工作,并承担家务劳动,导致部分低龄老年人没有时间进行体育锻炼。而对于没兴趣、不喜欢以及懒惰、不愿参加运动的老年群体,则需要根据健康信念模型、计划行为理论、社会认知理论进行兴趣的培养,促使其参加运动。

表 4.49 男性参加体育锻炼障碍的人数及百分比

单位:人(%)

参加锻炼的障碍	60～64 岁 (50 人)	65～69 岁 (51 人)	70～74 岁 (20 人)	75～79 岁 (11 人)	60～79 岁 (132 人)
没兴趣、不喜欢	22(44.00)	24(47.05)	15(75.00)	5(45.45)	66(50.00)
懒惰、不愿参加	8(16.00)	13(25.49)	4(20.00)	5(45.45)	30(22.73)
太忙、没时间	25(50.00)	25(49.02)	11(55.00)	6(54.55)	67(50.76)
缺乏场地、器材、组织或指导	10(20.00)	12(23.53)	2(10.00)	1(9.09)	25(18.94)
担心受伤、怕被嘲笑	8(16.00)	5(9.80)	3(15.00)	5(45.45)	21(15.91)
身体好,认为没必要	7(14.00)	6(11.76)	3(15.00)	2(18.18)	18(13.64)
气候限制,冬季太冷	7(14.00)	5(9.80)	5(25.00)	2(18.18)	19(14.39)
其他	4(8.00)	3(5.88)	3(15.00)	0(0.00)	10(7.58)

表 4.50 女性参加体育锻炼障碍的人数及百分比

单位:人(%)

参加锻炼的障碍	60～64 岁 (139 人)	65～69 岁 (100 人)	70～74 岁 (34 人)	75～79 岁 (17 人)	60～79 岁 (290 人)
没兴趣、不喜欢	63(45.32)	43(43.00)	26(76.47)	11(64.71)	143(52.96)
懒惰、不愿参加	36(25.90)	19(19.00)	9(26.47)	4(23.53)	68(25.19)
太忙、没时间	55(39.57)	51(51.00)	25(73.53)	13(76.47)	144(53.33)
缺乏场地、器材、组织或指导	19(13.67)	43(43.00)	4(11.76)	2(11.76)	68(25.19)
担心受伤、怕被嘲笑	18(12.95)	15(15.00)	5(14.71)	2(11.76)	40(14.81)
身体好,认为没必要	31(22.30)	17(17.00)	8(23.53)	4(23.53)	60(22.22)
气候限制,冬季太冷	29(20.86)	13(13.00)	10(29.41)	5(29.41)	57(21.11)
其他	39(28.06)	8(8.00)	6(17.65)	3(17.65)	56(20.74)

(4)参加体育锻炼目的

设计多项选择的问卷题项,对老年人参加体育锻炼目的进行调查。老年人参加体育锻炼的目的,排在前 3 位的是:强身健体、防病治病、减肥健美。男性参加体育锻炼的目的,排在前 3 位的人数百分比,从高到低依次为:强身健体占 81.58%,防病治病占 40.79%,减肥健美占 31.58%,见表 4.51。女性参加体育锻炼目的,排在前 3 位的人数百分比,从高到低依次为:强身健体占 86.30%,防病治病占

77.04%,减肥健美占37.78%,见表4.52。说明锻炼者体育锻炼目的明确,主要是强身健体、防病治病和减肥健美。

表 4.51　男性参加体育锻炼目的的人数及百分比

单位:人(%)

参加体育锻炼目的	60~64 岁 (22 人)	65~69 岁 (32 人)	70~74 岁 (14 人)	75~79 岁 (8 人)	60~79 岁 (76 人)
强身健体	18(81.82)	26(81.25)	12(85.71)	6(75.00)	62(81.58)
防病治病	5(22.73)	17(53.13)	6(42.86)	3(37.50)	31(40.79)
人际交往	3(13.64)	4(12.50)	2(14.29)	0(0.00)	9(11.84)
减肥健美	10(45.45)	9(28.13)	4(28.57)	1(12.50)	24(31.58)
休闲娱乐、缓解压力	6(27.27)	6(18.75)	4(28.57)	1(12.50)	17(22.37)
其他	3(13.64)	3(9.38)	0(0.00)	0(0.00)	6(7.89)

表 4.52　女性参加体育锻炼目的的人数及百分比

单位:人(%)

参加体育锻炼目的	60~64 岁 (124 人)	65~69 岁 (82 人)	70~74 岁 (44 人)	75~79 岁 (20 人)	60~79 岁 (270 人)
强身健体	113(91.13)	69(86.81)	34(77.27)	17(85.00)	233(86.30)
防病治病	93(75.00)	63(76.83)	34(77.27)	18(90.00)	208(77.04)
人际交往	16(12.90)	9(10.98)	6(13.64)	5(25.00)	36(13.33)
减肥健美	58(46.77)	35(42.68)	8(18.18)	1(5.00)	102(37.78)
休闲娱乐、缓解压力	38(30.65)	22(26.83)	10(22.73)	4(20.00)	74(27.41)
其他	9(7.26)	5(6.10)	4(9.09)	0(0.00)	18(6.67)

(5)老年人对体育锻炼用于增强体质和防治疾病的效果评价

老年人对体育锻炼效果评价的人数百分比,从高到低依次为:有效占52.08%,非常有效占22.53%,一般占15.49%,效果不明显占6.77%,无效占3.13%。其中,男性认为非常有效和有效的百分比低于女性,见表4.53。

随年龄增长,老年人认为体育锻炼非常有效的比例呈先降后升趋势。这与老年人随年龄增长身体健康状况逐渐下降,健身意识逐渐增强有关,主动从事体育锻炼的人口增多,体育锻炼效果逐渐显现,对体育锻炼认可度逐渐升高。

表 4.53 老年人对体育锻炼效果认识的人数及百分比

单位:人(%)

性别	年龄组(岁)	人数(人)	非常有效	有效	一般	效果不明显	无效
男	60~64	72	12(16.67)	33(45.84)	16(22.22)	6(8.33)	5(6.94)
	65~69	83	12(14.46)	47(56.63)	8(9.64)	11(13.25)	5(6.02)
	70~74	34	8(23.53)	13(38.23)	6(17.65)	5(14.71)	2(5.88)
	75~79	19	5(26.32)	6(31.57)	5(26.32)	2(10.53)	1(5.26)
	60~79	208	37(17.79)	99(47.59)	35(16.83)	24(11.54)	13(6.25)
女	60~64	263	67(25.48)	152(57.79)	31(11.79)	11(4.18)	2(0.76)
	65~69	182	45(24.73)	96(52.75)	28(15.38)	10(5.49)	3(1.65)
	70~74	78	14(17.95)	39(50.00)	17(21.79)	4(5.13)	4(5.13)
	75~79	37	10(27.03)	14(37.83)	8(21.62)	3(8.11)	2(5.41)
	60~79	560	136(24.29)	301(53.75)	84(15.00)	28(5.00)	11(1.96)
合计	60~79	768	173(22.53)	400(52.08)	119(15.49)	52(6.77)	24(3.13)

(6)参加体育运动项目情况

设计多项选择的问卷题项,对老年人参加体育运动的项目进行调查。男性经常参加体育锻炼的项目,排在前3位的人数百分比,分别是健步走占46.05%,广场舞、健身操占23.68%,轮滑、自行车类占17.11%,见表4.54。女性经常参加体育锻炼的项目,排在前3位的人数百分比,分别是广场舞、健身操占44.81%,健步走占32.96%,秧歌类占14.44%,见表4.55。

研究发现,随年龄增长,锻炼者喜欢的体育锻炼项目运动强度逐渐变小,冰雪运动类,轮滑、自行车类以及体操和力量练习类的练习人数逐渐变少,而健步走,广场舞、健身操,柔力球等球类,以及太极拳、武术、气功类的练习人数逐渐增多。

表 4.54 男性经常参加体育锻炼项目分布的人数及百分比

单位:人(%)

经常参加体育锻炼项目	60~64 岁(22 人)	65~69 岁(32 人)	70~74 岁(14 人)	75~79 岁(8 人)	60~79 岁(76 人)
健步走	11(50.00)	15(46.88)	6(42.86)	3(37.50)	35(46.05)
跑步	4(18.18)	3(9.38)	0(0.00)	0(0.00)	7(9.21)
广场舞、健身操	8(36.36)	4(12.50)	3(21.43)	3(37.50)	18(23.68)
舞蹈类	3(13.64)	3(9.38)	2(14.29)	1(0.00)	9(11.84)

经常参加体育锻炼项目	60～64 岁 (22 人)	65～69 岁 (32 人)	70～74 岁 (14 人)	75～79 岁 (8 人)	60～79 岁 (76 人)
秧歌类	4(18.18)	4(12.50)	1(7.14)	2(25.00)	11(14.47)
冰雪运动类	2(9.09)	4(12.50)	1(7.14)	0(0.00)	7(9.21)
轮滑、自行车类	6(27.27)	5(15.63)	2(14.29)	0(0.00)	13(17.11)
游泳等水中项目	1(4.55)	2(6.25)	1(7.14)	0(0.00)	4(5.26)
柔力球等球类	2(9.09)	1(3.13)	4(28.57)	2(25.00)	9(11.84)
体操和力量练习类	1(4.55)	1(3.13)	1(7.14)	0(0.00)	3(3.95)
太极拳、武术、气功类	2(9.09)	4(12.50)	2(14.29)	2(25.00)	10(13.16)
其他	4(18.18)	2(6.25)	1(7.14)	1(12.50)	8(10.53)

表 4.55 女性经常参加体育锻炼项目分布的人数及百分比

单位：人（%）

经常参加体育锻炼项目	60～64 岁 (124 人)	65～69 岁 (82 人)	70～74 岁 (44 人)	75～79 岁 (20 人)	60～79 岁 (270 人)
健步走	38(30.65)	28(34.15)	15(34.09)	8(40.00)	89(32.96)
跑步	13(10.48)	6(7.32)	0(0.00)	0(0.00)	19(7.03)
广场舞、健身操	59(47.58)	39(47.56)	17(38.64)	6(30.00)	121(44.81)
舞蹈类	13(10.48)	7(8.54)	6(13.64)	1(5.00)	27(10.00)
秧歌类	20(16.13)	14(17.07)	3(6.82)	2(10.00)	39(14.44)
冰雪运动类	2(1.61)	1(1.22)	1(2.27)	0(0.00)	4(1.48)
轮滑、自行车类	6(4.84)	4(4.87)	2(4.55)	0(0.00)	12(4.44)
游泳等水中项目	1(0.81)	1(1.22)	0(0.00)	0(0.00)	2(0.74)
柔力球等球类	9(7.26)	5(5.95)	5(11.36)	3(15.00)	22(8.15)
体操和力量练习类	1(0.81)	1(1.22)	1(2.27)	0(0.00)	3(1.25)
太极拳、武术、气功类	8(6.45)	6(7.32)	4(9.09)	2(10.00)	20(7.41)
其他	5(4.03)	3(3.66)	1(2.27)	1(5.00)	10(3.70)

（7）体育锻炼场所情况

设计多项选择的问卷题项，对锻炼者参加体育锻炼的场所进行调查。男女经常参加体育锻炼的场所基本相同，排名前3位的均为广场、公园、小区健身场地。锻炼场所以室外为主，室内场馆、收费场馆较少。男性参加体育锻炼的场所，排名前3位的人数百分比,分别是:广场占45.60％,公园占38.16％,小区健身场地占27.63％,见表4.56。女性参加体育锻炼的场所,排名前3位的人数百分比分别是:广场占59.26％,公园占33.33％,小区健身场地占25.92％,见表4.57。

表4.56 男性经常参加体育锻炼场所分布的人数及百分比

单位:人(%)

锻炼场所	60～64岁 (22人)	65～69岁 (32人)	70～74岁 (14人)	75～79岁 (8人)	60～79岁 (76人)
公园	9(40.91)	11(34.38)	5(35.71)	4(50.00)	29(38.16)
广场	10(45.45)	17(53.13)	7(50.00)	5(62.50)	39(45.60)
小区健身场地	7(31.82)	8(25.00)	4(28.57)	2(25.00)	21(27.63)
附近学校场地	3(13.64)	2(6.25)	1(7.14)	1(12.50)	7(9.21)
自家庭院或室内	2(9.09)	4(12.50)	6(42.86)	4(50.00)	16(21.05)
老年活动中心	5(22.73)	6(18.75)	2(14.29)	2(25.00)	15(19.74)
收费场馆	2(9.09)	1(3.13)	1(7.14)	0(0.00)	4(5.26)
其他	2(9.09)	1(3.13)	0(0.00)	0(0.00)	3(3.95)

表4.57 女性经常参加体育锻炼场所分布的人数及百分比

单位:人(%)

锻炼场所	60～64岁 (124人)	65～69岁 (82人)	70～74岁 (44人)	75～79岁 (20人)	60～79岁 (270人)
公园	37(29.84)	26(31.71)	14(31.82)	13(65.00)	90(33.33)
广场	65(52.41)	49(59.76)	31(70.45)	15(75.00)	160(59.26)
小区健身场地	34(27.42)	19(23.17)	9(20.45)	8(40.00)	70(25.92)
附近学校场地	23(18.55)	17(20.73)	12(27.27)	9(45.00)	61(22.59)
自家庭院或室内	19(15.32)	18(21.95)	21(47.73)	11(55.00)	69(25.56)
老年活动中心	13(10.48)	10(12.20)	8(18.18)	3(15.00)	34(12.59)
收费场馆	8(6.45)	5(6.10)	2(4.55)	1(5.00)	16(5.93)
其他	6(4.84)	3(3.66)	3(6.82)	2(10.00)	14(5.19)

研究发现,老年人进行体育锻炼的场所既集中又存在一定的局限性。场地多为室外免费的广场和公园等,因场地资源紧张常引发矛盾。不同运动队之间经常会因为抢夺场地发生冲突甚至打架事件。在广场舞、健身操、秧歌等需要播放音乐的项目运动团队之间,冲突更加明显、严重。运动队相互攀比音乐声音大小,播放声音震耳欲聋,对周边居民生活造成严重影响。而到阴雨天、大雪天,由于没有室

内运动场馆,体育锻炼被迫停止。

因此,政府在新建小区规划时,要配套建设室内外健身场馆。而老旧小区则应积极改建室外广场,尽最大可能地扩展运动场地。政府对已有和新建的室内体育场馆,包括具有一定规模的小区收费场馆给予补贴,为健身队伍提供收费低廉的四季室内场馆,为体育锻炼群体服务。与此同时,体育部门要制定运动健身管理规定,对所有室内外体育运动行为进行规范,使体育锻炼群体不影响他人。

(8)体育锻炼年限

锻炼者参加体育锻炼年限的人数百分比,从高到低依次为:参加体育锻炼6~10年的占39.88%,1~5年占28.90%,11~20年占21.10%,21年及以上占10.12%。男性11年及以上锻炼年限的人数百分比大于女性,说明男性较女性的锻炼时间开始更早,更能够持久坚持体育锻炼,见表4.58。

表4.58 参加体育锻炼年限的人数及百分比

单位:人(%)

性别	年龄组(岁)	人数(人)	1~5年	6~10年	11~20年	21年及以上
男	60~64	22	9(40.91)	8(36.36)	3(13.64)	2(9.09)
	65~69	32	9(28.13)	12(37.50)	7(21.88)	4(12.50)
	70~74	14	3(21.43)	5(35.71)	4(28.57)	2(14.29)
	75~79	8	2(25.00)	4(50.00)	1(12.50)	1(12.50)
	60~79	76	23(30.26)	29(38.16)	15(19.74)	9(11.84)
女	60~64	124	41(33.06)	47(37.90)	25(20.16)	11(8.87)
	65~69	82	22(26.83)	40(48.78)	14(17.07)	6(7.32)
	70~74	44	9(20.45)	16(26.36)	14(31.82)	5(11.36)
	75~79	20	5(25.00)	6(30.00)	5(25.00)	4(20.00)
	60~79	270	77(28.52)	109(40.37)	58(21.48)	26(9.63)
合计	60~79	346	100(28.90)	138(39.88)	73(21.10)	35(10.12)

(9)参加体育锻炼时间段

设计多项选择的问卷题项,对锻炼者参加体育锻炼时间段进行调查。男性参加体育锻炼时间段的人数百分比,从高到低依次为:上午占46.05%,早晨占38.16%,晚饭后占32.89%,下午占15.89%,见表4.59。女性参加体育锻炼时间段的人数百分比,从高到低依次为:晚饭后占58.89%,早晨占34.81%,上午占29.63%,下午占11.48%,见表4.60。

锻炼者锻炼时间段更集中于晚饭后、早晨和上午。男性更喜欢在上午锻炼,而女性更喜欢在晚饭后锻炼。其原因在于,女性一般需要做三餐和日常家务,晚饭后才有闲暇时间。而男性家务劳动较少,更愿意利用上午的整段时间进行锻炼。总之,锻炼时间段主要根据自己在家中的角色和日常生活习惯而定。

表 4.59　男性体育锻炼时间段的人数及百分比

单位:人(%)

锻炼时间段	60～64 岁 (22 人)	65～69 岁 (32 人)	70～74 岁 (14 人)	75～79 岁 (8 人)	60～79 岁 (76 人)
早晨	7(31.82)	13(40.63)	4(28.57)	5(62.50)	29(38.16)
上午	9(40.91)	17(53.13)	6(42.85)	3(37.50)	35(46.05)
下午	3(1.64)	6(18.75)	2(14.29)	1(12.50)	12(15.89)
晚饭后	7(31.82)	10(31.25)	5(35.71)	3(37.50)	25(32.89)

表 4.60　女性体育锻炼时间段的人数及百分比

单位:人(%)

锻炼时间段	60～64 岁 (124 人)	65～69 岁 (82 人)	70～74 岁 (44 人)	75～79 岁 (20 人)	60～79 岁 (270 人)
早晨	41(33.06)	25(30.49)	17(38.64)	11(55.00)	94(34.81)
上午	40(32.26)	23(28.05)	12(27.27)	5(25.00)	80(29.63)
下午	15(12.10)	9(10.98)	4(9.09)	3(15.00)	31(11.48)
晚饭后	74(59.68)	51(62.20)	21(47.73)	13(65.00)	162(58.89)

(10)平均每周体育锻炼次数

锻炼者平均每周体育锻炼次数的人数百分比,从高到低依次为:5～6 次占60.12%,3～4 次占20.52%,1～2 次占14.45%,7 次及以上占4.91%,见表4.61。平均每周锻炼次数比较合理,对提高老年体质效果较好。

表 4.61　平均每周体育锻炼次数的人数及百分比

单位:人(%)

性别	年龄组(岁)	人数(人)	1～2 次	3～4 次	5～6 次	7 次及以上
男	60～64	22	5(22.73)	3(13.64)	12(54.55)	2(9.09)
	65～69	32	4(12.50)	8(25.00)	18(56.25)	2(6.25)
	70～74	14	3(21.43)	3(21.43)	7(50.00)	1(7.14)
	75～79	8	2(25.00)	2(25.00)	4(50.00)	0(0.00)
	60～79	76	14(18.42)	16(21.05)	41(53.95)	5(6.58)

性别	年龄组（岁）	人数（人）	1～2 次	3～4 次	5～6 次	7 次及以上
	60～64	124	20(16.13)	22(17.74)	75(60.48)	7(5.65)
	65～69	82	5(6.10)	18(21.95)	56(68.29)	3(3.66)
女	70～74	44	9(20.45)	8(18.18)	25(56.82)	2(4.55)
	75～79	20	2(10.00)	7(35.00)	11(55.00)	0(0.00)
	60～79	270	36(13.33)	55(20.37)	167(61.85)	12(4.44)
合计	60～79	346	50(14.45)	71(20.52)	208(60.12)	17(4.91)

（11）平均每次锻炼时间

锻炼者平均每次锻炼时间的人数百分比，从高到低依次为：31～60min 占 42.20%，61～90min 占 26.59%，不足 30min 占 17.05%，91min 以上占 14.16%。男性锻炼时间在 61～90min 的比例低于女性，见表 4.62。老年人时间比较充裕，因而多数人能够保持每次锻炼时间在 30min 以上，锻炼时间相对合理。

表 4.62　平均每次锻炼时间的人数及百分比

单位：人（%）

性别	年龄组（岁）	人数（人）	不足 30min	31～60min	61～90min	91min 以上
	60～64	22	4(18.18)	9(40.91)	6(27.27)	3(13.64)
	65～69	32	5(15.63)	13(40.63)	10(31.25)	4(12.50)
男	70～74	14	2(14.29)	6(42.86)	4(28.57)	2(14.29)
	75～79	8	2(25.00)	4(50.00)	1(25.00)	1(25.00)
	60～79	76	13(17.11)	32(42.11)	21(65.63)	10(13.16)
	60～64	124	18(14.52)	49(39.52)	36(29.03)	21(16.94)
	65～69	82	15(18.29)	32(39.02)	22(26.83)	13(15.85)
女	70～74	44	8(18.18)	22(50.00)	9(20.45)	5(11.36)
	75～79	20	5(25.00)	11(55.00)	4(20.00)	0(0.00)
	60～79	270	46(17.04)	114(42.22)	71(26.30)	39(14.44)
合计	60～79	346	59(17.05)	146(42.20)	92(26.59)	49(14.16)

（12）运动强度情况

以老年人体育锻炼时的自我感受来评价运动强度。老年人体育锻炼时感到呼吸、心率加快，微微出汗时，即达到中等强度。老年人运动时运动强度的人数百分比，从高到低依次为：中等强度占 56.64%，小强度占 26.30%，大强度占 17.05%，见表 4.63。

56.64%的老年人运动时能够达到中等强度,说明强度适当,达到运动目的。女性中等到较大强度运动量大于男性,与女性参加团体性运动较多,团队约束、同伴间相互监督和攀比,能较好地保证运动强度有关。而随年龄增大,中大强度比例下降,小强度比例呈上升趋势,这与老年人体能逐渐下降,需要降低运动强度有关。

表 4.63　体育锻炼强度的人数及百分比

单位:人(%)

性别	年龄组(岁)	人数(人)	小强度	中强度	大强度
男	60～64	22	5(22.73)	13(59.09)	4(18.18)
	65～69	32	8(25.00)	19(59.38)	5(15.63)
	70～74	14	3(21.43)	9(64.28)	2(14.28)
	75～79	8	3(37.50)	4(50.00)	1(12.50)
	60～79	76	19(25.00)	45(59.219)	12(15.79)
女	60～64	124	35(28.23)	68(54.84)	21(16.94)
	65～69	82	19(23.17)	48(58.54)	15(18.29)
	70～74	44	13(29.55)	23(52.27)	8(18.18)
	75～79	20	5(25.00)	12(60.00)	3(15.00)
	60～79	270	72(26.67)	151(55.93)	47(17.41)
合计	60～79	346	91(26.30)	196(56.64)	59(17.05)

(13)是否参加有组织的体育锻炼

老年人在参加体育锻炼时,进行团体组织锻炼的人数百分比为 74.86%,进行自由锻炼的人数百分比为 25.14%。男性参加有组织锻炼的人数百分比为60.53%,少于女性的 78.89%。说明男性更喜欢单独锻炼,而女性更喜欢团体锻炼。随年龄增长,进行团体练习的人数比例呈上升趋势,见表 4.64。

表 4.64　体育锻炼是否有组织的人数及百分比

单位:人(%)

性别	年龄组(岁)	人数(人)	是	否
男	60～64	22	13(59.09)	9(40.91)
	65～69	32	18(56.25)	14(43.75)
	70～74	14	9(64.29)	5(35.71)
	75～79	8	6(75.00)	2(25.00)
	60～79	76	46(60.53)	30(39.47)

性别	年龄组（岁）	人数（人）	是	否
	60～64	124	102(82.26)	22(17.74)
	65～69	82	63(76.83)	19(23.17)
女	70～74	44	32(72.73)	12(27.27)
	75～79	20	16(80.00)	4(20.00)
	60～79	270	213(78.89)	57(21.11)
合计	60～79	346	259(74.86)	87(25.14)

（14）锻炼中运动损伤情况

老年人在体育锻炼中发生过运动损伤的人数百分比,从高到低依次为:没有损伤 83.24%,擦伤 5.20%,扭伤 6.36%,挫伤 2.02%,其他损伤 3.18%。其中,男性发生运动损伤的人数百分比高于女性,见表 4.65。

表 4.65　体育锻炼中发生运动损伤的人数及百分比

单位:人（%）

性别	年龄组（岁）	人数（人）	没有损伤	擦伤	扭伤	挫伤	其他损伤
	60～64	22	18(81.82)	2(9.09)	1(4.55)	1(4.55)	0(0.00)
	65～69	32	27(84.38)	1(3.13)	2(6.25)	1(3.13)	1(3.13)
男	70～74	14	11(78.57)	1(7.14)	1(7.14)	0(0.00)	1(7.14)
	75～79	8	7(87.50)	0(0.00)	1(12.50)	0(0.00)	0(0.00)
	60～79	76	63(82.89)	4(5.26)	5(6.58)	2(2.63)	2(2.63)
	60～64	124	103(83.06)	8(6.45)	6(4.84)	3(2.42)	4(3.23)
	65～69	82	71(86.59)	2(2.44)	6(7.32)	1(1.22)	2(2.44)
女	70～74	44	34(77.27)	3(6.82)	4(9.09)	1(2.27)	2(4.55)
	75～79	20	17(85.00)	1(5.00)	1(5.00)	0(0.00)	1(5.00)
	60～79	270	225(83.33)	14(5.19)	17(6.30)	5(1.85)	9(3.33)
合计	60～79	346	288(83.24)	18(5.20)	22(6.36)	7(2.02)	11(3.18)

4.2.4　寒地东北城镇老年人生活方式调查结果讨论

"一方水土,养育一方人",多年居住在寒地东北的老年人具有寒地东北居民特有的生活方式,他们的运动习惯、饮食习惯和生活习惯等具有明显的地域特征。

4.2.4.1　老年人人口学特征与身体健康状况调查结果讨论

老年人文化程度偏低,女性文化程度更低,主要与当年教育事业、经济发展缓慢、重男轻女思想等时代因素有关。职业类型主要以工人、商人、服务员等体力劳动为主,这与东北当年是国家重要工业基地,工厂云集有关。女性无职业比例高于男性,与寒地东北"男主外、女主内"思想有关,寒地东北人民认为男人负责养家糊口,女人负责照顾家庭。老年人最主要的经济来源是退休金、储蓄金与租金。部分低龄老年人退休后依然会工作,因而除退休金外,还有工资收入。老年人整体月平均收入较低,与黑龙江省经济发展落后,工资水平较低有关。老年人用于生活费、医疗费、住房和人情往来的花销比例较大。消费结构单一,休闲娱乐花销极少。老年女性的丧偶率高于男性,女性老来丧偶,生活缺乏伴侣照顾,经济来源减少,生活面临困境。独居老人比例高达 14.19%,这部分老年人的体质应引起高度重视,提高其生活自理能力,保障其安度晚年。

老年人自我感觉身体健康、不常生病的仅占 25.26%,偶尔生病、有慢性病的人数比例较高,体质堪忧。随年龄增长,老年人患病率不断攀升,这与增龄带来老年人身体机能的退行性病变有关。老年人经医生诊断患病的占 81.25%,且患病类型具有显著的地域特征。患病比例从高到低依次是心脑血管疾病、呼吸系统疾病、高血压、骨关节病、高血脂、糖尿病等。其中,以心脏病、脑卒中、高血压和动脉硬化为主的心脑血管疾病发病率最高,以哮喘、慢性支气管炎等为主的呼吸系统疾病发病率也较高。这些疾病的发生都与当地寒冷恶劣的气候环境有关,气温骤降或气压骤升,寒冷刺激使人体的血管收缩,血压上升,引发心脑血管疾病。冬季寒潮时,冷风的强烈刺激,引起哮喘和呼吸系统疾病加重。老年人年轻时,经济落后,居住条件差,人们在"冷屋子"里苦熬漫长冬季。穿着手工棉衣和棉胶鞋,步行或骑自行车上班,冻伤频发。严寒的气候特点与老年人心脑血管疾病、高血压和呼吸系统疾病密切相关。

老年人体检频率不高,主要是害怕体检、害怕花钱、认为没有必要体检等。医疗费用承担方式有城镇职工医保、商业保险、城镇居民医保等,虽然老年人医疗保险相对健全,但仍有 21.09% 的老年人,自我感觉医疗负担非常沉重或沉重。这与低收入、较高的医疗消费和药品价格有关。随着国家医疗体制改革的逐步推进,老年人医疗保险会更加健全,医疗费用负担会逐渐减轻。同时,亟须开展经济有效的体质促进研究,践行"体医融合",降低医疗费用支出,减轻老年人医疗费用负担,缓解国家医疗消费的沉重压力。

4.2.4.2 老年人饮食与行为习惯方式讨论

老年人饮食具有高盐、高油、高脂肪的特点。饮食口味偏重,油和盐使用过量现象普遍。食用红肠、酱牛肉等熏酱食品,咸菜和酸菜等腌制食品,蘸酱菜和晾干蔬菜等食品的人数比例较高。这些菜品含盐量高,长期食用,会摄入过量食盐。东北人喜欢味浓厚重的饮食,"大鱼大肉"的饮食中,油、盐和热量都相对较高。东北盛产大豆,豆油价格低廉,做菜时用油量较多。冬季为了摄取高热量食物,抵御严寒的侵袭,老年人对猪肉、牛肉、羊肉等红肉摄入过多,黑龙江省 18 岁以上成年人红肉摄入比例高达 70.31%,老年人食用腌制和晾制蔬菜的人数比例较高,黑龙江省 18 岁以上成年人蔬菜水果摄入不足比例为 82.51%。寒地东北冬季持续时间长,新鲜蔬菜水果价格高,老年人生活节俭,大量腌制酸菜和咸菜等食品过冬,新鲜蔬菜摄入不足。

老年人最喜爱看电视、听广播、上网等视听娱乐休闲活动。日常静坐少动、轻度体力活动水平占比较大,体力活动量严重不足。老年人喜爱香烟,现在吸烟率高达 22.54%,其中,男性现在的吸烟率更是高达 40.87%。张敬东等研究发现,哈尔滨市 45～64 岁男性吸烟率为 44.5%[1],与本研究结论相似。陈万青等研究发现,我国女性吸烟排在前 5 位的省份分别是黑龙江、天津、内蒙古、吉林、辽宁。[2] 女性吸烟前 5 位中东北三省位列其中,说明寒地东北女性的吸烟率居全国前列。寒地东北男女的吸烟率均较高,烟雾中尼古丁、烟焦油和一氧化碳等有害物质对老年人身体产生了不良影响,寒地东北城镇老年人冠心病、慢性支气管炎、肺癌等发病率高的疾病,都与高吸烟率密切相关。

老年人爱好饮酒。饮酒率高达 43.62%。男性饮酒率占 65.39%,女性饮酒率占 35.54%。周雪等研究发现,黑龙江省 18 岁及以上居民饮酒率 39.83%,其中男性饮酒率 79.00%,高于女性 20.52%[3],与本研究结论相似。老年人过度饮酒现象比较普遍,他们认为冬季饮酒可以驱寒暖胃、活血化瘀、抵御严寒、辅助睡眠和缓解关节疾病。东北人性格豪迈,喜欢聚众饮酒,交流感情。但过度饮酒,容易引发酒精肝等慢性疾病,损害老年人健康。

老年人睡眠时间在 6 小时以下的占 36.46%,感觉睡眠不好和非常不好的占 17.19%,部分老年人饱受失眠痛苦。女性睡眠质量不如男性,失眠现象较多。高龄老人更是存在睡眠时间短、难以入睡、早醒等睡眠质量下降问题。长期睡眠质量下降可导致老年人记忆力下降、抑郁、认知功能减退、焦虑等,引起高血压、脑卒中

---

① 张敬东,刘婷,马志杰,等.哈尔滨市主城区成人吸烟和戒烟情况调查[J].中国公共卫生管理,2016(6):879-880,898.

② Wanqing C,Changfa X,Rongshou Z,et al. Disparities by province,age,and sex in site-specific cancer burden attributable to 23 potentially modifiable risk factors in China:A comparative risk assessment[J]. Lancet Glob Health,2019(2):257-269.

③ 周雪,姜戈.黑龙江省人群健康状况简报[J].疾病监测,2017(5):359.

等疾病发生率增高,严重影响老年人身心健康。

89.98％的老年人没有生活压力,生活幸福感和满意度较高,与我国老年人生活水平提高、养老保险和医疗保险相对健全有关。多数老年人可以衣食无忧,颐养天年。

老年人的平衡能力较差,过去一年经常跌倒和偶尔跌倒的老年人占13.54％。随年龄增长,老年人发生跌倒的频率逐渐增加,应加强平衡能力锻炼。

4.2.4.3 老年人参加体育锻炼状况讨论

老年人过去一年内参加过体育锻炼的占45.05％,体育锻炼人数比例相对较低。且老年人运动存在夏季锻炼、冬季天冷停练状况。老年人冬季"猫冬"思想严重,常蛰居室内,以看电视、玩手机等休闲活动打发时间,外出运动人数极少,体育锻炼量大打折扣。老年人参加锻炼的障碍是太忙、没时间,没兴趣,不喜欢等。锻炼主要目的是强身健体、防病治病等,并且对体育锻炼增强体质和防治疾病的效果比较认同。

老年人最喜爱的前5类运动项目分别是:健步走,广场舞、健身操,秧歌类,太极拳、武术、气功类,轮滑、自行车类等。男女喜爱的体育运动项目稍有不同。锻炼场所以广场、公园、小区健身场地等室外免费场所为主,室内收费场馆老年人很少问津。冬季寒冷、雪后场地湿滑,室外体育锻炼不便,老年人害怕摔倒,许多人选择"猫冬",体育锻炼被迫停止。因此,需要相关部门合理规划体育运动场馆,通过政府购买体育服务,免费或低价向市民开放室内运动场馆,为老年人锻炼提供便利。

老年人锻炼年限在6～10年和1～5年的人数最多,多数老年人在退休后才有时间和精力参加体育锻炼。在晚饭后、早晨和上午参加体育锻炼的人数较多,但男女略有差异。早晨参加体育锻炼的人数比例较高,而患有心脑血管疾病的老年人,不适合在早晨进行锻炼,以免诱发心脑血管疾病。平均每周进行5～6次锻炼的人数占比较多。平均每次锻炼时间在31～60min和61～90min的占比较多。老年人时间充裕,部分老年人存在"运动时间越长,运动效果越好"的认识误区,不知道体育锻炼"过犹不及"的科学原理,需要普及科学健身知识。同时,运动时间过长,容易诱发膝关节炎等疾病,需要关注膝关节健康。

老年人体育以中等强度为主,但有26.30％和17.05％的老年人的运动强度为小强度和大强度,长时间小强度运动达不到锻炼效果,长时间大强度运动易产生运动损伤,需要及时科学改进。74.86％的老年人都加入健身团队进行锻炼,并且女性较男性更加喜欢团队运动。团队运动有利于老年人在锻炼中相互监督、相互交流,增强锻炼动力和兴趣。16.76％的老年人运动中发生过运动损伤,主要与老年人运动风险随年龄增长而增大,以及缺乏科学的健身知识指导有关。因而建立科学有效的寒地东北城镇老年人运动促进方案,有利于老年人选择正确的运动方法、运动手段、运动量和运动强度进行科学锻炼,避免运动损伤发生,提高体质水平。

4.3　影响寒地东北城镇老年人体质的生活方式因素

寒地东北城镇老年人体质影响因素纷繁复杂,关联因素较多。国家、社会、环境、遗传和生活方式等,都会影响该群体的体质。遗传因素个人无法改变,国家政策、社会支持和生存环境需要许多人一起努力才能改变,通过个人努力容易改变和控制的就是后天行为和生活方式。可以说,体质水平"秉承于先天,得养于后天"。先天遗传因素非常重要,然而后天行为与生活方式的作用更为关键,世界卫生组织指出:"一个人的健康和寿命,60%取决于后天行为与生活方式。"先天遗传因素无法改变,我们只能通过后天养成良好行为习惯和健康生活方式,增强自身体质。

为了探讨影响寒地东北城镇老年人体质的生活方式因素,本书将 4.1 部分的体质监测结果与 4.2 部分的老年人问卷调查结果结合起来,通过相关分析和回归分析对老年人体质与生活方式的关系进行系统分析。找出影响寒地东北城镇老年人体质的关键因素。

4.3.1　寒地东北城镇老年人体质与生活方式的相关分析

为了探讨寒地东北城镇老年人体质与生活方式的关系,以 4.1 部分国民体质监测结果中的体质为因变量,以 4.2 部分问卷调查中各因素为自变量,采用斯皮尔曼相关性检验,对自变量与因变量进行相关性检验。检验结果见表 4.66。

表 4.66　体质与自变量相关性分析结果

自变量		男性	女性
年龄	相关性	-0.144	-0.109^{*}
	显著性	0.103	0.035
学历	相关性	0.049	0.167^{**}
	显著性	0.580	0.001
健康状况	相关性	0.136	0.211^{**}
	显著性	0.123	0.000
慢性病患病情况	相关性	-0.431^{**}	-0.322^{**}
	显著性	0.000	0.000

续　表

自变量		男性	女性
参加锻炼情况	相关性	0.461**	0.490**
	显著性	0.000	0.000
每周锻炼次数	相关性	0.317**	0.316**
	显著性	0.000	0.000
每次锻炼时间	相关性	0.368**	0.391**
	显著性	0.000	0.000
每次锻炼强度	相关性	0.354**	0.324**
	显著性	0.000	0.000
参加体育锻炼年限	相关性	0.355**	0.368**
	显著性	0.000	0.000
体育锻炼是否有组织	相关性	0.445**	0.489**
	显著性	0.000	0.000
吸烟状况	相关性	-0.006	-0.082
	显著性	0.948	0.115
饮酒状况	相关性	-0.016	-0.085
	显著性	0.855	0.101
睡眠质量	相关性	0.019	0.186**
	显著性	0.828	0.000
生活满意度	相关性	0.028	0.174**
	显著性	0.755	0.001
饮食口味轻重	相关性	-0.035	-0.013
	显著性	0.696	0.801
体检频率	相关性	0.055	0.146**
	显著性	0.532	0.005
月平均收入	相关性	0.107	0.102*
	显著性	0.225	0.004

注：** 表示 $P<0.01$，* 表示 $P<0.05$。

4.3.1.1　寒地东北城镇老年男性体质与生活方式的相关分析

老年男性体质与生活方式的相关分析结果为：男性是否患有慢性病、是否锻炼、每周锻炼次数、每次锻炼时间、每次锻炼强度、参加体育锻炼年限和体育锻炼是否有组织与体质存在相关性($P<0.01$),见表 4.66。

男性慢性病患病情况与体质存在显著的负相关,相关系数为-0.431。说明患有慢性病的老年男性的体质综合评分更低,患病给男性体质带来不利影响。

男性是否锻炼、每周锻炼次数、每次锻炼时间、每次锻炼强度、参加体育锻炼年限、体育锻炼是否有组织与体质存在显著的正相关,相关系数分别为 0.461、0.317、0.368、0.354、0.355 和 0.445。说明男性参加体育锻炼,适当增加每周锻炼次数、每次锻炼时间、每次运动强度,参加体育锻炼时有固定组织,且体育锻炼的年限越长,体质综合评分越高,体质越好。

研究结果显示,男性是否患有慢性病、是否锻炼、体育锻炼是否有人组织与体质的相关系数分别为-0.431、0.461 和 0.445,属于中度相关。说明与男性体质密切相关的因素包括是否有慢性病、是否锻炼和体育锻炼是否有组织。而每周锻炼次数、每次锻炼时间、每次运动强度和参加体育锻炼年限与体质的相关系数在 0.3~0.4,属于弱相关关系,说明这几个因素与体质也存在一定的相关性。

本次研究中男性的年龄、学历、健康状况、吸烟状况、饮酒状况、睡眠质量、生活满意程度、饮食口味轻重、体检频率、月平均收入等与体质不存在显著的相关性($P>0.05$)。

4.3.1.2 寒地东北城镇老年女性体质与生活方式的相关分析

女性体质与生活方式的相关分析结果为:女性的年龄和月平均收入与体质存在相关性($P<0.05$)。女性的学历、健康状况、是否患有慢性病、是否锻炼、每周锻炼次数、每次锻炼时间、每次锻炼强度、参加体育锻炼年限、体育锻炼是否有组织、睡眠质量、生活满意度和体检频率与体质存在相关性($P<0.01$)。其中,女性年龄和是否患病与体质存在显著的负相关性,相关系数分别为-0.109 和-0.322。说明年龄增长和患病与女性体质有关,增龄和患慢性病会降低女性体质水平,对女性体质有不利影响。

女性的学历、健康状况、是否锻炼、每周锻炼次数、每次锻炼时间、每次锻炼强度、参加体育锻炼年限、体育锻炼是否有人组织、睡眠质量、生活满意度、体检频率和月平均收入与体质存在正相关性,相关系数分别为 0.167、0.211、0.490、0.316、0.391、0.324、0.368、0.489、0.186、0.174、0.146、0.102。说明女性学历越高,身体健康状况越好,热爱参加体育锻炼,能够保证每周锻炼次数、每次锻炼时间、每次锻炼强度,参加体育锻炼年限越长,参加有组织的体育锻炼,睡眠质量越好,对生活的满意度越高,体检频率越频繁,月平均收入越高,体质综合评分得分越高,女性体质越好。

女性是否锻炼和体育锻炼是否有组织与体质的相关系数分别为 0.490 和

0.489,属于中度相关。说明与女性体质密切相关的因素包括是否锻炼和体育锻炼是否有组织。

女性的健康状况、是否患有慢性病、每周锻炼次数、每次锻炼时间、每次锻炼强度和参加体育锻炼年限与体质的相关系数在 0.2～0.4,属于弱相关关系,说明这些因素与体质有一定的相关性。

女性的年龄、学历、睡眠质量、生活满意程度、体检频率、月平均收入与体质的相关系数在 0.1～0.2,属于极弱相关关系。说明这些因素与体质有相关性,但相关性不密切。

本次研究中女性的吸烟状况、饮酒状况、饮食口味轻重等与体质之间不存在显著相关性($P>0.05$)。

4.3.2　寒地东北城镇老年人体质与生活方式的回归分析

由 4.3.1 部分老年男女体质与生活方式的相关分析研究结果可知,老年男女是否患有慢性病、是否锻炼、每周锻炼次数、每次锻炼时间、每次锻炼强度、参加体育锻炼年限和体育锻炼是否有组织与体质存在相关性,因此以这 7 个因素为自变量,以体质为因变量,进行回归分析。

4.3.2.1　寒地东北城镇老年男性体质与生活方式的回归分析

回归分析发现,构建的男性回归模型通过了方差检验,P 值显著性小于 0.05,说明该模型至少存在一个自变量对因变量体质有显著性影响。模型汇总表研究结果显示,调整后的 R^2 为 0.456,说明模型对变量总变异的解释能力较好,符合回归分析要求,见表 4.67、表 4.68。

表 4.67　回归分析模型汇总

组别	R	R^2	调整后的 R^2	明显预测误差
标准数据	0.712	0.507	0.456	0.493

表 4.68 回归分析 ANOVA

	平方和	df	均方	F	P
回归	74.303	10	7.430	11.966	0.000
残差	103.697	167	0.621		
总计	178.000	177			

回归系数研究结果表明,自变量中,X_1(慢性病患病情况)、X_2(参加锻炼情

况)、X_3(每周锻炼次数)、X_4(每次锻炼时间)和 X_7(锻炼组织情况)对因变量体质有显著影响($P<0.01$)。自变量中,X_5(每次锻炼强度)和 X_6(参加锻炼年限)对因变量体质没有显著影响($P>0.05$),见表 4.69。

表 4.69 回归系数

	标准系数		df	F	Sig
	Beta	标准误差的 Bootstrap(1000)估计			
慢性病患病情况	−0.257	0.061	1	17.704	0.000
参加锻炼情况	0.379	0.073	1	26.696	0.000
每周锻炼次数	0.716	0.138	3	26.873	0.000
每次锻炼时间	0.577	0.156	1	13.624	0.000
每次锻炼强度	0.055	0.055	2	0.977	0.397
参加锻炼年限	0.115	0.097	1	1.400	0.238
锻炼组织情况	0.217	0.072	1	8.998	0.003

回归系数研究结果表明,慢性病患病情况、参加锻炼情况、每周锻炼次数、每次锻炼时间和锻炼组织情况都对男性体质有显著影响。说明保持身体健康、少得慢性病,规律参加锻炼,保证每周锻炼次数和每次锻炼时间、保证多年锻炼、参加有组织的锻炼对男性体质健康有积极影响。每次锻炼强度和参加锻炼年限对男性体质没有显著影响。男性的慢性病患病情况、参加锻炼情况、每周锻炼次数、每次锻炼时间、每次锻炼强度、参加锻炼年限和锻炼组织情况的标准化取值,见表 4.70 至表 4.77。

表 4.70 体质标准化取值

体质	频率	量化	体质	频率	量化
9	2	−2.519	19	23	0.205
11	2	−1.947	20	11	0.477
12	6	−1.702	21	14	0.750
13	8	−1.429	22	15	1.022
14	8	−1.157	23	6	1.295
15	14	−0.884	24	4	1.567
16	23	−0.612	25	6	1.839
17	13	−0.340	26	3	2.112
18	18	−0.067	27	2	2.384

表 4.71 慢性病患病情况标准化取值

慢性病患病情况	频率	量化
1	37	1.952
2	141	−0.512

表 4.72 参加锻炼情况标准化取值

锻炼情况	频率	量化
1	59	−1.420
2	119	0.704

表 4.73 每周锻炼次数标准化取值

每周锻炼次数	频率	量化
1	59	−1.362
2	22	−0.219
3	14	−0.217
4	25	0.185
5	58	0.987

表 4.74 每次锻炼时间标准化取值

每次锻炼时间	频率	量化
1	61	−1.385
2	24	0.722
3	45	0.722
4	48	0.722

表 4.75 每次锻炼强度标准化取值

每次锻炼强度	频率	量化
1	103	−0.807
2	61	1.025
3	14	4.144

表 4.76 参加锻炼年限标准化取值

参加锻炼年限	频率	量化
1	59	−0.356

续　表

参加锻炼年限	频率	量化
2	35	−0.356
3	34	−0.356
4	30	−0.356
5	20	2.811

表 4.77　锻炼组织情况标准化取值

锻炼组织情况	频率	量化
1	94	−0.945
2	84	1.058

根据数据视图研究结果,各变量经过最佳尺度变换,对分类或有序变量进行数值量化,结合"转换图"研究结果,以分类变量是否锻炼为例,其模型对应系数值为0.379,锻炼对应量化值为0.704分,不锻炼对应量化值为−1.420分,则可以得到锻炼与不锻炼对体质的影响差值为:

锻炼状况 $Beta \times$(锻炼量化值−不锻炼量化值)$=0.379 \times (0.704+1.420)$
$=0.80499$

经回归分析后,以体质为因变量,影响因素为自变量进行最优尺度回归,建立回归方程:

$$Y = -0.257X_1 + 0.379X_2 + 0.716X_3 + 0.577X_4 + 0.055X_5 + 0.115X_6 + 0.217X_7$$

体质标准分$=-0.257 \times$慢性病患病情况标准分$+0.379 \times$参加锻炼情况标准分$+0.716 \times$每周锻炼次数标准分$+0.577 \times$每次锻炼时间标准分$+0.055 \times$每次锻炼强度标准分$+0.115 \times$参加锻炼年限标准分$+0.217 \times$参加锻炼组织情况标准分

综上,回归分析结果表明,慢性病患病情况、参加锻炼情况、每周锻炼次数、每次锻炼时间和锻炼组织情况均对男性体质有显著影响。

4.3.2.2　寒地东北城镇老年女性体质与生活方式的回归分析

回归分析结果显示,构建的女性回归模型通过了方差检验,P值显著性小于0.05,说明该模型至少存在一个自变量对因变量体质有显著性影响。模型汇总表研究结果显示,调整后的R^2为0.499,说明模型对变量总变异的解释能力较好,符合回归分析要求,见表4.78、表4.79。

表 4.78　回归分析模型汇总

组别	R	R^2	调整后的 R^2	明显预测误差
标准数据	0.740	0.510	0.499	0.490

表 4.79　回归分析 ANOVA

	平方和	df	均方	F	P
回归	218.363	11	19.851	32.954	0.000
残差	312.637	519	0.602		
总计	531.000	530			

回归系数研究结果表明,自变量中,X_1(慢性病患病情况)、X_2(参加锻炼情况)、X_3(每周锻炼次数)、X_4(每次锻炼时间)、X_6(参加锻炼年限)和 X_7(锻炼组织情况)对因变量体质有显著影响($P<0.05$)。自变量中,X_5(每次锻炼强度)对因变量体质没有显著影响($P>0.05$),见表 4.80。

表 4.80　回归系数

	标准系数		df	F	Sig
	$Beta$	标准误差的 Bootstrap(1000)估计			
慢性病患病情况	−0.198	0.035	1	20.506	0.000
参加锻炼情况	0.508	0.073	1	26.696	0.000
每周锻炼次数	0.316	0.076	2	10.710	0.000
每次锻炼时间	0.666	0.073	2	43.754	0.000
每次锻炼强度	0.061	0.032	1	2.293	0.131
参加锻炼年限	0.064	0.013	3	17.238	0.000
锻炼组织情况	0.172	0.048	1	9.094	0.003

回归系数研究结果表明,慢性病患病情况、参加锻炼情况、每周锻炼次数、每次锻炼时间、参加锻炼年限和锻炼组织情况都对女性体质有显著影响。说明保持身体健康、少得慢性病,规律参加锻炼,保证每周锻炼次数和每次锻炼时间、保证多年锻炼、参加有组织的锻炼对女性体质健康有积极影响。每次锻炼强度对女性体质没有显著影响。女性慢性病患病情况、参加锻炼情况、每周锻炼次数、每次锻炼时间、每次锻炼强度、参加锻炼年限和锻炼组织情况的标准化取值,见表 4.81 至表 4.88。

表 4.81 体质标准化取值

体质	频率	量化	体质	频率	量化
9	2	−2.749	20	61	0.181
10	1	−2.482	21	52	0.447
11	6	−2.216	22	51	0.713
12	15	−1.950	23	45	0.979
13	16	−1.684	24	25	1.246
14	22	−1.417	25	11	1.512
15	22	−1.151	26	11	1.778
16	37	−0.885	27	11	2.045
17	40	−0.618	28	2	2.311
18	56	−0.352	30	2	2.844
19	43	−0.086			

表 4.82 慢性病患病情况标准化取值

慢性病患病情况	频率	量化
1	126	1.760
2	405	−0.568

表 4.83 参加锻炼情况标准化取值

参加锻炼情况	频率	量化
1	113	−1.923
2	418	0.520

表 4.84 每周锻炼次数标准化取值

每周锻炼次数	频率	量化
1	113	−1.432
2	18	−0.651
3	24	−0.651
4	102	−0.651
5	274	0.933

表 4.85　每次锻炼时间标准化取值

每次锻炼时间	频率	量化
1	124	−1.810
2	77	0.513
3	195	0.513
4	35	0.628

表 4.86　每次锻炼强度标准化取值

每次锻炼强度	频率	量化
1	278	−0.124
2	215	−0.124
3	38	8.085

表 4.87　参加锻炼年限标准化取值

参加锻炼年限	频率	量化
1	113	−0.924
2	137	−0.822
3	168	0.526
4	88	0.526
5	25	3.292

表 4.88　锻炼组织情况标准化取值

锻炼组织情况	频率	量化
1	161	−1.516
2	370	0.660

根据数据视图研究结果，各变量经过最佳尺度变换，对分类或有序变量进行数值量化，结合"转换图"研究结果，以分类变量是否运动为例，其模型对应系数值为0.508，锻炼对应量化值为0.520分，不锻炼对应量化值为−1.923分，则可以得到锻炼与不锻炼对体质的影响差值为：

锻炼状况 $Beta \times$（锻炼量化值−不锻炼量化值）＝$0.508 \times (0.520 + 1.923)$＝1.24104

经回归分析后，以体质为因变量，相关分析筛选出来的影响因素为自变量进行

最优尺度回归,建立回归方程:

$$Y = -0.198X_1 + 0.508X_2 + 0.316X_3 + 0.666X_4 + 0.061X_5 + 0.064X_6 + 0.172X_7$$

体质标准分＝－0.198×慢性病患病情况标准分＋0.508×参加锻炼情况标准分＋0.316×每周锻炼次数标准分＋0.666×每次锻炼时间标准分＋0.061×每次锻炼强度标准分＋0.064×参加锻炼年限标准分＋0.172×锻炼组织情况标准分

综上,回归分析结果表明,慢性病患病情况、参加锻炼情况、每周锻炼次数、每次锻炼时间、参加锻炼年限和锻炼组织情况都对女性体质有显著影响。

4.3.3 影响寒地东北城镇老年人体质的生活方式因素讨论

寒地东北城镇老年人的体质与运动等生活方式密切相关。相关研究结果表明,老年男女慢性病患病情况与体质存在显著的负相关,患有慢性病的老年人体质水平较差。倪文庆等研究发现,老年人常见慢性病患病与体质指数存在相关性。[1]孟申等研究发现,不同健康体适能参数影响老年人罹患不同慢性病的种类和风险。[2] 本书研究结果与上述一致。可见,慢性病会影响体质水平,反过来不同体质水平也会影响老年人罹患慢性病的种类和风险。因而,应采取针对性的生活方式干预措施,降低慢性病的患病率。老年女性年龄与体质存在显著的负相关。随年龄增加,老年女性的体质水平逐渐降低,这与增龄使老年人的身体发生退行性病变有关。

研究发现,老年男女是否锻炼、每周锻炼次数、每次锻炼时间、每次锻炼强度、参加体育锻炼年限、体育锻炼是否有组织与体质存在显著的正相关。因此老年人规律参加体育锻炼,保证每周的锻炼次数、每次锻炼的时间和运动强度,持之以恒地锻炼,增加体育锻炼年限,参加有组织的体育锻炼,与老年人体质的增强密切相关。吴志建等通过 Meta 分析研究发现,体育运动能提高老年人体质,建议老年人加强体育运动,增强体质。[3] 赵婉婷等研究发现,经 12 周以 FATmax 为强度的运

[1] 倪文庆,袁雪丽,吕德良,等.深圳市老年人常见慢性病患病情况及其与体质指数或腰围的相关性[J].中国慢性病预防与控制,2019(2);85-88.

[2] 孟申,林世平,徐峻华,等.活跃老年人健康体适能与慢性病分析[J].中华老年医学杂志,2015(5);561-564.

[3] 吴志建,宋彦李青,王竹影,等.体育运动对中外老年人体质影响的meta分析[J].中国老年学杂志,2018(21);5237-5241.

动处方的干预,肥胖老年人体质和心血管机能显著改善。① 王志强等研究发现,持续有规律的运动锻炼有助于改善老年人的体质健康状况。② 本书研究结果与上述一致。

老年女性的学历、健康状况、睡眠质量、生活满意度、体检频率、月平均收入与体质存在正相关性。说明老年女性的文化程度、身体健康状况、睡眠质量、生活满意度、体检频率、月平均收入,对体质水平有正向影响关系。谌晓安研究发现,影响老年人体质的因素有文化程度、体力活动水平和患慢性病情况等。③ 张保国研究发现,老年人应通过保证充足的高质量睡眠,适度增加体力活动,增加体育锻炼,提高体质水平。④这与本研究结果一致。

综上,寒地东北城镇老年人应该坚持参加有组织的体育锻炼,保持身体健康、避免患慢性病,锻炼过程中保证每周的锻炼次数、每次锻炼的时间和锻炼强度,增加参加体育锻炼年限,保证睡眠质量,提高对生活的满意度,增加体检频率,提高月收入水平,这些都会改善体质。

回归分析结果表明,对老年男女体质有显著影响的因素包括慢性病患病情况、参加锻炼情况、每周锻炼次数、每次锻炼时间和锻炼组织情况等。说明保持身体健康、少得慢性病,规律参加锻炼,保证每周锻炼次数和每次锻炼时间、参加有组织的锻炼对老年男女的体质有积极影响。另外,锻炼年限对老年女性体质有显著影响。说明保证多年进行规律锻炼的女性,体质水平较好。

回归研究结果表明,影响寒地东北城镇老年人体质的关键因素是参加锻炼情况、每周锻炼次数、每次锻炼时间、锻炼组织情况、参加锻炼年限和慢性病患病情况等 6 个因素,其中有关体育运动的因素有 5 个,有关慢性病患病情况的因素有 1 个,可见运动是影响老年人体质的关键因素和瓶颈问题。因而本书抓住影响老年人增强体质的关键因素,从解决问题的角度出发,设计运动促进体质方案,以期增强寒地城镇老年人体质。

① 赵婉婷,刘洵,庞家祺,等.FATmax 运动对肥胖老年人体质及心血管机能影响的研究[J].体育科学,2016(12):48-52,76.
② 王志强,王辉.不同健身方式对社区老年人生活质量及体质健康的影响[J].中国老年学杂志,2020(8):1660-1662.
③ 谌晓安.武陵山片区 60~69 岁老年人体质及影响因素[J].中国老年学杂志,2017(14):3603-3606.
④ 张保国,王小迪,张庆来,等.基于国民体质监测数据的淄博市老年人体质状况及生活方式[J].中国老年学杂志,2016(23):5986-5988.

4.4 运动促进体质方案设计

运动是绿色健康、经济有效的体质促进方式,但针对寒地东北城镇老年人群进行体质促进的方案几乎处于空白,鉴于此,本书设计寒地东北城镇老年人运动促进体质方案,改善老年人体质。如何设计最佳运动促进体质方案,精准改善寒地东北城镇老年人体质,是本部分要解决的重点问题。而运动方案中运动项目选择的合理性是方案设计成功的关键。哪种运动项目的健身效果较好,适合在寒地东北推广,至今仍不明确。为了挑选出综合健身效果较好的运动项目,本部分首先对寒地东北城镇长期从事运动的6组老年人与不运动组老年人进行体质测试和对比分析,探讨运动与不运动老年人体质差异,以及不同运动项目的健身效果,为运动促进体质方案设计提供科学依据。

4.4.1 运动促进体质方案设计的实践基础

为了找出适合寒地东北城镇老年人的体育运动项目,为运动促进方案设计提供现实依据,本研究对进行3年规律运动的6组老年人与不运动老年人进行体质监测和统计分析,通过对比找到适合寒地东北城镇老年人的优选项目。

为了解运动组与不运动组老年人血压、体质、身体成分、骨密度和血管机能的差异,测试前对各运动组与不运动组年龄进行差异性检验,结果无显著性差异($P>0.05$),各组别之间可以进行对比。测试后对6个运动组与不运动组老年人的体质监测结果进行差异性检验,统计分析后得出研究结果。为清晰观察运动组与不运动组老年人体质各项指标详细状况,绘制点线图,以便详细了解各组别男女不同指标的区别。

4.4.1.1 运动组与不运动组老年人身体形态、机能、素质和血压状况对比分析

(1)运动组与不运动组老年人身体形态结果对比

体质监测结果显示,男性各运动组身高平均数的变化范围是 $165.13 \sim 167.60$cm,不运动组的平均数是 165.52cm。女性各运动组身高的平均数变化范围是 $154.94 \sim 157.28$cm,不运动组的平均数是 155.77cm。男性各运动组体重的平均数变化范围是 $66.80 \sim 68.66$kg,不运动组的平均数是 67.32kg。女性各运动组体重的平均数变化范围是 $58.26 \sim 60.54$kg,不运动组的平均数是 60.31kg。男性各运动组 BMI 的平均数变化范围是 $24.10 \sim 25.78$,不运动组的平均数是 24.74。女性各运动组 BMI 的平均数变化范围是 $23.96 \sim 26.01$,不运动组的平均数是 24.78,见表 4.89。

差异性检验结果表明,男女广场舞、健步走、太极拳、秧歌、双滑、柔力球组与不运动组相比,在身高、体重和 BMI 指标上均无显著性差异($P>0.05$),说明运动组和不运动组的身体形态差异不大。

表 4.89　运动组与不运动组老年人身体形态差异性检验

指标	组别	男性			女性		
		运动组	不运动组	P 值	运动组	不运动组	P 值
身高 (cm)	广场舞组	167.20±5.50		0.279	157.28±5.59		0.077
	健步走组	166.75±5.61		0.414	155.10±5.10		0.474
	太极拳组	165.13±5.20	165.52 ±5.84	0.827	155.14±5.23	155.77 ±6.05	0.515
	秧歌组	167.60±7.00		0.283	154.94±6.21		0.547
	双滑组	166.81±5.90		0.453	155.33±6.23		0.822
	柔力球组	167.34±5.40		0.392	156.71±4.35		0.429
体重 (kg)	广场舞组	68.66±6.02		0.521	58.54±7.68		0.179
	健步走组	68.33±7.27		0.623	58.26±9.31		0.155
	太极拳组	68.18±7.37	67.32 ±8.77	0.725	59.73±7.09	60.31 ±9.60	0.696
	秧歌组	67.17±11.24		0.955	58.59±7.41		0.425
	双滑组	66.80±7.98		0.824	60.54±10.63		0.938
	柔力球组	67.05±6.28		0.714	59.80±8.86		0.785
BMI (kg/m²)	广场舞组	24.69±1.98		0.706	23.96±4.21		0.139
	健步走组	24.51±2.14		0.796	24.18±3.53		0.324
	太极拳组	25.78±2.17	24.74 ±2.38	0.821	25.40±2.72	24.78 ±3.69	0.323
	秧歌组	24.46±2.48		0.938	24.61±2.77		0.848
	双滑组	24.66±3.00		0.333	26.01±3.41		0.337
	柔力球组	24.10±1.71		0.324	24.32±3.02		0.558

男女各运动组与不运动组在身高、体重上差别不大,没有项目上的区别,所有组别的男性身高高于女性,体重大于女性,见图 4.33、图 4.34。但男女太极拳组和女性双滑组的 BMI 相对较大,体形略胖;男女健步走组、秧歌组和柔力球组的 BMI 相对较小,身体形态较好,男女 BMI 比较接近,见图 4.35。说明不同运动项目之间,老年人 BMI 有所区别,健步走、秧歌和柔力球运动有利于老年人保持体形。

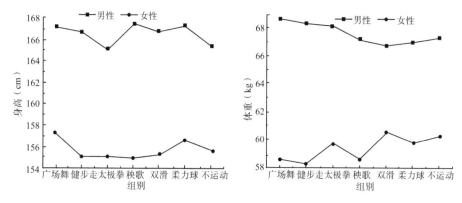

图 4.33　各组别老年男女身高点线图　　　图 4.34　各组别老年男女体重点线图

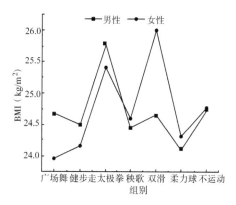

图 4.35　各组别老年男女 BMI 点线图

（2）运动组与不运动组老年人血压和心率测试结果对比分析

男性各运动组收缩压的平均数变化范围是 132.76～141.23mmHg，不运动组的平均数是 143.30mmHg。女性各运动组收缩压的平均数变化范围是 128.85～134.54mmHg，不运动组的平均数是 137.87mmHg，见表 4.90。差异性检验结果表明，男女健步走组、秧歌组和男性双滑组，与不运动组相比，收缩压较低，且具有显著性差异（$P<0.05$），说明这三项运动降低收缩压效果较好。

男性各运动组舒张压的平均数变化范围是 79.78～83.92mmHg，不运动组的平均数是 88.00mmHg。女性各运动组舒张压的平均数变化范围是 75.90～78.70mmHg，不运动组的平均数是 81.43mmHg，见表 4.90。差异性检验结果表明，男女健步走、太极拳和秧歌组，男性双滑组、柔力球组和女性广场舞组，与不运动组相比，舒张压较低，且具有显著性差异（$P<0.05$），说明这几项运动降低舒张压效果较好。

其他运动组与不运动组老年人的收缩压和舒张压虽然没有显著性差异，但均低于不运动组,说明运动有一定的降压效果,且健步走、秧歌项目的降压效果更加明显。

男性各运动组心率的平均数变化范围是 74.83～77.67 次/min,不运动组的平均数是 78.80 次/min。女性各运动组心率的平均数变化范围是 74.93～78.60 次/min,不运动组的平均数是 78.83 次/min,见表 4.90。差异性检验结果表明,运动组与不运动组相比,无显著性差异($P>0.05$),但各运动组的心率均低于不运动组,说明运动可以改善老年人的心率。

表 4.90 运动组与不运动组老年人血压和心率差异性检验

指标	组别	男性			女性		
		运动组	不运动组	P 值	运动组	不运动组	P 值
收缩压 (mmHg)	广场舞组	141.23±17.61		0.695	134.54±18.46		0.253
	健步走组	134.21±17.78		0.024	129.30±20.90		0.007
	太极拳组	138.44±18.51	143.30 ±15.15	0.310	133.46±20.58	137.87± 16.21	0.178
	秧歌组	133.71±6.41		0.019	128.85±16.00		0.011
	双滑组	132.76±11.41		0.022	133.22±8.68		0.484
	柔力球组	136.22±15.33		0.241	131.43±18.62		0.119
舒张压 (mmHg)	广场舞组	83.92±8.76		0.187	78.24±10.36		0.031
	健步走组	79.78±10.86		0.001	75.90±9.39		0.001
	太极拳组	81.50±12.01	88.00±9.11	0.021	76.44±9.45	81.43±9.22	0.003
	秧歌组	80.07±3.09		0.031	77.19±5.44		0.045
	双滑组	82.42±6.08		0.038	77.55±7.31		0.250
	柔力球组	80.33±78.70		0.030	78.70±9.66		0.191
心率 (次/min)	广场舞组	77.61±10.21		0.709	76.42±12.16		0.301
	健步走组	77.67±7.65		0.639	78.11±7.60		0.637
	太极拳组	74.83±11.66	78.80±9.62	0.170	78.60±9.22	78.83±11.79	0.577
	秧歌组	77.50±11.53		0.675	75.23±12.45		0.212
	双滑组	75.19±8.89		0.257	75.33±2.91		0.261
	柔力球组	76.55±5.83		0.537	74.93±8.31		0.183

男女各运动组收缩压、舒张压、心率均比不运动组低。其中,男女健步走组、秧歌组,男性双滑组的收缩压较低。男女健步走组、男性秧歌组、女性太极拳组的舒张压较低。男女双滑组、男性太极拳组、女性柔力球组、秧歌组的心率较低,见图

4.36 至图 4.38。说明健步走运动对于降低收缩压、舒张压效果较好。秧歌运动对于降低收缩压、舒张压、心率效果较好,值得推广。老年男性收缩压和舒张压整体高于女性。这与男性更喜欢口味浓重的高盐、高油饮食,在外就餐次数多,过量饮酒,肥胖体形人数多有关。同时,作为家庭支柱,生活和精神压力都很大,易产生高血压。但男女心率比较接近。

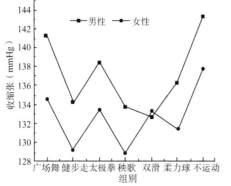

图 4.36　各组别老年男女收缩压点线图

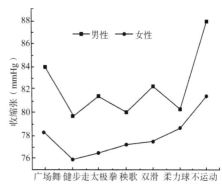

图 4.37　各组别老年男女舒张压点线图

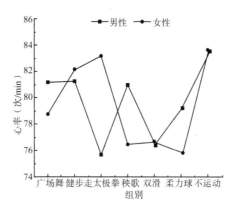

图 4.38　各组别老年男女心率点线图

(3)运动组与不运动组老年人身体机能和身体素质测试结果对比分析

①运动组与不运动组老年人身体机能结果对比分析

肺活量是反映身体机能的重要指标之一。男性各运动组肺活量平均数的变化范围是 2370.66～3024.14ml,不运动组的平均数是 2244.30ml。女性各运动组肺活量平均数的变化范围是 1689.84～2134.11ml,不运动组的平均数是 1651.95ml。男女各运动组肺活量整体高于不运动组。差异性检验结果表明,男女广场舞组、秧歌组、双滑组,女性太极拳组、柔力球组的肺活量,与不运动组相比较高,且具有非常显著性差异($P < 0.01$)。男性太极拳组肺活量,与不运动组相比较高,具有显著

性差异($P<0.05$),见表 4.91。其他各组与不运动组相比,虽没有显著性差异,但运动组老年人的肺活量均比不运动组高。表明运动对于提高肺活量作用显著。其中,广场舞、太极拳、秧歌和双滑运动对提高肺活量效果较好。

表 4.91　运动组与不运动组老年人肺活量差异性检验

指标	组别	男性			女性		
		运动组	不运动组	P 值	运动组	不运动组	P 值
肺活量 (ml)	广场舞组	2904.69±632.70		0.001	2036.91±429.08		0.000
	健步走组	2450.00±554.17		0.166	1689.84±364.81		0.605
	太极拳组	2690.61±608.50	2244.30 ±486.10	0.013	1995.43±491.41	1651.95 ±417.28	0.000
	秧歌组	2761.57±394.31		0.008	2017.09±522.75		0.001
	双滑组	3024.14±532.77		0.000	2134.11±611.00		0.002
	柔力球组	2370.66±989.28		0.572	1973.25±347.71		0.001

男女各运动组肺活量均比不运动组高。男性肺活量高于女性。双滑组、广场舞组和秧歌组的肺活量相对其他各组更高,见图 4.39。说明运动可以提高老年人的肺活量,而双滑、广场舞、秧歌运动对提高老年人肺活量效果更加显著。

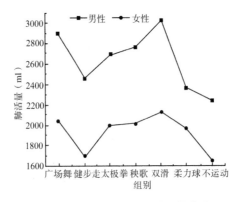

图 4.39　各组别老年男女肺活量点线图

②运动组与不运动组老年人身体素质和综合评分结果对比分析

男性各运动组握力平均数的变化范围是 34.86~37.88kg,不运动组的平均数是 30.83kg。女性各运动组握力平均数的变化范围是 20.67~23.70kg,不运动组平均数是 20.89kg。男性各运动组比不运动组握力的数值要高。女性除健步走组以外,其余 5 个项目运动组都比不运动组握力高。说明运动有利于提高老年人握力。差异性检验结果表明,男性健步走组和双滑组,与不运动组相比握力较高,具有非常显著性差异($P<0.01$)。男女广场舞组、秧歌组、柔力球组,与不运动组相

比握力较高,具有显著性差异($P<0.05$),见表 4.92。表明广场舞、秧歌、柔力球运动对提高男女握力都有显著效果。

男性各运动组坐位体前屈的平均数变化范围是 $4.89\sim9.41$cm,不运动组的平均数是 3.40cm。女性各运动组坐位体前屈平均数的变化范围是 $7.17\sim13.39$cm,不运动组的平均数是 4.89cm。男女各运动组坐位体前屈平均值高于不运动组。差异性检验结果表明,女性广场舞组、太极拳组、秧歌组、柔力球组与不运动组相比,坐位体前屈数值高于不运动组,具有非常显著性差异($P<0.01$)。男性广场舞组、太极拳组、双滑组数值高于不运动组,与不运动组相比,具有显著性差异($P<0.05$),见表 4.92。说明运动可以提高老年人身体柔韧性、增加肌肉韧带的弹性,提高关节的活动幅度。广场舞、太极拳运动对老年男女的柔韧性提高均有显著作用。秧歌、柔力球对于提高女性柔韧性效果显著,双滑运动更适合提高男性柔韧性。

男性各运动组闭眼单脚站立平均数的变化范围是 $6.56\sim10.50$s,不运动组的平均数是 5.15s。女性各运动组闭眼单脚站立平均数的变化范围是 $5.53\sim10.27$s,不运动组的平均数是 4.80s。男女各运动组闭眼单脚站立数值均高于不运动组。差异性检验结果表明,男女太极拳组、秧歌组,男性双滑组、女性广场舞组,与不运动组比数值较高,具有非常显著性差异($P<0.01$)。男性广场舞组,与不运动组相比,具有显著性差异($P<0.05$),见表 4.92。说明运动可以提高老年人的平衡能力,延长老年人闭眼单脚站立时间。秧歌、广场舞、太极拳运动对提高老年人平衡能力效果显著。

男性各运动组选择反应时的平均数变化范围是 $0.59\sim0.74$s,不运动组的选择反应时平均数是 0.80s。女性各运动组选择反应时平均数的变化范围是 $0.61\sim0.81$s,不运动组的选择反应时平均数是 0.83s。男女各运动组选择反应时水平优于不运动组。差异性检验结果表明,男女太极拳组,女性广场舞组、柔力球组数值低于不运动组,与不运动组相比,具有非常显著性差异($P<0.01$)。男女秧歌组,男性广场舞组、双滑组数值低于不运动组,与不运动组相比,具有显著性差异($P<0.05$),见表 4.92。说明运动可以提高老年人的手眼协调能力和反应速度,缩短老年人选择反应时。广场舞、太极拳、秧歌对提高老年人选择反应时作用明显。双滑运动对提高男性选择反应时有效,柔力球运动对提高女性选择反应时有效。

表 4.92　运动组与不运动组老年人身体素质差异性检验

指标	组别	男性			女性		
		运动组	不运动组	P 值	运动组	不运动组	P 值
握力 (kg)	广场舞组	36.86±6.97		0.012	22.38±4.71		0.047
	健步走组	35.82±5.90		0.006	20.67±4.86		0.788
	太极拳组	34.86±7.03	30.83 ±5.95	0.062	22.32±4.47	20.89 ±4.88	0.090
	秧歌组	36.55±7.31		0.015	23.63±6.62		0.014
	双滑组	37.88±7.43		0.001	23.70±5.72		0.102
	柔力球组	37.08±11.19		0.022	23.58±3.85		0.011
坐位体 前屈 (cm)	广场舞组	9.41±9.60		0.012	13.39±6.60		0.000
	健步走组	4.89±9.17		0.532	7.17±7.74		0.067
	太极拳组	7.86±9.62	3.40 ±9.11	0.024	12.77±7.48	4.89 ±5.56	0.000
	秧歌组	6.87±6.79		0.077	12.04±10.84		0.000
	双滑组	7.10±9.65		0.038	10.12±7.82		0.215
	柔力球组	5.37±11.19		0.269	12.40±8.48		0.000
闭眼 单脚 站立 (s)	广场舞组	8.30±3.63		0.035	10.27±7.32		0.000
	健步走组	6.56±4.54		0.207	5.53±6.25		0.489
	太极拳组	9.16±4.86	5.15 ±2.57	0.003	8.07±5.46	4.80 ±2.29	0.003
	秧歌组	10.50±7.39		0.000	9.35±10.32		0.004
	双滑组	9.09±3.20		0.002	8.88±4.10		0.065
	柔力球组	7.55±3.39		0.156	5.96±6.04		0.390
选择 反应时 (s)	广场舞组	0.61±0.10		0.029	0.64±0.11		0.000
	健步走组	0.74±0.34		0.314	0.81±0.37		0.766
	太极拳组	0.59±0.13	0.80 ±0.36	0.007	0.61±0.16	0.83 ±0.21	0.000
	秧歌组	0.61±0.13		0.024	0.69±0.31		0.025
	双滑组	0.63±0.10		0.025	0.68±0.09		0.089
	柔力球组	0.64±0.07		0.109	0.66±0.24		0.001

　　体质检测综合评分是对受试者所有体质检测项目的一个综合评价,根据国家国民体质监测规定,老年人体质监测评分中 BMI、肺活量、握力、坐位体前屈、闭眼单脚站立、选择反应时这 6 项,每一单项满分 5 分,所有项目的综合评分满分为 30 分,分数越高表明体质越好。

体质监测结果显示,男性各运动组综合评分的平均分变化范围是 18.00～22.00 分,不运动组综合评分的平均分是 17.53 分。女性各运动组综合评分的平均分变化范围是 18.21～21.90 分,不运动组综合评分的平均分是 17.54 分。男女各运动组综合评分得分均高于不运动组。差异性检验结果表明,男女广场舞组、秧歌组、双滑组,女性太极拳组和柔力球组的综合评分高于不运动组,与不运动组相比,均具有非常显著性差异($P<0.01$)。见表 4.93。说明运动可以增强老年人的身体机能和身体素质,增加体质综合得分,提高老年人体质水平。广场舞、秧歌和双滑运动对老年人综合体质提高均有显著作用。太极拳、柔力球运动对提高老年女性综合评分作用显著。

表 4.93　运动组与不运动组老年人体质综合评分差异性检验

指标	组别	男性			女性		
		运动组	不运动组	P 值	运动组	不运动组	P 值
综合评分	广场舞组	22.00±2.54		0.000	21.90±3.22		0.000
	健步走组	18.37±3.89		0.323	18.21±3.64		0.292
	太极拳组	19.33±3.00	17.53±2.94	0.079	20.50±3.74	17.54±3.61	0.000
	秧歌组	21.92±2.33		0.000	21.63±4.50		0.000
	双滑组	20.52±3.50		0.003	21.77±4.46		0.001
	柔力球组	18.00±3.87		0.719	21.80±3.28		0.000

不同组别男性的握力、闭眼单脚站立和选择反应时水平优于女性,但坐位体前屈水平低于女性。各运动组老年人在握力、坐位体前屈、闭眼单脚站立、选择反应时和综合评分指标上均优于不运动组。男女双滑组、柔力球组、秧歌组的握力水平较高,男女广场舞组、太极拳组坐位体前屈较好。男女秧歌组、女性广场舞组的闭眼单脚站立较好。男女太极拳组、广场舞组的选择反应时指标最好。男女广场舞组、秧歌组的综合评分最高,见图 4.40 至图 4.44。说明广场舞、秧歌运动综合健身效果最好,建议在寒地东北大力推广这两项运动。

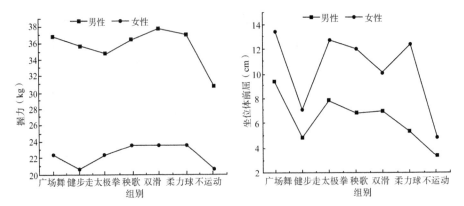

图 4.40　各组别老年男女握力点线图　　图 4.41　各组别老年男女坐位体前屈点线图

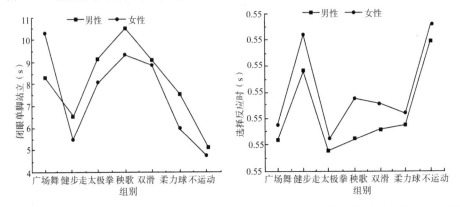

图 4.42　各组别老年男女闭眼单脚站立点线图　　图 4.43　各组别老年男女选择反应时点线图

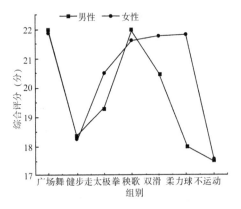

图 4.44　各组别老年男女综合评分点线图

4.4.1.2　运动组与不运动组老年人身体成分监测结果对比分析

（1）运动组与不运动组老年人体脂肪率和脂肪含量等指标对比分析

男性各运动组体脂肪率平均数的变化范围是 20.90%～23.40%，不运动组的体脂肪率平均数是 24.09%。女性各运动组体脂肪率平均数的变化范围是 32.17%~35.21%，不运动组体脂肪率的平均数是 35.27%。男女各运动组体脂肪率均低于不运动组。差异性检验结果表明，女性广场舞组体脂肪率低于不运动组，与不运动组相比，具有非常显著性差异（$P<0.01$）。男性双滑组体脂肪率低于不运动组，与不运动组相比，具有显著性差异（$P<0.05$），见表 4.94。说明运动可以有效地降低体脂肪率，男性进行双滑运动、女性进行广场舞运动降低体脂肪率效果显著。

男性各运动组内脏脂肪等级平均数的变化范围是 12.66~14.22，不运动组的内脏脂肪等级平均数是 13.36。女性各运动组内脏脂肪等级平均数的变化范围是 7.14~8.75，不运动组的内脏脂肪等级平均数是 8.50。男女各运动组内脏脂肪等级与不运动组相差不大。差异性检验结果表明，女性广场舞组内脏脂肪等级低于不运动组，与不运动组相比，具有非常显著性差异（$P<0.01$），见表 4.94。说明广场舞运动对于降低女性的内脏脂肪等级效果显著。

男性各运动组内脏脂肪含量平均数的变化范围是 2.30~3.17kg，不运动组的内脏脂肪含量平均数是 2.99kg。女性各运动组内脏脂肪含量平均数的变化范围是 2.43~3.52kg，不运动组的内脏脂肪含量平均数是 3.38kg。男女各运动组内脏脂肪含量与不运动组相差不大。差异性检验结果表明，女性广场舞组的内脏脂肪含量低于不运动组，与不运动组相比，具有非常显著性差异（$P<0.01$），见表 4.94。说明广场舞运动对于降低女性的内脏脂肪含量效果较好。

男性各运动组脂肪量平均数的变化范围是 14.18~15.99kg，不运动组的脂肪量平均数是 16.22kg。女性各运动组脂肪量的变化范围是 19.10~21.73kg，不运动组的脂肪量平均数是 21.78kg。男女各运动组脂肪量低于不运动组。差异性检验结果表明，女性广场舞组脂肪量低于不运动组，与不运动组相比，具有非常显著性差异（$P<0.01$），见表 4.94。说明运动可以降低人体脂肪量含量，广场舞运动对于降低女性的脂肪量效果显著。

男性各运动组皮下脂肪含量平均数的变化范围是 10.38~13.53kg，不运动组的皮下脂肪含量平均数是 13.22kg。女性各运动组皮下脂肪含量平均数的变化范围是 16.80~18.25kg，不运动组皮下脂肪含量平均数是 18.23kg。男女各运动组皮下脂肪含量与不运动组相差不大。差异性检验结果表明，男性柔力球组皮下脂肪含量低于不运动组，与不运动组相比，具有显著性差异（$P<0.05$），见表 4.94。表明柔力球运动对降低男性皮下脂肪含量效果显著。

表 4.94　运动组与不运动组老年人身体成分各项指标差异性检验

指标	组别	男性			女性		
		运动组	不运动组	P 值	运动组	不运动组	P 值
体脂肪率（%）	广场舞组	22.04±2.53	24.09±6.50	0.206	32.17±6.59	35.27±7.08	0.003
	健步走组	23.40±4.19		0.575	33.38±7.78		0.103
	太极拳组	23.27±4.26		0.576	34.92±6.66		0.767
	秧歌组	22.55±5.62		0.330	32.78±6.08		0.151
	双滑组	20.90±3.60		0.024	35.21±5.16		0.978
	柔力球组	21.03±4.61		0.097	34.54±5.11		0.622
内脏脂肪等级	广场舞组	13.53±1.71	13.36±2.82	0.837	7.14±2.80	8.50±3.08	0.003
	健步走组	13.56±2.32		0.752	8.12±3.04		0.446
	太极拳组	14.22±2.41		0.273	8.75±2.77		0.615
	秧歌组	12.92±3.22		0.611	7.30±2.69		0.104
	双滑组	12.66±2.57		0.357	8.66±2.39		0.871
	柔力球组	13.44±2.40		0.932	7.83±2.79		0.293
内脏脂肪含量（kg）	广场舞组	2.40±0.65	2.99±1.51	0.160	2.43±1.28	3.38±1.88	0.001
	健步走组	3.02±1.13		0.918	3.12±1.70		0.404
	太极拳组	3.17±1.38		0.632	3.26±1.28		0.708
	秧歌组	2.30±1.31		0.092	2.70±1.36		0.130
	双滑组	2.70±1.00		0.430	3.46±1.64		0.894
	柔力球组	2.75±1.13		0.616	3.52±3.64		0.718
脂肪量（kg）	广场舞组	15.70±2.90	16.22±5.41	0.711	19.10±6.12	21.78±7.37	0.008
	健步走组	15.91±3.68		0.768	20.08±7.07		0.124
	太极拳组	15.99±4.15		0.856	20.98±5.31		0.481
	秧歌组	14.28±4.50		0.163	20.19±6.22		0.328
	双滑组	14.18±3.80		0.098	21.73±7.02		0.981
	柔力球组	14.40±3.84		0.260	20.40±6.96		0.328

续　表

指标	组别	男性			女性		
		运动组	不运动组	P 值	运动组	不运动组	P 值
皮下脂肪含量（kg）	广场舞组	13.53±2.67		0.774	16.81±4.76		0.072
	健步走组	12.87±2.64		0.657	16.80±5.39		0.096
	太极拳组	12.74±2.99	13.22±4.00	0.622	17.71±4.09	18.23±5.69	0.557
	秧歌组	11.99±3.29		0.234	17.46±5.05		0.542
	双滑组	11.47±2.82		0.057	18.25±5.35		0.991
	柔力球组	10.38±3.07		0.020	17.77±5.52		0.678

综上，除女性广场舞组外，男女各运动组和不运动组的内脏脂肪等级、内脏脂肪含量和脂肪量均无显著性差异。广场舞对女性减脂效果较好，双滑运动对男性减脂效果较好。其他运动对于降低老年人的内脏脂肪等级、内脏脂肪含量和脂肪量也有效果，但不显著。进行广场舞运动对降低女性的体脂肪率、内脏脂肪等级、内脏脂肪含量和脂肪量效果显著。

男性内脏脂肪等级高于女性，而体脂肪率、内脏脂肪含量、脂肪量、皮下脂肪含量都低于女性。男女性别不同，因而身体形态结构、生理功能和激素分泌不同。为了维持生育、月经等正常生理功能，女性比男性需要更多的脂肪。

男女各运动组的体脂肪率、脂肪量均低于不运动组，其他指标与不运动组相当。男性双滑组、柔力球组，女性广场舞组、秧歌组的体脂肪率较低。男性双滑组、秧歌组，女性广场舞组、秧歌组的内脏脂肪等级较低。男女广场舞组、秧歌组的内脏脂肪含量相对较低。男性双滑组、秧歌组，女性广场舞组的脂肪量较低。男性柔力球组、女性广场舞组的皮下脂肪含量较低，见图 4.45 至图 4.49。说明男女进行广场舞、秧歌运动，男性进行双滑运动、柔力球运动可以有效降低体脂肪率。

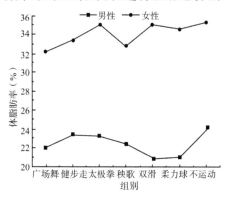

图 4.45　各组别老年男女体脂肪率点线图　　图 4.46　各组别老年男女内脏脂肪等级点线图

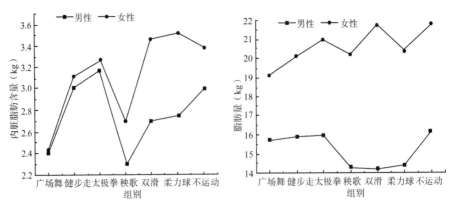

图 4.47　各组别老年男女内脏脂肪含量点线图　图 4.48　各组别老年男女脂肪量点线图

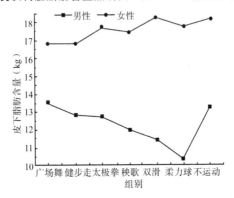

图 4.49　各组别老年男女皮下脂肪含量点线图

(2)运动组与不运动组老年人肌肉量等指标对比分析

男性各运动组肌肉量的平均数变化范围是 49.25～52.13kg,不运动组的肌肉量平均数是 47.70kg。女性各运动组肌肉量平均数的变化范围是 35.90～38.44kg,不运动组的肌肉量平均数是 36.45kg。男性各运动组肌肉量均比不运动组多。女性各运动组肌肉量与不运动组接近。差异性检验结果表明,男性广场舞组、女性秧歌组的肌肉量高于不运动组,与不运动组相比,具有显著性差异($P<0.05$),见表 4.95。说明男性进行广场舞运动,女性进行秧歌运动有助于提高肌肉量。

脂肪控制是指需要减掉的身体内多余的、对人的身体健康不利的脂肪。男性各运动组脂肪控制的平均数变化范围是 1.87～4.15kg,不运动组的脂肪控制平均数是 4.62kg。女性各运动组脂肪控制的平均数变化范围是 3.43～5.37kg,不运动组的脂肪控制平均数是 5.92kg。男女各运动组脂肪控制平均数比不运动组都少,说明运动老年人需要减少的脂肪量相对较少,体内多余脂肪比不运动老年人要少。差异性检验结果表明,女性广场舞组脂肪控制量低于不运动组,与不运动组相比,具有非常显著性差异（$P<0.01$）。男性广场舞组、双滑组脂肪控制量低于不运动组，与不运动组相比，具有显著性差异（$P<0.05$），见表 4.95。男性进行广场舞、双滑运动，女性进行广场舞运动，可以有效地控制体内多余脂肪，降低多余脂肪量。

表 4.95　运动组与不运动组老年人肌肉量等差异性检验

指标	组别	男性			女性		
		运动组	不运动组	P 值	运动组	不运动组	P 值
肌肉量（kg）	广场舞组	52.13±3.44	47.70±6.77	0.016	37.03±2.89	36.45±3.34	0.297
	健步走组	49.68±4.46		0.151	35.90±3.40		0.363
	太极拳组	49.25±4.44		0.345	36.48±2.78		0.963
	秧歌组	50.15±7.92		0.170	38.44±7.73		0.026
	双滑组	49.89±4.55		0.165	36.60±3.98		0.908
	柔力球组	50.88±4.58		0.126	36.14±3.40		0.692
脂肪控制量（kg）	广场舞组	1.87±3.21	4.62±4.66	0.016	3.43±4.09	5.92±5.96	0.001
	健步走组	3.72±2.83		0.291	4.78±4.96		0.166
	太极拳组	4.15±3.27		0.641	5.06±4.14		0.308
	秧歌组	2.52±2.91		0.059	3.92±3.26		0.098
	双滑组	2.12±2.41		0.012	5.37±6.09		0.750
	柔力球组	2.82±3.22		0.183	4.02±5.83		0.072

　　体成分得分是对个体的体脂肪率、肌肉量、脂肪量等指标进行综合评定后，计算出来的综合得分，反映人体体内各种不同身体成分的合理程度。男性各运动组体成分得分的平均分变化范围是 77.22～81.15 分，不运动组的体成分平均分得分是 75.07 分。女性各运动组体成分得分的平均分变化范围是 75.03～78.38 分，不运动组的体成分得分平均分是 74.39 分。男女各运动组体成分得分都比不运动组高。差异性检验结果表明，男女广场舞组体成分得分与不运动组相比，具有非常显著性差异（$P<0.01$）。男女秧歌组和男性双滑组体成分得分高于不运动组，与不运动组相比，具有显著性差异（$P<0.05$），见表 4.96。说明运动老年人身体成分更加合理，肌肉量更多，体脂肪率超标现象更少。秧歌、广场舞运动减脂增肌、改善老年人身体成分的效果较好。双滑运动改善男性身体成分的效果更好。

表 4.96　运动组与不运动组老年人体成分得分差异性检验

指标	组别	男性			女性		
		运动组	不运动组	P 值	运动组	不运动组	P 值
体成分 得分	广场舞组	81.15±4.23		0.004	77.42±4.25		0.006
	健步走组	77.35±5.42		0.152	75.61±5.79		0.303
	太极拳组	77.22±5.66	75.07 ±8.43	0.258	75.03±10.76	74.39 ±7.94	0.602
	秧歌组	79.78±7.49		0.023	78.38±7.23		0.023
	双滑组	79.90±5.08		0.010	76.22±7.69		0.462
	柔力球组	77.22±3.76		0.370	75.90±6.13		0.322

　　男性的肌肉量和体成分得分高于女性,男性脂肪控制量低于女性,体内多余脂肪更少。男性各运动组的肌肉量高于不运动组,女性除秧歌组外各运动组的肌肉量与不运动组相当。男女各运动组的脂肪控制量低于不运动组,体成分得分高于不运动组。男女广场舞组、秧歌组,男性柔力球组的肌肉量更高。男女广场舞组、秧歌组、男性双滑组的脂肪控制量更少。男女广场舞组、秧歌组,男性双滑组的体成分得分更高,见图 4.50 至图 4.52。说明运动可以增加肌肉含量,降低脂肪控制量,提高体成分得分。尤其是广场舞和秧歌运动,对于增肌、降脂以及提高体成分得分效果显著。

　　总体而言,运动老年人身体肌肉量更多、脂肪量更少,体成分得分更高,身体成分更加合理。老年人应该选择合适的运动项目,尽量多参加体育锻炼。

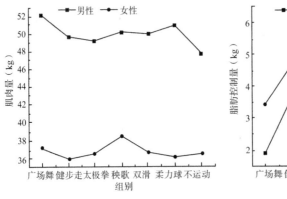 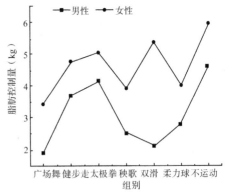

图 4.50 各组别老年男女肌肉量点线图　　图 4.51 各组别老年男女脂肪控制量点线图

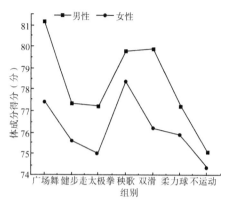

图 4.52　各组别老年男女体成分得分点线图

4.4.1.3　运动组与不运动组老年人骨密度监测结果对比分析

男性各运动组骨密度 T 值的平均数变化范围是 $-1.36 \sim -0.48$，不运动组的骨密度 T 值平均数是 -1.89。女性各运动组骨密度 T 值的平均数变化范围是 $-2.08 \sim -1.51$，不运动组的骨密度 T 值平均数是 -2.24。男女各运动组骨密度 T 值均比不运动组要高。差异性检验结果表明，男女太极拳组，男性双滑组、柔力球组，女性广场舞组骨密度 T 值高于不运动组，与不运动组相比，具有非常显著性差异（$P < 0.01$）。男女秧歌组、男性健步走组，女性柔力球组骨密度 T 值高于不运动组，与不运动组相比，具有显著性差异（$P < 0.05$），见表 4.97。说明运动老年人骨密度要高于不运动老年人。男女进行太极拳、秧歌和柔力球，男性进行双滑和健步走，女性进行广场舞锻炼，可以延缓骨密度流失，预防骨质疏松。

表 4.97　运动组与不运动组老年人骨密度差异性检验

指标	组别	男性			女性		
		运动组	不运动组	P 值	运动组	不运动组	P 值
骨密度 T 值	广场舞组	-1.36 ± 0.66		0.118	-1.79 ± 0.89		0.002
	健步走组	-1.29 ± 0.76		0.019	-2.08 ± 0.92		0.289
	太极拳组	-0.48 ± 1.27	-1.89 ± 0.95	0.000	-1.51 ± 1.06	-2.24 ± 0.75	0.000
	秧歌组	-1.23 ± 1.16		0.048	-1.79 ± 0.70		0.046
	双滑组	-0.56 ± 1.06		0.000	-1.96 ± 0.75		0.384
	柔力球组	-0.78 ± 0.95		0.004	-1.77 ± 0.84		0.017

男性骨密度 T 值高于女性，骨密度水平整体好于女性，这与前人研究成果一致。男女各运动组的骨密度 T 值高于不运动组。男女太极拳组、男性双滑组的骨密度 T 值高于其他各组，见图 4.53。说明男女进行太极拳运动，男性进行双滑运

动,对于延缓老年人骨密度流失效果较好。

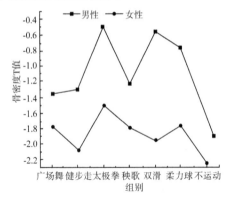

图 4.53　各组别老年男女骨密度 T 值点线图

4.4.1.4　运动组与不运动组老年人血管机能结果对比分析

(1)运动组与不运动组老年人血管弹性监测结果对比分析

男性各运动组左踝血管 PWV 的平均数变化范围是 1503.07~1709.35cm/s,不运动组的左踝血管 PWV 平均数是 1733.84cm/s。女性各运动组左踝血管 PWV 的平均数变化范围是 1491.77~1594.91cm/s,不运动组的左踝血管 PWV 平均数是 1640.18cm/s。男性各运动组右踝血管 PWV 的平均数变化范围是 1511.53~1692.94cm/s,不运动组的右踝血管 PWV 平均数是 1724.73cm/s。女性各运动组右踝血管 PWV 的平均数变化范围是 1498.88~1601.55cm/s,不运动组的右踝血管 PWV 平均数是 1635.30cm/s,见表 4.98。男女各运动组 PWV 比不运动组要低,PWV 传导速度要慢,血管弹性更好,说明运动可以延缓血管的硬化。

差异性检验结果表明,男性广场舞组、双滑组,女性太极拳组左踝和右踝血管 PWV 低于不运动组,与不运动组相比,均具有显著性差异($P<0.05$),见表 4.98。说明老年男性进行广场舞、双滑运动,女性进行太极拳运动,可以改善血管弹性。

除广场舞组外,其他男性各组左踝、右踝血管 PWV 值均高于女性各组。说明男性的血管弹性水平不如女性,血管硬化程度较女性严重。男女各运动组左踝、右踝血管 PWV 值均低于不运动组。男女双滑组,男性广场舞组的左踝、右踝血管 PWV 值低于其他各组,见图 4.54、图 4.55。说明男女进行双滑运动,男性进行广场舞运动,能够更明显地降低血管 PWV 值,对于延缓血管硬化、改善血管弹性和预防动脉硬化效果更佳。

表 4.98　运动组与不运动组老年人 PWV 差异性检验

指标	组别	男性			女性		
		运动组	不运动组	P 值	运动组	不运动组	P 值
左踝血管 PWV (cm/s)	广场舞组	1503.07±284.72		0.034	1594.91±267.14		0.306
	健步走组	1709.35±346.64		0.741	1588.22±355.24		0.281
	太极拳组	1638.66±339.60	1733.84±243.42	0.286	1546.89±235.71	1640.18±29.92	0.040
	秧歌组	1632.78±206.98		0.294	1535.71±207.41		0.142
	双滑组	1537.90±263.08		0.023	1491.77±180.10		0.141
	柔力球组	1643.77±193.75		0.423	1590.64±286.32		0.422
右踝血管 PWV (cm/s)	广场舞组	1511.53±430.27		0.040	1601.55±262.29		0.433
	健步走组	1692.94±355.96		0.682	1588.69±343.67		0.320
	太极拳组	1608.33±339.23	1724.73±206.87	0.212	1536.72±217.01	1635.30±285.92	0.041
	秧歌组	1636.50±217.82		0.381	1546.19±197.06		0.198
	双滑组	1523.47±249.56		0.036	1498.88±178.25		0.164
	柔力球组	1603.44±202.74		0.302	1585.87±292.98		0.411

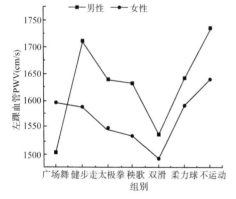

图 4.54　各组别老年男女左踝血管 PWV 点线图

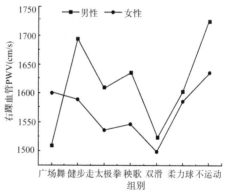

图 4.55　各组别老年男女右踝血管 PWV 点线图

(2)运动组与不运动组老年人血管阻塞程度监测结果对比分析

男性各运动组左踝血管 ABI 的平均数变化范围是 1.10～1.13,不运动组的左踝血管 ABI 平均数是 1.10。女性各运动组左踝血 ABI 的平均数变化范围是 1.10～1.12,不运动组的左踝血管 ABI 平均数是 1.10。男性各运动组右踝血管 ABI 的平均数变化范围是 1.11～1.14,不运动组的右踝血管 ABI 平均数是 1.10。女性各运动组右踝血管 ABI 的平均数变化范围是 1.10～1.13,不运动组的右踝血管 ABI 平均数是 1.10。除男女健步走组左踝血管 ABI 值、女性健步走组右踝血管 ABI 值与不运动组相同外,其他各组左踝、右踝血管 ABI 值均高于不运动组,见表 4.99。

差异性检验结果表明,男性广场舞组、双滑组、柔力球组左踝和右踝血管 ABI 值均高于不运动组,与不运动组相比,具有显著性差异($P<0.05$),见表 4.99。女性运动组和不运动组的左踝和右踝血管 ABI 均无显著性差异。说明男性进行广场舞、双滑和柔力球运动,有利于缓解血管阻塞。

表 4.99　运动组与不运动组老年人 ABI 差异性检验

指标	组别	男性			女性		
		运动组	不运动组	P 值	运动组	不运动组	P 值
左踝血管 ABI	广场舞组	1.13±0.06		0.017	1.12±0.11		0.114
	健步走组	1.10±0.12		0.114	1.10±0.10		0.415
	太极拳组	1.13±0.14	1.10±0.10	0.561	1.11±0.06	1.10±0.07	0.349
	秧歌组	1.11±0.09		0.111	1.12±0.06		0.245
	双滑组	1.13±0.07		0.018	1.12±0.05		0.432
	柔力球组	1.13±0.07		0.016	1.12±0.08		0.239
右踝血管 ABI	广场舞组	1.13±0.09		0.024	1.13±0.14		0.652
	健步走组	1.11±0.11		0.804	1.10±0.13		0.861
	太极拳组	1.13±0.13	1.10±0.07	0.301	1.11±0.07	1.10±0.08	0.826
	秧歌组	1.11±0.09		0.468	1.11±0.05		0.857
	双滑组	1.14±0.07		0.029	1.13±0.03		0.303
	柔力球组	1.14±0.07		0.034	1.12±0.08		0.265

男性左踝、右踝血管 ABI 值与女性相差不大。男女广场舞组、双滑组、柔力球组的左踝、右踝血管 ABI 值均较其他各组高,见图 4.56、图 4.57。说明相对其他各运动项目,广场舞、双滑、柔力球运动更有助于降低血管阻塞风险,增强老年人血管机能。

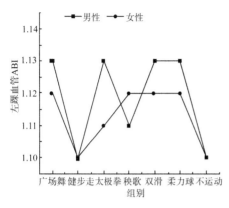 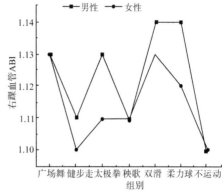

图 4.56　各组别老年男女左踝血管 ABI 点线图　图 4.57　各组别老年男女右踝血管 ABI 点线图

4.4.1.5　规律运动老年人与不运动老年人体质差异的讨论

运动组和不运动组老年人在身体形态上差异不大。运动组老年人的收缩压、舒张压平均值均比不运动组低,运动组老年人的肺活量、坐位体前屈、闭眼单脚站立、综合评分平均值均高于不运动组,选择反应时的平均值均低于不运动组。可见,运动老年人的血压、心率、身体机能和身体素质明显好于不运动老年人。王志强等研究发现,持续规律的运动锻炼有助于改善老年人的体质健康状况。[①]　王广强等研究发现,参与体育运动能有效提高老年人的体质,在提高老年人的身体功能水平方面效果显著。[②]　本研究结果与上述一致。

运动组老年人身体的脂肪量平均值均比不运动组低,需要减少的脂肪量更少,体成分得分平均值均比不运动组高。可见,运动的老年人身体成分略好于不运动的老年人。鱼芳青等研究发现,长期坚持规律性的运动锻炼有助于中老年人控制体重,降低体脂率。[③]　本研究结果与上述一致。

运动组老年人的骨密度 T 值平均值均高于不运动老年人,可见运动的老年人骨密度好于不运动的老年人。刘根平研究发现,科学、规律的体育锻炼能够有效预防和控制老年人骨密度下降,降低老年人体脂含量,促进身体成分的合理构成。[④]

①　王志强,王辉.不同健身方式对社区老年人生活质量和体质健康的影响[J].中国老年学杂志,2020(8):1660-1662.

②　王广强,洪思征.体育活动对中外老年人体质健康的影响[J].中国老年学杂志,2018(13):3160-3164.

③　鱼芳青,郝惠雄,李真玉.有氧运动结合抗阻练习的运动锻炼模式对中老年人身体能力的影响[J].中国老年学杂志,2018(17):4189-4193.

④　刘根平.老年人骨密度与体育锻炼的相关性[J].中国老年学杂志,2019(12):2938-2940.

王光旭等研究发现,适当的抗阻训练可有效保护老年人骨骼,预防骨质疏松。[①] 马远征等研究发现,规律的功能锻炼可以有效改善骨质疏松症,维护和提高骨密度。[②] 本研究结果与上述一致。

运动组老年人的左踝、右踝血管 PWV 平均值均低于不运动老年人,可见运动老年人的血管弹性好于不运动老年人。陈文聪研究发现,健身运动改善了老年人动脉血管弹性,且运动频率越高、肌肉力量越大,血管弹性越好。[③] 本研究结果与上述一致。

综上,本研究认为长期从事规律运动的老年人,其血压、身体机能、身体素质、身体成分、骨密度和血管机能水平要好于不运动的老年人。

4.4.1.6 不同运动项目的健身效果讨论

运动老年人的血压、身体机能、身体素质、身体成分、骨密度和血管机能水平要好于不运动老年人,仅在身体形态方面差异不大。研究发现,只要从事运动就能获得健康收益,但不同运动的作用和健身效果不尽相同,各有侧重。没有哪项运动可以适合所有人,不同年龄、性别、运动习惯和体质状况的老年人,选择运动项目应有所不同。但综合健身效果最好,最适合寒地东北城镇老年人的运动是广场舞和秧歌,建议政府和体育部门大力推广这两项运动。

(1)不同运动项目对老年人身体形态、心率和血压的健身效果

运动对于改善老年人的身体形态效果不明显。调研发现,这与老年人在运动之余不控制饮食量有关。冬季气候寒冷,为了御寒和外出进行体育锻炼,老年人适当增加饮食量,导致运动组和不运动组老年人的身体形态无显著性差异。研究发现,运动组与不运动组老年人的心率并无显著性差异,但运动组老年人的心率较不运动组略低。有研究表明,长期有氧运动可降低心脏交感神经紧张度,提升副交感神经功能,使心率减慢。[④] 这与本研究结果相似。

研究发现,健步走、秧歌和太极拳运动,对于降低老年人的收缩压和舒张压效果显著。进行健步走运动,可有效降低男性中老年人的血压,提高其肺活量水

---

① 王光旭,王兴,陈新丽,等.抗阻训练对老年人骨密度影响的 meta 分析[J].上海体育学院学报,2019(5):67-76.

② 马远征,王以朋,刘强,等.中国老年骨质疏松诊疗指南(2018)[J].中国老年学杂志,2019(11):2557-2575.

③ 陈文聪.健身运动对健康老年人动脉血管弹性的影响[J].中国老年学杂志,2015(7):1794-1796.

④ 马志勇,赵永才.有氧运动对原发性高血压大鼠的降压作用及对骨骼肌 VEGF、eNOS 表达的影响[J].中国应用生理学,2015(4):320-324.

平。[1] 太极拳运动可以不同程度降低中老年原发性高血压患者的收缩压和舒张压。[2] 本研究结果与上述一致。

健步走运动，是在自然行走的基础上，昂首挺胸，肘关节自然放松，以肩关节为轴，前后摆臂，并与下肢运动协调配合。下肢的蹬伸和摆动幅度较大，下肢的肌肉受到牵拉，运动负荷增大，较多肌肉参与运动，降低血流阻力，减少血管外周阻力。健步走能够降低儿茶酚胺水平，抑制交感神经过度兴奋，改善血液循环，扩张血管，缓解紧张情绪，从而实现降低血压的效果。

秧歌扭动过程中，肩、髋、膝关节等的扭、拧和拉伸等动作，会加速血液循环，使血管内细胞氧供应充足，加速血脂代谢，减少血管壁上动脉粥样斑块沉积，使血管壁厚度减少，血管壁弹性增加，血流阻力减少，实现收缩压和舒张压的下降。

太极拳运动，如行云流水、舒展大方，练习时肌肉张弛有力，有"肌肉泵"的功效，可改善静脉血液回流和血液微循环，使血管外周阻力下降。练习时以意念引领动作，心神安定，涵养心境，缓解紧张情绪，在"松""静"状态下，大脑出于保护性抑制，反射性地促使血管舒张。而且太极拳运动以躯干为轴，连接上下肢进行运动，运动中以腹式呼吸为主，气沉丹田，形成有节律的腹压，对心脏和血管起到挤压和按摩的作用，使血液流动速度加快，扩张血管管腔面积，降低血液循环阻力，从而实现降压目的。

(2)不同运动项目对老年人身体机能和身体素质的健身效果

本研究发现，广场舞、秧歌、太极拳和双滑运动对于提高老年人的肺活量、握力、坐位体前屈、闭眼单脚站立、选择反应时和综合评分水平效果较好，其中广场舞和秧歌运动在改善寒地东北城镇老年人身体机能和素质方面效果显著。

广场舞和秧歌运动同属全身性的有氧运动，运动中有单脚支撑、跨步、提踵、摇摆、旋转等技术动作。运动时腰身扭动、下肢弹性屈伸、上肢摆动等动作，运动幅度较大，需要身体协调用力，共同完成某一动作。这些运动技术能够增加人体骨骼肌活动速率和强度，能够有效锻炼人体大肌肉群，改善组织器官系统功能。秧歌运动具有节奏欢快的特点，音乐旋律变化多样，技术动作变化复杂，要按照不同的旋律、不同的节奏，完成不同的技术动作，这些动作对人体神经系统不断形成刺激，使其功能不断改善，促进人体反应速度不断加快，人体协调性和平衡性不断增强。秧歌运动负荷强度和负荷量适中，对于提高老年人的心肺功能、肌肉力量、柔韧性、平衡性和反应能力等均具有较好的效果。韩仁英研究认为，12周扭秧歌运动对提高中

---

① 范斌.不同步数的健步走对男性中老年人健身的效果[J].中国应用生理学杂志,2018(2):126-129.
② 金成吉,张自云,解超.太极拳对中老年原发性高血压患者血压水平影响的Meta分析[J].现代预防医学,2018(18):3446-3451.

老年女性的柔韧性、灵活性和平衡性有显著作用。① 太极拳和双滑运动可以促进膈肌舒张和收缩,提高肺的容积和扩张能力,增强肺和胸廓的弹性,改善换气功能,提高肺活量。王广强等研究发现,体育活动能有效提高老年人握力,降低老年人的血压等体质水平。② 本研究结果与上述一致。因此,广场舞、秧歌、太极拳和双滑运动适合老年人进行锻炼,有利于改善老年人的体质。

(3)不同运动项目对老年人身体成分的健身效果

肥胖是高血压、高血糖、高血脂的主要危险因素,控制体重是预防慢性病和提高老年人健康水平的重要方法。③ 因而需要高度关注老年人的体重。实验结果显示,广场舞运动对于降低女性老年人的体脂肪率、内脏脂肪等级、内脏脂肪含量和脂肪量具有显著效果。双滑运动对于降低男性的体脂肪率有显著效果。柔力球运动对于降低皮下脂肪含量具有显著效果。广场舞运动对于增加男性肌肉量效果较好,秧歌对于增加女性肌肉量效果较好。进行双滑运动的男性和进行广场舞运动的女性,身体脂肪量在各组中最少,需要减掉的脂肪量较少。进行广场舞和秧歌运动的老年人,体成分得分较高,身体成分相对合理。广场舞和秧歌运动的减脂增肌效果较好,建议老年人通过广场舞和秧歌运动改善身体成分。

广场舞和秧歌都是有氧运动,有氧运动时间长、运动强度适中,运动时肌肉活动消耗大量热量,人体新陈代谢会加快,在糖原消耗以后,会消耗大量的脂肪进行供能,因而长期运动会使人体的体脂肪率下降,达到减脂目的。秧歌和广场舞在运动中多是手持扇子或其他道具,这样运动中手腕和上臂需要摇摆和晃动器械,因而上臂和手部的肌肉力量得到锻炼,起到增肌效果。

(4)不同运动项目对老年人骨密度的健身效果

研究发现,太极拳运动对提高老年男女骨密度 T 值效果显著。双滑运动对提高男性老年人骨密度 T 值有效果。要提高老年人骨密度,延缓骨质疏松的发生,建议男性进行太极拳和双滑运动,女性进行太极拳运动。

太极拳运动能够提高老年人骨密度,与其技术动作特点有关。太极拳的技术动作中半蹲姿势较多,高探马、海底针、白鹤亮翅等动作,需要不断控制自身的平衡和稳定,因而对躯干、髋关节和大腿等部位的腹内斜肌、竖脊肌、股四头肌等肌肉不

① 韩仁英.12周扭秧歌对中老年女性身体形态、机能和身体素质变化的影响[D].北京:北京体育大学,2006.

② 王广强,洪思征.体育活动对中外老年人体质健康的影响[J].中国老年学杂志,2018(13):3160-3164.

③ 张锐芝,巢健茜,徐辉,等.老年人肥胖与主要慢性病的关系[J].中华疾病控制杂志,2017(3):233-236.

断牵拉,长期练习使股骨和腰椎附近肌群力量提高,运动时肌肉不断牵拉骨骼,从而提高骨密度。宋京林等研究发现,太极拳运动能够显著增加老年女性颈椎和股骨颈的骨密度,效果好于快走和广场舞。① 这与本研究结果相似。

(5)不同运动项目对老年人血管机能的健身效果

进行双滑运动的老年人左踝和右踝血管 PWV 值较低,血管弹性较好。男性进行双滑和柔力球运动者,女性进行广场舞和双滑运动者,血管的阻塞程度较轻,血管内血流的通畅度更好。建议需要改善血管弹性、预防动脉硬化、提高血管机能的老年人进行双滑、广场舞和柔力球运动。

速度轮滑和速度滑冰运动的供能系统,都以有氧供能为主。运动技术的结构外形、动作节奏、发力顺序和做功原理都有相同或相似之处,因而两个项目的训练方式和方法均可相互借鉴。东北喜欢轮滑运动的老年人,在冬季会选择进行滑冰运动。这种"冬季滑冰+夏季轮滑"的双滑运动深受老年人的喜爱,进行双滑运动的人数不断增加。

"冬季滑冰+夏季轮滑"的运动形式,对人体重心转换和身体平衡控制的能力要求很高。滑冰或轮滑运动中的自由滑行、单支撑蹬冰(地)、双支撑蹬冰(地)、收腿、摆腿、着冰(地)等技术动作,需要身体各器官系统的协调配合,人体下肢的髋、膝、踝关节和肌肉群起着重要的作用。臀部的臀中肌、内收肌等肌肉力量,为核心稳定和起跑启动提供动力。膝关节的蹬伸节奏决定蹬冰(地)效果,膝关节肌群不断收缩舒张,有利于股四头肌、股二头肌、半腱肌、胫骨前肌等肌肉力量增加。踝关节在滑冰中起着稳定、支撑和传导发力的作用。双滑运动以其技术动作特点和能量供应特征,能够改善人体的血液循环系统,抑制血管壁粥样硬化斑块的沉积,提升血管壁内皮细胞功能,扩张血管壁,增加血流速度,改善血管弹性,增强血管机能。

柔力球运动需要使用专门的柔力球球拍,采用"迎、引、抛"等技术动作,通过"弧形引化"的方式,控制球的运动轨迹。柔力球运动是一种全身性运动,运动中有画圆、旋转等动作,练习时人体的各部位需要协调用力,因而能够使人体各器官、系统得到均衡全面发展。柔力球运动比较柔和,技巧性强,刚柔并济,张弛有度,动静结合,稳健中蕴含无穷的力量。音乐节奏温婉柔和,技术动作圆润平和、宁静和谐,使人身心舒畅,可以修身养性。柔力球运动中有许多圆周运动,在弧形引化动作时,人体上肢处于放松状态,对静脉血液回流有促进作用,可以增强人体血液循环,

---

① 宋京林,程亮,常书婉.48周太极拳、快走和广场舞运动对老年女性骨密度的影响[J].山东体育学院学报,2018(6):105-108.

改善血管弹性。

综上，寒地东北城镇老年人应该根据自身体质的特点和运动目标，有针对性地选择适合自己的运动项目，或采取不同运动项目相结合的方式，发挥各种运动方式的优点，提高健身效果。通过体质监测和统计分析发现，综合健身效果最好的运动是广场舞和秧歌，这两项运动对提高老年人体质的效果比较显著。这为运动促进体质方案的设计奠定了坚定的实践基础，使方案制定中运动项目的选择具有科学依据，同时也为寒地东北推广适合老年人的运动项目提供科学依据。秧歌是东北老年人喜爱的运动项目，且健身效果较好，同时，秧歌属于中国民间和民俗传统体育项目，国家鼓励推广，因此本研究在制定运动方案时选取秧歌作为主要运动项目。

4.4.2 运动促进体质方案的设计依据

4.4.2.1 体质健康促进相关理论

运动促进体质方案设计，以健康促进模型、健康信念模型、计划行为理论、社会认知理论、自我效能理论等五种理论为指导。

(1)健康促进模型在方案设计中的应用

依据健康促进理论，个体行为改变需要建立特定行为认知及情感，因而在设计方案时应提高老年人对"运动有益健康"的认知，使老年人能够自发、自愿地参与运动并长期坚持。通过对运动障碍的控制，帮助老年人建立对运动的良好情感，加强家庭、同伴、朋友对老年人运动行为的支持，使老年人形成规律运动习惯。

(2)健康信念模型在方案设计中的应用

个人信念和个体认知是个体进行运动的内部动因，因而方案的制定需考虑个体易感性认知、严重性认知、利益性认知、障碍性认知、行动认知、自我效能等对行为的影响，使老年人认识到慢性病对身体健康的不良影响和运动对体质的积极作用。

(3)计划行为理论在方案设计中的应用

依据计划行为理论，在设计方案时应考虑行为信念、行为结果评价因素，以确定老年人对运动行为的态度，从规范信念和依从动机等方面进行控制，强化老年人的运动意向，使老年人坚持运动。

(4)社会认知理论在方案设计中的应用

依据社会认知理论，在设计方案时应考虑影响老年人行为发展的个人因素、行为因素和环境因素，同时结合寒地东北城镇老年人的体质特征、个体行为习惯和寒地东北气候特点。

(5)自我效能理论在方案设计中的应用

依据自我效能理论,在设计方案时应考虑提高老年人的自我效能,使其坚定"运动增强体质"的信念。应按照循序渐进、由易到难的顺序进行设计,鼓励老年人亲身参与和体验体育运动,并感受体育运动带来的乐趣和益处。通过鼓励和劝告使老年人相信自己具备进行体育运动的能力,可以通过体育运动增进健康,从而不断提升老年人的自我效能,强化他们参与体育锻炼的动机以及坚持体育锻炼的信心和决心。

4.4.2.2   寒地东北城镇老年人体质特征和寒地气候特点

运动促进体质方案针对寒地东北城镇老年人群体,因而严格依据 4.1 部分研究结果,从寒地东北城镇老年人体质的弱项和短板出发,进行方案设计。4.1 研究发现,寒地东北城镇老年人血压较高、血管机能下降、体脂肪率高,男性内脏脂肪含量超标,女性手臂肌肉力量水平较差、骨密度水平较差、骨质疏松症发病率较高、平衡能力较差。

因寒地东北城镇老年人血压较高、血管机能下降现象突出,方案设计时将控制老年人的高血压确定为首要任务。方案中内容设计部分阐述了实施方法,在控制寒地东北城镇老年人血压水平的同时,改善其血管机能,进而降低心脑血管疾病的发病率。

因寒地东北城镇老年人体脂肪率高、男性内脏脂肪含量超标等问题突出,方案设计时将降低体脂肪率和内脏脂肪含量等作为主要任务,设计了减脂方案,改善老年人身体形态。

因寒地东北城镇老年人骨密度水平较差、骨质疏松症发病率较高,女性手臂肌肉力量水平较差,方案设计时将增加力量、提高骨密度水平作为重要任务,设计了健骨增肌方案,提高老年人骨密度水平,增加老年人肌肉力量。

因寒地东北城镇老年人平衡能力较差,发生跌倒现象频繁,冬季雪后地面湿滑,老年人摔倒骨折时有发生,影响老年人身体健康和生活质量。方案设计时纳入了提高平衡能力方案。

随年龄增加,寒地东北城镇老年人的心肺功能降低,肌肉力量减小,平衡能力下降,反应速度减慢,柔韧性降低,灵活性减弱,体质不断下降,遇到过量负荷时,易出现不良后果,因而设计方案时以循序渐进的方式增加运动负荷,并根据老年人对运动的适应情况,不断调整运动方案。

由于寒地东北气候条件限制,寒地东北城镇老年人夏季锻炼、冬季天冷停练的

"季节性"锻炼现象普遍,方案设计中考虑选取室内室外均可进行的运动项目,保证锻炼的可持续性。

4.4.2.3   寒地东北城镇老年人健康状况和体质影响因素

研究发现,寒地东北城镇老年人的身体健康和生活方式具有地域特点,因而方案设计严格参照 4.2 部分研究结果。

寒地东北城镇老年人患病率较高,且心脑血管疾病、呼吸系统疾病、高血压、骨关节病等发病率高。考虑高血压和心脑血管疾病对老年人身体健康影响最显著,且高血压是心脑血管疾病的重要诱因之一,方案设计时将干预高血压作为核心干预内容。

研究发现,寒地东北城镇老年人最喜爱的运动项目是健步走、广场舞、秧歌、太极拳等运动,方案设计时将这些运动项目作为运动类型进行推荐。老年人饮食口味偏重,油和盐使用过量现象普遍,因而方案设计中增加了减盐减油的建议。

依据 4.3 部分研究结果,根据影响寒地东北城镇老年人体质的生活方式因素,在设计运动处方时,认真考虑影响寒地老年人运动相关因素,选择适合寒地老年人的每周体育锻炼次数、每次体育锻炼时间和运动强度等。

研究发现,参加有组织的体育锻炼的老年人体质较好,又因寒地东北城镇老年人喜欢团体运动的人数众多,因而方案设计时重点关注个人和团体都可进行的运动项目,推荐项目多为集体性项目,兼顾室内和室外都可进行、不受场地面积限制的运动项目。

4.4.2.4   不同运动项目的健身效果

研究发现,不同运动项目的健身效果不同,且不同运动项目对体质不同指标的影响也各不相同,因而方案设计依据 4.4.1 部分研究结果进行。

研究发现,综合健身效果最好,最适合寒地东北城镇老年人的运动是广场舞和秧歌,适宜在寒地东北城镇老年人中推广。健步走、太极拳、柔力球和双滑运动健身效果稍次于前两种运动,但都有健身效果。因而方案设计时将这些项目纳入其中。秧歌运动的综合健身效果较好,是东北特色运动项目,具有东北地域特色文化基础和群众基础,深受老年人喜爱。秧歌运动的研究成果匮乏,说明研究意义重大,因而方案设计中以秧歌作为主要运动项目。

4.4.3   运动促进体质方案的理论架构

依据前期研究成果,结合体质促进相关理论,寒地东北城镇老年人的体质特征、寒地气候特点、寒地东北城镇老年人健康状况、生活方式特征和影响因素,不同运动项目的健身效果评价,本书构建了运动促进体质方案。运动促进体质方案以运动处方为核心,对运动参与者进行科学健身指导,是促进个体强身健体、愉悦身心、防治慢性病的一种综合性体质促进方案,见图 4.58。

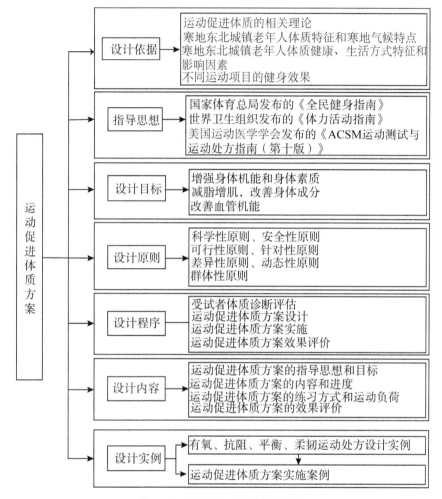

图 4.58 运动促进体质方案架构

4.4.3.1 运动促进体质方案的指导思想

依据中共中央和国务院《"健康中国 2030"规划纲要》、国家卫生健康委员会《健康中国行动(2019—2030 年)》、国家体育总局《全民健身指南》、世界卫生组织发布的《体力活动指南》、全国老龄委和国家卫健委《中国老年人健康指南》,基于寒地东北城镇老年人体质特征、变化规律和影响因素等,结合美国运动医学学会发布的《ACSM 运动测试与运动处方指南(第十版)》,设计适合寒地东北城镇老年人的运动促进体质方案,以期提高老年人体质水平。

4.4.3.2　运动促进体质方案的设计目标

运动促进体质方案的科学性,直接影响后续实验对老年人运动干预的效果,因此设计时应考虑周到、细致,以确保顺利实施和科学有效。已有的运动处方干预研究比较深入具体,主要包括有氧、力量等健身处方、不同人群运动处方、心脑血管疾病人群运动处方、慢性病人群运动处方等。但有关寒冷地域城镇老年人的健身运动处方研究相对匮乏。因此,应在掌握其设计指导思想、依据、原则和流程的基础上,基于寒地东北的实际情况、老年人体质特征、变化规律和影响因素,设计适合寒地东北城镇老年人运动促进体质方案。方案设计的目的:增强老年人的身体机能和身体素质,提高老年人的身体健康水平,增强老年人的身体免疫力和抵抗疾病能力,防治慢性疾病,减少社会医疗消费支出;增进老年人心理健康水平,使老年人心情愉悦,开心快乐地度过晚年;增加老年人社会交往频率与团队活动时间,减轻老年人的孤独感。

4.4.3.3　运动促进体质方案的设计原则

(1)科学性原则

科学性原则是指以医学、保健学、运动训练学、生理学、心理学、教育学等学科理论为基础,依据《全民健身指南》和《ACSM 运动测试与运动处方指南(第十版)》中老年人部分的要求,基于老年人体质特征、变化规律和影响因素,根据寒地东北实际情况,设计诊断评估、实施、效果评价等程序,最大限度地发挥促进方案的价值。

(2)安全性原则

安全性原则是指方案设计应注重实施过程中的安全性问题。老年人尤其是高龄老年人,体质水平较低,大多患有慢性疾病或其他疾病,在方案制定过程中,一定要询问清楚、考虑全面,做好健康评价和风险评估。为了保证方案实施的安全性,应严格参与体质健康诊断和风险评估结果,合理设计运动强度和运动量,逐步增加运动量。方案实施过程中,应加强医务监督和自我监督。运动指导者应密切观察运动中和运动后老年人的反应,避免过量运动,防止过度疲劳。同时,教会老年人监测自己的脉搏、血压变化,感受练习中的疲劳程度。如果锻炼中感觉心情舒畅、轻度疲劳,运动后睡眠较好、精神饱满、血压、心率正常,表示运动量正常。如果锻炼后感觉恶心、食欲不振、睡眠不好、精力不足、疲劳加重,则表示运动量过大,需要调整运动量或暂停运动。运动疲劳时调整练习方式或做放松动作,运动后注意积极性恢复。在运动恢复过程,以按摩、沐浴、睡眠和适当的营养补充,快速消除肌肉和血液中的乳酸。贯彻循序渐进的原则,逐渐增加运动量,避免初学者因为过量运动发生损伤。

（3）可行性原则

可行性是指方案操作性强，便于老年人学习和应用。方案设计应充分考虑老年人的运动目标、体适能、健康状况、日程安排、寒地东北气候条件和社会环境，以及运动器材和设施的可用性。应根据老年人的实际情况设计内容，运动项目应简单易学，运动目标设置应相对较低。应根据老年人的实际消费支出能力设计内容，避免涉及过多的专业性器材，防止消费过高导致运动促进方案无法实施。根据老年人以往运动史，确定适宜的健身项目，并制定合理的健身方案，以激发老年人参加运动的兴趣，促进其身心健康。

（4）针对性原则

针对性原则是指针对寒地东北城镇老年人体质和生活方式特征、运动爱好等设计运动方案。运动方案的核心内容、运动处方的设计，应严格按照 FITT-VP 原则进行，以保证处方实施效果。FITT-VP 原则包括频率、强度、时间、方式、总量、进度六要素。[①] 在全面考虑以上六要素的同时，重点关注运动强度和运动量，选择适合寒地东北城镇老年人的运动量和运动强度，才能使运动效果事半功倍。同时，运动项目的选择也很重要，应根据寒地东北城镇老年人的运动目的、喜爱的运动项目、健康状况和运动项目的健身效果等来确定，以取得最佳锻炼效果。应注重运动方式的全面性，练习内容包括有氧练习、力量训练、柔韧性训练、平衡练习等。应注重从实际出发，以实用和简易为基础。运动有益身心健康，但运动停止后，运动的获益会慢慢减少，直至消失，因而在方案执行过程中，应遵循针对性原则，鼓励老年人坚持锻炼，持之以恒，保证老年人长久获益。健身期间，老年人要遵循正常的生活作息，注意膳食营养和健康饮食；应少烟限酒，避免不良生活习惯的干扰。

（5）差异性原则

差异性原则是指因人而异设计方案。在追求身体形态、机能、素质及心理全面协调发展的同时，要根据每个老年人的不同情况做到区别对待。[②] 对有慢性病或常年患病的老年人，应先了解其病情进展，根据其身体情况，合理制定运动促进方案。鼓励老年人选择运动强度适中的全身性运动项目，如广场舞、秧歌、太极拳等，不宜进行冲刺跑、高负重和需要憋气等过分紧张用力的运动。

（6）动态性原则

促进方案是一个不断变化的动态系统。方案实施过程中，应遵循动态性原则，

---

① 王正珍. ACSM 运动测试与运动处方指南（第十版）[M]. 北京：北京体育大学出版社，2019.
② 朱为模. 运动处方的过去、现在与未来[J]. 体育科研，2020(1)：1-18.

根据老年人健身需求变化,不断调整方案。方案的内容需要定期重组、微调或更新。开始运动时,运动量和运动强度要小,随着身体适应能力和体质的增强,循序渐进增加运动量。随着练习时间增加,方案练习内容应有所改变。老年人年龄增长带来了身体机能的退行性变化,需要根据老年人的运动反应和适应情况对方案进行合理调整,确保方案的科学性和有效性。

(7)群体性原则

设计时应考虑团体性运动项目的优点。在团体运动项目中,老年人相互交流、相互监督和相互帮助,有利于排解孤独、调节情绪,也有利于保障运动安全。

4.4.3.4 运动促进体质方案的设计程序

运动促进体质方案的制定,以健康促进模型、健康信念模型、计划行为理论、社会认知理论、自我效能理论等理论为指导。基于以上体质促进理论和寒地东北运动促进体质方案的实践基础,本书构建了老年人运动促进体质方案。具体程序包括受试者体质诊断评估、方案设计、方案实施与方案效果评价四个阶段,见图4.59。

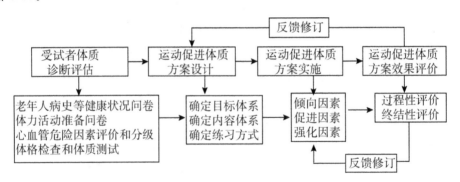

图4.59 运动促进体质方案具体程序

(1)受试者体质诊断评估阶段

该阶段主要对老年人的身体形态、身体机能、身体素质、是否患病、体力活动水平、健康状况等进行评估,明确其健康特征。这有助于后续的方案目标设计和内容体系确定,有利于增强干预效果。

运动促进体质方案聚焦于以运动处方来促进老年人体质。因老年人身体机能下降、慢性病发病率高,在运动处方制定前应严格进行健康评价和风险评估,以避免发生运动损伤,降低运动中心血管疾病发病风险。健康评价和风险评估的流程为:病史及医学检查(2014 PAR-Q+问卷,即体力活动准备问卷)→专业人士筛查(心血管疾病危险因素评价分级、体格检查和运动负荷测试)→危险分层→体质测试→综合评价→总结分析并制定运动处方。运动处方设计流程,见图 4.60。

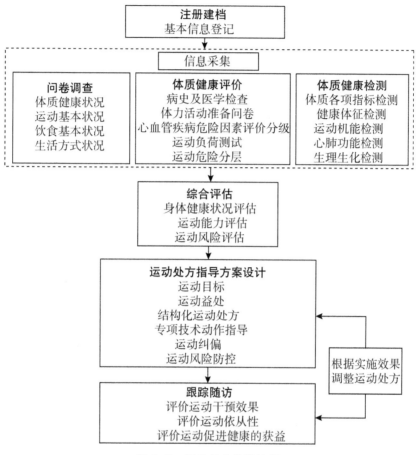

图 4.60 运动处方设计流程

(2)运动促进体质方案设计阶段

运动处方具有个性化特征,最好是"一人一方"。由于寒地东北条件限制,开具个性化的运动处方实施起来比较困难。本研究制定具有"普惠"性质的适合大多数寒地东北城镇老年人的方案,以提高其体质水平。本研究基于老年人体质特征设计方案,并以当前状态为"稳态",循序渐进地调整运动量。

①目标设计

保持和提高老年人身体形态、身体机能和素质水平,是本研究设计运动促进体质方案的目标。具体而言:减脂增肌、保持合理的身体成分;延缓骨密度下降,预防骨质疏松症;改善血管弹性和降低血管阻塞程度,延缓动脉血管硬化和血管机能下降。

②内容设计

基于运动促进方案的目标,以及不同运动动作的复杂程度及难度,根据寒地东北城镇老年人体质状况,结合其运动习惯、运动项目偏好、周围运动环境的支撑条件,依据运动项目与实现目标之间的关联关系,结合老年人对运动项目的依从性,设计适合寒地东北城镇老年人的运动干预方案。

　　基于本研究 2.1.2 健康信念模型的研究成果进行方案设计,设计时考虑运动动机对老年人参加运动的影响,在运动项目的选择时,选择寒地东北城镇老年人喜爱的秧歌、广场舞等运动项目进行设计。考虑通过社会支持和好友带动等途径坚定老年人进行运动的信念,使更多的老年人进行运动。在选择运动项目时以团体项目为主,通过指导员的鼓励和同伴的相互支持,使老年人乐于坚持运动。考虑寒地东北城镇老年人高血压发病率高的特点,设计方案时以改善老年人高血压水平为首要的健康管理目标。老年人在通过运动实现体质改善后,会对运动产生信心并长期坚持,从而达到促进健康目的。

　　基于本研究 2.1.5 自我效能理论的研究成果进行方案设计,设计时以自我效能理论为指导,增强老年人对自己完成运动的信心。运动频率、运动量、运动强度、运动频率的设计,本着由浅入深、循序渐进的原则,逐步增强老年人的自我效能感,使其逐步适应运动、喜爱运动,并能坚持运动。

　　根据老年人的锻炼目标、体质水平、健康状况、日程安排、自然和社会环境、运动器材和设施的可用性,采取"团队参与模式"进行集体练习。按照 FITT-VP 流程设计运动处方。本研究中运动处方的构成要素,见图 4.61。依据运动类型,运动处方包括有氧运动处方、抗阻运动处方、平衡运动处方、柔韧运动处方等。下面以有氧运动处方为例,介绍寒地东北城镇老年人运动处方设计内容。

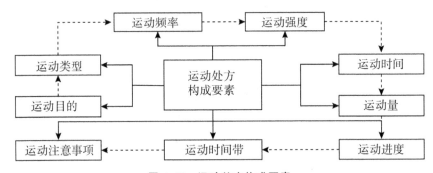

图 4.61　运动处方构成要素

　　运动目的:根据个人的体质状况、个人需要和个人爱好确定运动目标。依据前文研究成果,寒地城镇东北老年人高血压、心脑血管疾病发病率高,平衡能力较弱,女性肌肉力量较差,体脂肪率和内脏脂肪等级超标,骨密度和血管机能水平较差,因此将运动目的确定为:增强体质、降低血压、减脂增肌、增加骨密度、改善血管机能等。

运动类型:指运动中采取哪种形式进行运动,或选择哪种运动项目等。依据寒地东北城镇老年人的运动目的、个人运动爱好和体质特征,为达到全面锻炼身体的效果,运动类型需要包括有氧耐力性运动、抗阻力量性运动、平衡性运动、柔韧性运动等。研究发现,周期性大肌肉群参与的全身性有氧耐力性运动适合寒地东北城镇老年人运动。

考虑寒地东北冬季气候寒冷,室外锻炼受限等情况,运动处方设计考虑冬夏全年适用原则,兼顾室内和室外运动,个人和团体均可锻炼。避免因冬季冰雪严寒或雾霾天气时无法进行室外运动而终止运动。依据前文研究结果,广场舞和秧歌是室内外均可开展且锻炼效果较好的运动项目。柔力球、太极拳、健步走、夏季轮滑和冬季滑冰运动具有一定的健身效果。这六项运动是本研究中运动处方主要推荐的运动项目。其他运动如慢跑、民族舞、交谊舞、瑜伽、游泳、乒乓球等运动,老年人也可根据自身情况加以选择。寒地东北城镇老年人最好选择室内外均可进行的运动项目,或至少掌握两个运动项目,其中一项为室内运动项目,最好进行室内和室外项目组合练习,保证常年锻炼。鼓励老年人多进行户外运动,以增加阳光对皮肤的照射,增加维生素 D 的生成,从而促进钙吸收,增加骨密度,降低骨质疏松的发病率。

运动频率:每周运动的次数,受运动强度和运动时间影响。为了避免运动频率过低导致运动效果不能累积、运动频率过高造成机体过度疲劳,应根据运动目的和体质状况合理设定运动频率。美国运动医学学会研究表明,每周至少 5 天中等强度的有氧运动,或每周至少 3 天较大强度的有氧运动,或每周 3~5 天中等强度和较大强度相结合的运动,有利于老年人体质健康。[①] 本研究根据寒地东北城镇老年人的运动目的和健康状况,设定运动频率为每周 3~5 次运动,开始运动的适应期为每周运动 3 天,循序渐进地增加运动频率,直至每周 5 天。

运动强度:单位时间移动的距离或速度,或肌肉在单位时间所做的功。[②] 运动强度是运动处方成功与否的关键因素,直接影响运动效果和运动安全。运动强度应结合老年人的靶心率和主观体力感觉等级确定,并根据老年人身体机能和体力

---

① American College of Sports Medicine,Chodzko-Zajko W J,Proctor D N,et al. American College of Sports Medicine Position Stand. Exercise and physical activity for older adults[J]. Med Sci Sports Exerc,2009(7):1510-1530.

② 田振军,吕志伟.运动对脉搏波传导速度(PWV)影响的生物学分析及其应用研究[J].西安体育学院学报,2009(1):67-72,120.

活动水平的变化动态调整。老年人运动的锻炼强度一般从低等强度到中等强度。运动中以练习者心率达到靶心率,主观感觉在 11～13 级,感觉稍微费力为好。表现为:感觉身体发热,全身微微出汗,呼吸频率加快,能说话但不能唱歌;运动后感到身心舒畅、情绪高涨、食欲和睡眠良好;第二天精神饱满,有继续锻炼的欲望。这种强度比较适合老年人。

经过评估后,如果老年人不存在运动禁忌,心血管运动风险也较低,可进行中等强度的运动锻炼,根据个体运动风险分层和体质现状等初步评估运动强度。运动强度监控采取心率监控、《自觉用力程度等级表》(RPE)评估和社会体育指导员练观察相结合的监控方法,由社会体育指导员和受试者共同完成运动负荷监控。

利用心率控制运动强度的计算方法,因利用"220－年龄"计算最大心率仅适用少部分男性和女性,所以采用由 Gelish 发明,适用于男女所有年龄段和体适能水平的储备心率法,计算最大心率和运动时靶心率。

计算方法:HRmax＝207－(0.7×年龄)。

靶心率计算公式:THR＝(HRmax/peak－HRrest)×期望强度％＋HRrest

例如,一名 60 岁安静心率为 70 次/min 的男性健康老年人,方案运动强度范围为 50％～60％的中等强度。用公式计算他运动时靶心率范围:

安静心率:70 次/min,最大心率＝207－(0.7×60)＝165 次/min

靶心率低值＝(165－70)×50％＋70＝117.5

靶心率高值＝(165－70)×60％＋70＝127

运动时靶心率范围为 117.5～127 次/min。

利用 Borg 1998 年发明的《自觉用力程度等级表》(RPE),控制运动强度。当 RPE＜12,主观感觉轻松;RPE＝12～13,感觉稍费力;RPE＝14～15,感觉费力;本处方鼓励老年人的主观感觉为 RPE 量表的 12～13 范围内。

多数老年人可以进行中等强度的运动,体质水平非常高的老年人也可以进行中等或较大强度运动。如果老年人体质较弱或患有疾病,可以根据自身情况加以调整。体质较差老年人推荐小强度到中等强度的运动,减少静坐少动,适当增加体力活动,也可获得健康益处。

运动时间:每次运动持续的时间。在制定运动处方时,有时采用长时间低强度运动,有时采用短时间高强度运动。根据寒地东北城镇老年人的运动史、体质评估结果、运动内容和强度来确定运动时间。发现长时间低强度有氧运动适合老年人。有氧运动练习包括准备活动和整理活动,时间为 40～75min,基本运动部分练习时间不少于 25min。① 本研究中老年人有氧运动的练习时间为 40～60min,基本运动部分练习时间不少于 25min。

运动量:由运动的频率、强度和时间共同决定。② 体质状况一般的老年人,每周采用≥500～1000MET-min/wk 的运动量,相当于每周大约 150min 中等强度有氧运动,或每天步行 5400～7900 步。③ 体质较弱的高龄老年人不能达到推荐运动量可适当减少运动量。但每周至少应有 3 天进行增强平衡能力和预防跌倒的体力活动。每天一次无法达到推荐的运动量,也可以一天内多次累积完成。"动则有益",应在能力允许的范围内,适当增加体力活动,并从中获益。

运动进度:运动处方的执行进度,要根据运动者运动后的反应、运动目的、健康状况、体质水平等调整。根据实际情况,对运动的频率、持续时间和强度进行调整,循序渐进地达到运动目标,促使受试者坚持锻炼,避免运动损伤和不良心血管事件的发生。在运动开始的 1～4 周中,每 2 周将每次课的时间延长 5min。在接下来的几周里,逐渐增加运动量达到推荐的数量和质量。在处方执行过程中,若观察到老年人因运动量增加,产生呼吸急促、肌肉酸痛、疲劳等不良反应,应及时减少运动量或停止运动。若发现老年人适应运动处方内容,练习中感觉过于轻松,可循序渐进地增加运动量。

运动时间带:在一天的什么时间内进行运动。寒地东北城镇老年人夏季运动时间应选择在 8:00—10:00、15:00—17:00 或晚饭后 1h 之后进行,以避免夏季中暑;有高血压和心脑血管疾病的老年人,应避免在人体血黏度、红细胞压积和红细胞聚集指标升高,血液相对黏稠的清晨锻炼,降低心脑血管疾病的发生率。冬季天冷路滑,早晚气温更低,寒冷刺激会引起人体血管收缩,血压升高,这时寒地东北城镇老年人要适当减少户外运动时间,最好选择 9:00—11:00 和 13:00—15:00,在天气相对暖和时进行运动。

运动注意事项:运动中如发生头晕、胸痛等身体不适症状,应立即停止运动,及时就医。运动时注意循序渐进。开始运动时,时间要短、强度要低。运动前做好准备活动,充分热身。运动后做好整理放松,充分恢复和休息。运动中穿运动服、运动鞋袜,避免穿高跟鞋、硬底鞋进行锻炼,服饰不宜过长或拖地,以免发生滑倒事

① 关辉,刘炜.体育运动处方以及应用[M].北京:北京师范大学出版社,2015.

② 刘新民.中华医学百科大辞海:内科学(第 2 卷)[M].北京:军事医学科学出版社,2009.

③ Nelson M E, Rejeski W J, Blair S N, et al. Physical activity and public health in older adults: Recommendation from the American College of Sports Medicine and the American Heart Association[J]. Med Sci Sports Exerc,2007(8):1435-1445.

件。运动中注意补充运动饮料或水分,避免身体失水。夏季运动应选择具有排汗功能的服装,预防中暑。

寒地东北冬季运动时,需要穿着防滑鞋和防寒服在冰雪清理干净的干燥地面运动,运动时注意将围巾、帽子、口罩、手套等冻伤防护用品佩戴整齐。运动中学会用鼻呼吸,或用舌尖顶住上牙膛,让空气从口腔两侧进入,避免冷空气对气管和肺部的刺激。冬季运动量不要过大,达到微微出汗即可,避免汗流浃背后冷风侵袭,发生感冒等疾病。当温度低于−15℃时冻伤的危险性＜5％,低于−27℃时暴露的皮肤会在 30min 内发生冻伤。[①] 因此,应尽量选择老年活动中心等室内场馆进行锻炼。锻炼后出汗应充分放松,待汗水消尽再到户外,以免室内外温差大而发生感冒。

患有缺血性心脏病和哮喘等疾病的老年人不应在寒冷环境运动,冷空气的吸入会加重病情,运动的冷应激会增加这些高危人群的发病率和病死率。患有动脉粥样硬化性心脏病的病人在雪中行走时应降低行走速度,以避免心肌氧需求量供应不足发生。老年人不宜进行铲雪劳动,铲雪会令心率和血压迅速升高,发生心血管危险事件。

③练习方式

应有全局和整合观念,从"科学运动＋适当增加体力活动＋减少静坐少动"等方面出发,整体提高老年人体力活动水平,促进老年人身体健康水平。其中科学运动是本书重点,主要包括有氧运动、抗阻运动等。体力活动包括步行、骑车、上楼梯、购物、家务劳动等。减少静坐少动指减少坐着、躺着、看电视和其他形式的能量消耗低于 1.5 倍基础代谢的视听娱乐活动等。研究表明,长时间静坐少动状态可导致细胞之间的不良信号传导,适当运动可以打断这种传导。建议老年人坐 1h 后,起来活动 5～10min,打断细胞间不良信号传导,避免静坐少动带来的不良影响。因此,运动促进体质方案应使老年人养成"轻度静坐少动＋科学运动＋适当体力活动"的习惯。

(3)运动促进体质方案实施阶段

运动促进方案的实施内容,在本研究 4.4.4"运动促进体质方案设计实例"中有详细阐述,在此不再赘述。在促进方案实施过程中,要求社会体育指导员严格按照促进方案对实验过程进行控制。每次练习课后,对本课练习情况进行及时反馈,鼓励受试者认真完成实验任务。

---

① Castellani J W, Young A J, Ducharme M B, et al. American College of Sports Medicine Position Stand:Prevention of cold injuries during exercise[J]. Med Sci Sports Exerc,2006(11):2012-2029.

在运动促进方案实施过程中,依据本研究 2.1.1 的研究结果,以健康促进模型为理论指导,进行运动促进健康教育,帮助老年人建立"运动有益健康"认知;通过集体练习、同伴指导和相互帮助等促进老年人坚持体育锻炼,克服运动过程中的困难,促进老年人进行运动并维持运动习惯。在运动干预中增强老年人对运动技术学习的兴趣。

基于本研究 2.1.3 的计划行为理论研究成果进行方案实施时,考虑从倾向因素、促成因素和强化因素着手,对运动行为进行促进。当老年人认为运动有益健康,并且自己能够进行运动,那么运动的打算就会产生。充分考虑运动时老年人的主观意愿,重视激励个体的运动动机,使个体有强烈运动意愿,端正运动态度,因而本研究在指导老年人锻炼时充分关注老年人的动机激励,不断强化老年人的运动动机。

基于本研究 2.1.4 的社会认知理论研究成果进行方案实施时,综合考虑影响行为发展的个人因素、行为因素和环境因素等,从提高老年人对"运动有益健身"的认知方面、从开始运动的成就感方面、从社会支持等方面考虑运动方案的实施。方案实施初期,老年人刚开始从事运动,如果对运动效果比较满意,会产生一种成就感,这会使他们投入更多时间、精力和金钱参与运动,从而使环境更有利于持续的运动。因而,方案开始阶段的练习指导尤为重要,要使老年人体验到运动的成就感。

(4)运动促进体质方案效果评价阶段

采取过程性评价和终结性评价相结合的方式对运动促进体质方案的实施效果进行评价。过程性评价主要由社会体育指导员进行评价,在促进方案实施过程中关注老年人锻炼情况的反馈与评价。终结性评价主要在干预实验结束后对老年人的体质状况进行测试和评价,并基于评价结果对运动促进方案的诊断评估、内容设计和实施情况进行反馈与修改。

4.4.3.5　运动促进体质方案的设计内容

运动促进体质方案设计内容包含指导思想、目标分析、内容分析、练习内容、练习进度、练习方式、运动负荷、控制措施和效果评价等。鉴于本部分内容与运动方案设计实例内容有所交叉,因而将在 4.4.4"运动促进体质方案设计实例"中进行详细阐述。

因寒地东北冬季大风、大雪、降温、寒潮等极端天气比较常见,室外运动条件艰苦,老年人冬季停练的现象普遍,为使老年人在冬季能够坚持运动,本研究中运动处方的设计兼顾室内和室外锻炼,选择室内外都可以进行的秧歌运动等老年人喜爱、健身效果较好的运动项目,为后续运动促进体质方案设计和运动实验干预开展奠定基础。

4.4.4　运动促进体质方案设计实例

4.4.4.1　运动促进体质方案干预目标和干预项目

(1)运动促进体质方案的干预目标

运动促进体质方案以维持和增强老年人体质、身体功能,减缓由于增龄带来的生理功能衰退为目标,着重控制老年人高血压病的发展,降低体脂肪率和内脏脂肪含量,提高老年人平衡能力、反应速度和肌肉力量,增加老年人的骨密度,改善老年人的血管机能。

(2)运动促进体质方案的干预项目

东北大秧歌是大众化的民间艺术,深受东北人民的喜爱。东北大秧歌的步伐简单易学,男女老幼都会踩着十字步扭几下。无论城镇乡村,无论春夏秋冬,在东北三省的广场公园,都能看到扭秧歌的队伍,秧歌已经成为东北人民生活中不可或缺的重要部分。这种强身健体、愉悦身心的健身舞蹈,在东北具有强大的群众基础。无须组织,只要鼓点一响,男女老少便直奔广场,一起扭起来,热闹的场面,让越来越多的围观人员也加入其中,这正是东北大秧歌无穷的魅力和强大的吸引力。研究表明,东北大秧歌具有强身健体、愉悦身心、增强心肺功能[①]的效果,还可以稳定血压、改善身体成分、提高肌肉力量[②],且本书研究结果表明,东北大秧歌健身效果较好,深受东北老年人的喜爱。因而,运动促进体质方案选择东北大秧歌作为有氧运动处方的主要项目。东北大秧歌分为地秧歌、高跷秧歌和寸跷秧歌三类,因为寒地东北结冰期长,冻土层厚,冰冻期长,老年人踩高跷和寸跷危险性较大,因而本研究主要以地秧歌即地面秧歌为主进行运动处方设计。

4.4.4.2　东北大秧歌项目特点介绍

(1)东北大秧歌的定义

东北大秧歌是秧歌的一个分支,是东北重要的非物质文化遗产,是东北地域文化和东北人特殊性格特征的产物,具有深厚的文化底蕴。东北大秧歌是载歌载舞的综合艺术,是一种用锣鼓等伴奏,将舞蹈、歌唱等融为一体的东北民间艺术。它起源于插秧耕田的劳动生活,又和古代祭祀农神,祈求丰收时所唱的颂歌有关,后来融合了农歌、戏曲和杂技,发展演变为现在的东北大秧歌。[③]

---

① 李天鹤.东北大秧歌与太极拳对老年人核心力量影响的比较研究[D].长春:吉林体育学院,2015.

② 王海霞.东北大秧歌对长春市老年妇女健康体适能的影响[D].长春:吉林体育学院,2013.

③ 杨丹妮.乔粱风格东北秧歌女班教材分析[D].哈尔滨:哈尔滨师范大学,2016.

（2）东北大秧歌的特色

东北大秧歌以其独特的地域性舞蹈韵律、音乐曲调和服饰变换等表现形式，以及稳健、幽默、欢快的表演风格，节奏明快富有弹性的鼓点，"媚、逗、浪、哏、俏"的表演特点[1]，刚柔并济的健身动作，简单易学的练习内容和通俗易懂等特点，深受性格豁达开朗、善良仗义的东北老年人喜爱。东北大秧歌以"扭""走""摆"动作为基础，体现"稳中浪、浪中梗、梗中翘、踩在板上、扭在腰上"的特点，表演中展现俊美、俏皮、热情、幽默的俏媚姿态，遵循科学运动规律，具有健身性、安全性、娱乐性等特点，能够强身健体、愉悦身心、陶冶情操。秧歌扭起来喜庆和欢乐的氛围，让人乐而忘忧，使烦恼和忧愁烟消云散。

（3）东北大秧歌的文化内涵

东北大秧歌兼容戏剧性、仪式性、健身性和游戏性等特点，在东北地区广泛流传。东北大秧歌的产生和发展与东北黑土地的文化发展和风俗习惯有着千丝万缕的联系，其审美文化风格与内涵主要体现在"场面大、脚步稳、扭得浪、表演哏、期望圆"等五大方面。[2] "场面大"是东北民俗的体现，东北大秧歌讲究表演的人数众多、队伍庞大，表演场面壮大。东北人凡事求大，炖菜往往一炖就是一大锅，饭桌上大碗大盘子摆满整整一大桌，吃饭时"大碗喝酒、大口吃肉"。寒冷的气候条件使东北人养成了坚强忍耐、豪爽大方、义气乐观、大度宽容的性格特点，也赋予了大秧歌深刻的文化内涵。"脚步稳"是东北男性的稳重体现，扭秧歌，上体扭得越欢，要求脚下越稳。稳定的脚下步伐，可以保证身体在运动过程中有稳定的支持点，保证动作优美动人，稳重热情的技术动作，体现了东北爷们豪爽、讲义气的性格特点。"扭得浪"是指东北女性风情万种，扭秧歌就是扭得欢、扭得俏、扭得浪，东北女性扭秧歌的动作中，充分体现了东北女性渴望自由平等的情感，将爽朗、泼辣、风情万种、敢爱敢恨的神韵体现得淋漓尽致。"表演哏"是东北人豪爽乐观的性格特点。秧歌运动中风趣和幽默的面部表情，身体上下的灵活配合，夸张的肢体动作，将喜悦、狂欢的"哏劲"表现得惟妙惟肖。"期望圆"是东北人对幸福圆满的愿望。当秧歌练习即将结束的时候，所有成员会围成一个大大的圆，舞着扇子，踩着鼓点，一圈一圈地扭着，随着鼓点越来越快，舞步越来越快，到鼓声停止，人们停下脚步欢呼庆祝，圆满结束秧歌表演。圆是一个队形，更是东北人对圆满、幸福和团聚的希望和祝福。

（4）东北大秧歌的道具和服饰

东北大秧歌的主要道具，有腰间的彩绸、手中的扇子、多边形手绢等，此外还配

---

① 秦贺.踩在板上，扭在腰上[D].南宁：广西艺术学院，2016.

② 李婵明.黑土地上的狂欢：东北大秧歌研究[D].四平：吉林师范大学，2015.

有花冠、头巾等。服装色彩搭配以"红配绿"为主,在视觉上形成强烈反差,喜剧效果突出,渲染欢乐喜庆的气氛,展现浓郁的东北特色,体现出粗犷和原始的美感,给观众的视觉冲击效果比较强烈,让观众感觉到活力满满,使观众和演员都充满激情。扇子与手绢多为红、黄、绿等鲜艳颜色。秧歌队服装艳丽,多以戏剧服装为主,是烘托场景气氛、渲染人物情感的重要道具。扮相中有许多戏剧人物,如《西游记》中的唐僧、猪八戒等。舞蹈中以跑旱船、龙灯、扑蝴蝶、二人摔跤、打花灯等比较著名。① 道具和服饰彰显了东北大秧歌喜庆热闹的特点,深受老年人喜爱。

(5)东北大秧歌的伴奏工具和音乐

东北大秧歌的乐器具有简单、热烈、节奏感强等特点。大鼓、铜锣、铙擦和唢呐等乐器奏出欢快热烈、浪颠诙谐的轻快曲调。东北大秧歌的传统乐曲十分丰富,以喜庆热闹、节奏欢快为主,如《欢欢喜喜庆佳节》《欢天喜地东北大秧歌》《大姑娘美》《秧歌舞》《大东北扭起大秧歌》。乐曲音乐灵活多变,旋律变化、曲调变换自然顺畅,韵律感十足。

4.4.4.3　运动促进体质方案中不同种类运动处方设计实例

运动处方的科学设计是运动促进体质方案设计成功与否的前提和关键。本研究选择以东北大秧歌为主的"有氧练习＋抗阻练习＋平衡练习＋柔韧练习"作为运动干预内容,为后续运动促进体质方案设计和运动实验干预开展奠定基础。

寒地东北城镇老年人高血压、心脑血管疾病发病率高,老年人体脂肪率超标和内脏脂肪过多现象普遍。基于此,本研究以 68 岁安静心率为 75 次/min,患原发性一级高血压、无其他疾病、无运动经历的寒地东北女性为例,阐释增强体质、降压减脂运动处方。正如不同药方治疗不同疾病,不同运动处方的健身作用也各不相同。下面举例介绍以东北大秧歌为主的"有氧练习＋抗阻练习＋平衡练习＋柔韧练习"的综合运动手段,运动处方类别见图 4.62。

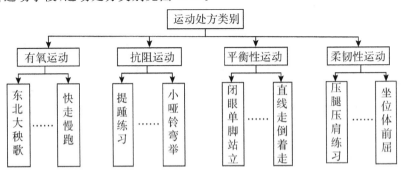

图 4.62　运动处方类别

---

① 姚磊.论东北秧歌教学与广场秧歌的发展关系[D].长春:吉林艺术学院,2012.

（1）有氧运动处方实例

有氧运动具有提高人体心肺功能、降低老年人体脂肪率、降低高血压患者血压水平、保持关节健康等重要作用。长时间低强度的有氧运动是增强老年人体质的较好运动方式，本研究据此制定有氧运动处方，见表 4.100。

表 4.100　有氧运动处方举例

编号	姓名	性别	年龄	身高	体重	身体质量指数	测评时间
98	王××	女	68 岁	158.2cm	75.3kg	30.12kg/m²	2019 年
体质评定	体质综合评分等级:合格				运动禁忌症		无
优先管理目标	控制一级高血压				运动目标		减重,降体脂
运动时间带	在 9:00—10:00 进行练习。若遇下雪、雾霾等天气,可在 15:00—16:00 进行练习。						
一、准备活动部分							
阶段	适应期(1~4 周)			稳定期和提高期(5~12 周)			
运动内容	以慢跑、快走和大秧歌中简单动作做热身,使血液流向需要工作的肌肉群,使身体热起来。 大秧歌基本步伐练习:前进步、后腿步、十字步、三进一停步、蹲步。 腿部屈伸练习:前踢步屈伸、后踢步屈伸、旁踢步屈伸。 踢步练习:前踢步、后踢步、旁踢步。 大秧歌《欢欢喜喜庆佳节》部分套路动作练习。			逐渐增加热身动作的难度,使体温上升,心跳加速,让心血管和运动系统做好较大强度运动的准备。 基本步伐练习:横扭步、蹲十字步、跳十字步。基本步法组合练习: 压脚跟练习:正步压脚跟。 身体动律练习:前后动律、上下动律、前画圆动律、后画圆动律。 大秧歌《欢欢喜喜庆佳节》整套动作练习。			
运动时间	10~15min			5~10min			
二、基本运动部分							
内容	适应期			稳定期和提高期			
运动内容	进行大秧歌基本技术动作和简单组合动作练习			进行综合训练组合,《欢欢喜喜庆佳节》练习			
运动强度	主观感觉:运动时感觉有点费力为好,能感觉到身体发热、全身微微出汗,呼吸频率加快,能方便地说话,但不能唱歌。 靶心率:保持在 108~125 次/min。开始尝试低强度,身体机能和体力活动水平有提高则逐渐增加强度。			主观感觉:运动时感觉费力,身体发热,全身出汗,呼吸频率加深加快,运动时能说话,不能唱歌。 靶心率:保持在 113~130 次/min。根据身体机能和体力活动水平提高程度,适当调整运动强度。			
频率与时间	3 次/周,30min/次			4~5 次/周,40min/次			

续 表

三、整理放松活动部分	
运动内容	慢跑、放松操、拉伸练习。以静态拉伸、按摩放松活动为主。
运动时间	5～10min
四、运动注意事项	
运动注意事项	穿运动服、运动鞋,运动前做好热身,循序渐进增加运动量,运动后做好整理活动。当收缩压高于160mmHg,舒张压高于90mmHg时,避免参与运动。遇过冷、过热、雾霾等极端天气,建议室内运动。运动中及时补水,避免空腹运动。避免进行憋气用力、大幅度弯腰低头、快速身体姿势变化的动作。心率控制在靶心率范围内。运动中如有不适,即刻停止运动,并及时就医。身体不适或生病时禁止运动。
饮食建议	多样化均衡饮食,保证蛋白质和蔬菜水果摄入,避免高盐、高糖、高脂肪食物过多摄入。
其他建议	保持积极乐观的心理状态,建议进行团体运动。 参考此方案进行锻炼,根据个人体质变化情况,在1～2个月后调整锻炼方案。

(2)抗阻运动处方实例

肌肉力量、耐力和爆发力的提高,需要科学的抗阻训练方案和准确的练习动作。抗组练习后,肌肉的力量和体积会逐渐增加。随年龄增加,老年人的肌肉力量和爆发力的下降速度很快,且肌肉爆发力不足与更高的意外跌倒风险有关。因此,本研究制定抗阻运动处方以提高老年人的肌肉力量和骨密度,见表4.101。

表 4.101 抗阻运动处方举例

编号	姓名	性别	年龄	身高	体重	身体质量指数	测评时间
98	王××	女	68 岁	158.2cm	75.3kg	30.12kg/m²	2019 年
体质评定	体质综合评分等级:合格					运动禁忌症	无
优先管理目标	增加肌肉力量,预防肌少症					运动目标	健骨
运动时间带	在 9:00—10:00 进行练习。若遇下雪、雾霾等天气,可在 15:00—16:00 进行练习。						
一、准备活动部分							
阶段	适应期(1～4周)			提高期(5～12周)			
运动内容	先进行自身体重抗阻运动,预先活动各关节和肌群,使身体各器官系统做好准备,预防运动损伤。基本动作:颈侧屈,肩部外展、内收。臂、背部、腰、腿部徒手力量练习。			先进行自身体重抗阻运动或进行轻重量练习,充分热身后进行锻炼。基本动作:臂、背部、腰、腿徒手力量练习。臂伸展、肘促膝、站立提踵练习。			
运动时间	5～10min			5～10min			

续 表

二、基本运动部分		
内容	适应期	稳定期和提高期
运动内容	臂伸展、肘促膝,伸膝、提踵练习:肱三头肌伸展,屈肘手在腰部,前臂慢向后伸。还原。肘触膝,右臂上举。慢提左膝同时右肘靠左膝。膝伸展,小腿上抬,大腿不动,结合臂前伸。扶椅提踵,慢向上抬脚跟,尽量高,慢放下。站立推墙、跪姿俯卧撑、仰卧举腿、半仰卧起坐。头颈部、腿部、手臂部位弹力带抗阻练习。	腰背部徒手力量练习:背屈伸,两臂前举,身体后屈上体抬高。俯卧振腿,两腿尽量向后上做振起。扭转腹肌收缩,左踝放右膝吸气,呼气向左踝抬右肩,腰部扭转不离地,吸气轻回平躺位。蛙式起坐,抬头,使腹肌处于收缩状态。平板支撑、双腿背桥、靠墙静蹲、跳绳、深蹲。哑铃弯举、前平举、侧平举等。
运动强度	在固定位置上保持 3～10s。每个动作 4～6 次。	在固定位置保持 3～10s。每个动作 6～10 次。以 20%～50%1-RM 为起始强度,逐渐提高肌肉力量。
频率与时间	2 次/周,2 组/次,组间休息 2～3min。	2 次/周,2 组/次,组间休息 2～3min。
三、整理放松活动部分		
运动内容	慢走 5min,加快体力恢复,减轻疲劳。	
运动时间	5～10min	
四、运动注意事项		
运动注意事项	以最小的阻力先做几次练习,以保证技术动作和关节、体位的准确性。逐步增加阻力,或增加每组重复次数,或增加频率。不盲目较劲,感到不正常的气短或疼痛时,立即停止锻炼。练习时,用力不可过大或过猛,动作轻缓,以防肌肉拉伤。单侧练习注意交换。运动中调整呼吸,不能憋气。应对主动肌和拮抗肌等所有大肌群进行全面训练。感到呼吸困难、眩晕、胸闷、胸痛时应停止运动。同一肌群练习之间至少休息 48h。	
饮食建议	多样化均衡饮食,补充充足的蛋白质、钙和维生素 D,避免高盐、高脂饮食。	
其他建议	抗阻运动可以健骨,应尽早进行,但健骨运动需长期坚持,方可延缓骨密度的丢失,骨质疏松者应避免过度训练,引起机体疲劳和压缩性骨折。建议室外锻炼、多晒太阳。 参考此方案进行锻炼,根据个人体质变化情况,在 1～2 个月后调整锻炼方案。	

(3)平衡运动处方实例

平衡练习包括平衡、协调、灵敏性和本体感觉等技能控制练习。这些练习可以提高老年人的平衡性、灵活性和肌肉力量,降低老年人跌倒的风险。研究表明,寒地东北城镇老年人平衡能力和肌肉力量较差,摔倒的风险较大。因此,本研究设计平衡运动处方,以提高老年人的平衡能力,见表 4.102。

表 4.102 平衡运动处方举例

编号	姓名	性别	年龄	身高	体重	身体质量指数	测评时间
98	王××	女	68 岁	158.2cm	75.3kg	30.12kg/m²	2019 年
体质评定		体质综合评分等级:合格				运动禁忌症	无
优先管理目标		提高平衡能力,预防摔倒				运动目标	提升灵敏素质
运动时间带		在 9:00—10:00 进行练习。若遇下雪、雾霾等天气,可在 15:00—16:00 进行练习。					

一、准备活动部分

阶段	适应期(1~4 周)	稳定期和提高期(5~12 周)
运动内容	按双腿站立、半前后站立、前后站立的顺序进行练习,进行沿一条直线走等减少感觉输入的技术动作等。	足尖站立、足跟站立等肌群压力姿势练习。进行前后脚交替走路等使人体重心发生变化的动力性运动等。
运动时间	10~15min	5~10min

二、基本运动部分

内容	适应期	稳定期和提高期
运动内容	倒着走:站稳之后移重心,重心落到一只脚,另一只脚再离地。把握好自身体重心,双手自然垂于身体两侧,在遇到意外时可以及时保护头部。尽量选择在安全场地内进行倒走练习等。	闭眼单脚站立:双腿分开与肩同宽,一只脚站稳,抬起另一只脚,抬脚的同时闭眼,保持尽量长的时间。金鸡独立、跪姿支撑伸展、俯卧对侧伸展等。
运动强度	小强度练习,初次练习可从 20m 距离开始,逐步增加,自我感觉较轻松。	保持技术动作 10s 或更长时间。
频率与时间	2 次/周,10~15min/次。	3~4 次/周,5~10min/次。

三、整理放松活动部分

运动内容	以静态拉伸、按摩放松等拉伸练习为主。
运动时间	5min

四、运动注意事项

运动注意事项	循序渐进地增加动作难度,做闭眼单脚站立时,老年人需靠墙、扶椅背或在有人保护下进行练习。太极、瑜伽等练习中许多有关平衡性的练习,都可以提高人体平衡能力,降低跌倒的风险。平衡性练习的强度小,也可以每天练习。
饮食建议	食物要粗细搭配,多摄入蛋白质和蔬菜水果,少吃肥肉和油炸食品,每餐七八分饱较好。
其他建议	参考此方案进行锻炼,根据个人体质变化情况,在 1~2 个月后调整锻炼方案。

（4）柔韧运动处方实例

柔韧性练习可以提高关节活动角度或柔韧性，增强韧带的稳定性和平衡性。运动后即刻关节和韧带的活动角度就会提高，如果坚持一个月左右，每周2～3次的规律性拉伸练习后，关节活动度会长期改善。因此，本研究设计柔韧运动处方，以提高老年人的柔韧性，见表4.103。

表4.103　柔韧运动处方举例

编号	姓名	性别	年龄	身高	体重	身体质量指数	测评时间
98	王××	女	68岁	158.2cm	75.3kg	30.12kg/m²	2019年
体质评定	体质综合评分等级:合格					运动禁忌症	无
优先管理目标	增加肌肉、韧带伸展性,提高柔韧性					运动目标	强身健体
运动时间带	在9:00—10:00进行练习。若遇下雪、雾霾等天气,可在15:00—16:00进行练习。						
一、准备活动部分							
阶段	适应期(1～4周)			稳定期和提高期(5～12周)			
运动内容	颈肩伸展练习:颈屈伸,尽量低头或抬头。颈左右旋转,下颌收,头部转。颈侧倾运动,尽量左倾或右倾。颈部伸展,头顺时针或逆时针转动。肩部圆圈运动,向上、向后、向下和向前耸起肩膀等。			肩前屈:手臂放平,尽量前伸。肩后伸,坐在地上,上体或双手向后移。手臂拉伸练习、颈肩拉伸练习、侧向拉伸练习、踢腿练习等。			
运动时间	10～15min			5～10min			
二、基本运动部分							
内容	适应期			稳定期和提高期			
运动内容	原地弓步正压腿、侧压腿,把杆正压腿、侧压腿、压肩、肩关节拉伸、侧腿抬高等。			坐位体前屈、侧腿抬高、小燕飞、行进间正踢腿、行进间侧踢腿等。			
运动强度	肌肉被拉伸到有被伸长的感觉为止,如感到不适,请稍微放松。			拉伸达到拉紧或轻微不适状态。			
频率与时间	在相对固定位置,保持10～30s。每个动作重复2～4组/次,2～3次/周。			静力拉伸保持30～60s获益更多。每个柔韧性练习重复2组/次,3～5次/周。			
三、整理放松活动部分							
运动内容	慢走5～10min,使身体恢复到安静状态。						
运动时间	10～15min						

续　表

	四、运动注意事项
运动注意事项	在主要技术动作练习结束后,肌肉温度升高时,进行柔韧性练习的效果最好。练习时用力不可过大或过猛,以防肌肉拉伤。应对所有主要肌肉肌腱进行柔韧性练习。以主动静力拉伸为主,被动拉伸为辅。老年人少用动力拉伸、弹震拉伸以及神经肌肉本体感觉促进法进行练习,避免出现运动损伤。
饮食建议	多样化均衡饮食,保证蛋白质和蔬菜水果摄入,低盐、低糖、低脂肪饮食。
其他建议	参考此方案进行锻炼,根据个人体质变化情况,在1～2个月后调整锻炼方案。

4.4.4.4　运动促进体质方案设计实施案例

本部分基于4.4.4.3部分研究成果,将以东北大秧歌为主的"有氧练习＋抗阻练习＋平衡练习＋柔韧练习"的综合运动手段作为设计内容,以老年人为例,设计运动促进体质方案,为后续实验干预开展奠定基础。因上一部分对诊断、实施和效果评价阶段已进行相关说明,故本部分仅对运动促进体质方案的具体设计阶段进行阐述。

(1)指导思想

认真领会《全民健身计划》中老年人部分的精神,在运动练习中立足"以人为本、健康第一"的指导思想,帮助老年人培养运动习惯,掌握锻炼方法,增强体质,满足老年人健康需求。

(2)目标分析

提高平衡能力和上肢肌肉力量;提高反应能力和柔韧性;减脂增肌,保持合理身体成分;延缓骨密度丢失,改善血管弹性和血管机能。

(3)内容分析

结合老年人的体质水平和兴趣爱好,有目的、有计划地进行以东北大秧歌为主,力量练习、平衡练习和柔韧练习为辅的运动技能练习,传授给老年人基本的体育卫生保健知识和科学锻炼方法,使老年人增强心肺功能,提升力量水平、平衡能力和柔韧素质。

(4)练习内容和练习进度

基于上述目标,本研究设计的练习内容是以东北大秧歌为主的"有氧练习＋抗阻练习＋平衡练习＋柔韧练习"的综合运动手段。其中,1～4周为适应期,每周3次练习课,使老年人逐渐适应体育运动,初步掌握所学基本运动技术动作,逐步提高老年人体质水平。5～8周是稳定期,每周4次练习课。9～12周是提高期,每周5次练习课。熟练掌握和完成成套秧歌技术动作的一般性力量练习、平衡练习和柔韧性练习手段。运动促进体质方案的练习内容和练习进度,见表 4.104。

表 4.104　运动促进体质方案的练习内容和练习进度

周次	主要练习内容	练习形式	练习次数
1	1.秧歌知识介绍。 2.秧歌基本功:学习扇子和彩绸握法与基本手位,前进步、后腿步和十字步,3 次/周。 3.抗阻练习 1 次/周、平衡练习 2 次/周、柔韧练习 3 次/周。	讲练结合	3
2	1.秧歌基本功:学习单臂摇扇、单臂挥舞彩绸,三进一停步、前踢步、后踢步、旁踢步,3 次/周。 2.秧歌成套动作《欢欢喜喜庆佳节》(1)练习,3 次/周。 3.抗阻练习 1 次/周、平衡练习 2 次/周、柔韧练习 3 次/周。	讲练结合	3
3	1.学习秧歌摇扇与挥舞彩绸配合,前踢步、后踢步组合,前踢步屈伸、后踢步屈伸、旁踢步屈伸,3 次/周。 2.秧歌成套动作《欢欢喜喜庆佳节》(2)练习,3 次/周。 3.抗阻练习 1 次/周、平衡练习 2 次/周、柔韧练习 3 次/周。	讲练结合	3
4	1.学习跳十字步、颤十字步、横扭步、蹲十字步、压脚跟,步伐组合练习,3 次/周。 2.秧歌成套动作《欢欢喜喜庆佳节》(3)练习,3 次/周。 3.抗阻练习 1 次/周、平衡练习 2 次/周、柔韧练习 3 次/周。	讲练结合	3
5	1.学习身体前后动律、上下动律练习,身体前画圆动律、后画圆动律练习,4 次/周。 2.秧歌成套动作《欢欢喜喜庆佳节》(4)练习,4 次/周。 3.抗阻练习 2 次/周、平衡练习 2 次/周、柔韧练习 4 次/周。	讲练结合	4
6	1.复习前 5 周秧歌中重点和难点的技术动作,4 次/周。 2.抗阻练习 2 次/周、平衡练习 2 次/周、柔韧练习 4 次/周。	讲练结合	4
7	1.复习秧歌成套动作,《欢欢喜喜庆佳节》(1、2)练习,4 次/周。 2.抗阻练习 2 次/周、平衡练习 2 次/周、柔韧练习 4 次/周。	讲练结合	4
8	1.复习前 7 周秧歌中的重点和难点技术动作,4 次/周。 2.抗阻练习 2 次/周、平衡练习 2 次/周、柔韧练习 4 次/周。	讲练结合	4
9	1.复习秧歌成套动作,《欢欢喜喜庆佳节》(3、4)练习,5 次/周。 2.抗阻练习 2 次/周、平衡练习 3 次/周、柔韧练习,5 次/周。	讲练结合	5
10	1.复习秧歌成套动作,《欢欢喜喜庆佳节》(1—4)练习,5 次/周。 2.抗阻练习 2 次/周、平衡练习 3 次/周、柔韧练习 5 次/周。	讲练结合	5

续　表

周次	主要练习内容	练习形式	练习次数
11	1. 复习秧歌成套动作,《欢欢喜喜庆佳节》(1—4)练习,5次/周。 2. 抗阻练习2次/周、平衡练习3次/周、柔韧练习5次/周。	讲练结合	5
12	1. 复习秧歌成套动作,《欢欢喜喜庆佳节》(1—4)练习,5次/周。 2. 抗阻练习2次/周、平衡练习3次/周、柔韧练习5次/周。	讲练结合	5

(5)练习方式

根据老年人喜欢合作交流的性格特点,在设计练习方式时,采取讲练结合的课堂练习方式,即以教练讲解示范为主,自主探究、同伴协作、小组合作为辅。教练在培养老年人自我思维能力、记忆能力和探究技术动作能力的同时,也培养老年人相互交流、相互帮助的人际交往能力,既开发了老年人技术动作学习的能力,帮助老年人学习多种运动技能,也帮助老年人排解孤独、调节不良情绪,使老年人心情愉悦、开心畅快,增加生活幸福感。

(6)运动负荷

根据老年人的体质特点,合理安排运动负荷。老年人身体机能和身体素质较差,部分老年人还伴有慢性疾病,因而运动量和运动强度的安排应循序渐进。练习最初的适应期,应从小强度和小运动量开始,待老年人适应运动负荷后,缓慢增加运动量。

(7)控制措施

方案设计时,要求每节课穿秧歌运动服,配好彩带和彩绸,用音乐播放器播放秧歌舞曲,严格按照练习进度开展练习,做到有氧运动和柔韧练习课课有,抗组运动和平衡练习隔天有。这样既保证练习课保质保量地完成任务,也保证老年人得到充分的休息。

(8)效果评价

练习课教学评价的设计主要包括过程性评价和终结性评价。过程性评价依据教练对练习课中老年人学习技术动作和练习技术动作的效果进行性评价,也包括老年人自己对练习技术动作的满意度评价。终结性评价包括练习课结束后教练对老年人学习效果的评价,也包括老年人对自己学习效果的评价,还包括相应的体质测试结果评价。

4.4.4.5　运动促进体质方案设计实例评析

在设计运动促进体质方案目标和指导思想时,充分依据《全民健身计划》和《体力活动指南》等要求,遵循老年人体质特征,为方案内容设计奠定基础。

本研究遵循目标引领内容的理念,基于目标设计运动促进体质方案内容和进度。依据老年人体质特征、相关理论、设计目标、设计原则和设计程序,先对促进方案的核心要素运动处方的设计内容进行详细介绍,再对有氧、抗阻、平衡和柔韧处方的设计进行举例阐述,为后续运动促进体质方案的设计奠定了坚实的理论基础,使其设计有据可依、更加精准。内容设计时重视均衡性和适宜性,将以东北大秧歌为主的"有氧练习+抗阻练习+平衡练习+柔韧练习"作为运动干预内容,并相互搭配进行练习,使练习充满新奇感和趣味性,不断调动老年人练习的积极性。同时,严格按照循序渐进的步骤增加运动量,使老年人逐步适应练习内容,自我效能感不断增加,从而能够坚持执行运动促进方案,形成对练习的依从性。

在设计运动促进体质方案的练习方式和练习效果评价时,充分考虑老年人对技术动作学习的认知能力。练习方式设计,采用以讲练结合、学练结合为主,自主探究、同伴协作、小组合作为辅的练习方式,旨在提高老年人技术动作学习能力,同时增强其解决问题的能力和人际交往的能力。教学评价设计,采用过程性评价和终结性评价相结合的方式。

综上,运动促进体质方案中练习目标、练习内容、练习方式和练习效果评价等设计,充分体现科学性、针对性、安全性、可行性等原则,并为后续运动促进体质方案的干预效果奠定良好基础。

4.4.5 运动促进体质方案设计讨论

本部分以运动处方为核心,依据我国寒地东北城镇老年人体质特征、变化规律和影响因素,设计运动促进体质方案,为后续探讨该方案对老年人体质影响奠定基础。

(1)本研究首先对6组运动的寒地东北城镇老年人和不运动的寒地东北城镇老年人进行体质监测和对比分析,发现运动组体质水平整体优于不运动组,运动有益老年人体质,而且发现广场舞和秧歌是综合锻炼效果最好、最适合寒地东北城镇老年人的运动项目。以此实证研究结果为依据,确定采用寒地东北城镇老年人最喜爱的秧歌作为运动促进体质方案的主要运动项目。

(2)本研究阐述了运动促进体质方案的相关理论。运动促进体质方案的设计,以体质促进相关理论、老年人的体质特征、健康状况、体质影响因素、寒地气候特点和不同运动项目的健身效果等为依据,以科学性、安全性、可行性、针对性、差异性、动态性、群体性等为原则,以诊断评估、方案设计、方案实施和方案效果评价四个阶段为设计程序。在明确设计的依据、原则、程序的基础上,以运动处方为核心,设计了运动促进体质方案。该方案旨在为寒地东北城镇老年人提供健身指导，解决了寒地东北城镇老年人"缺乏科学健身指导方案"和"冬季停练"等健身瓶颈问题。

（3）本研究以运动处方为核心，设计了以东北大秧歌为主的"有氧练习＋抗阻练习＋平衡练习＋柔韧练习"的运动处方实例，并依据运动处方，设计包含指导思想、内容分析、目标分析、练习进度、练习方式、控制措施和效果评价的适合寒地东北城镇老年人的运动促进体质方案。

4.5 运动促进体质方案对患一级高血压老年人体质影响的实验研究

4.5.1 实验前受试者体质监测结果对比分析

为确保实验前对照组与实验组两组受试者的体质指标无差异，实验过程中具有可比性，本研究进行实验前测，并对所有指标进行差异性检验。实验前两组受试者血压、身体形态、身体机能和身体素质差异性检验结果，见表4.105。实验前两组受试者身体成分差异性检验结果，见表4.106。实验前两组受试者骨密度和血管机能差异性检验结果，见表4.107。差异性检验结果表明，实验前对照组和实验组老年男女的身体形态、身体机能、身体素质、身体成分、骨密度、血管机能的各项指标均不存在显著性差异（$P>0.05$）。实验前两组受试者的体质水平基本一致，可以进行实验研究。

表 4.105　实验前两组受试者血压、身体形态、身体机能和身体素质差异性检验

指标	性别	对照组	实验组	均值差值	T 值	P 值
身高(cm)	男性	167.05±5.82	167.72±5.14	−0.67	−0.450	0.655
	女性	154.83±4.35	155.47±5.79	−0.64	−0.462	0.646
体重(kg)	男性	69.07±9.78	68.74±7.12	0.32	0.142	0.887
	女性	60.09±7.87	60.36±8.42	−0.27	−0.123	0.903
BMI(kg/m²)	男性	24.76±3.08	24.57±2.00	0.18	0.269	0.789
	女性	25.54±2.63	25.24±3.49	0.30	0.363	0.718
收缩压(mmHg)	男性	147.40±4.92	147.32±7.21	0.08	0.051	0.959
	女性	147.21±4.90	146.81±7.34	0.40	0.244	0.808
舒张压(mmHg)	男性	92.66±5.51	91.78±6.80	0.88	0.526	0.601
	女性	92.03±3.60	91.88±4.61	0.15	0.135	0.893

指标	性别	对照组	实验组	均值差值	T 值	P 值
心率（次/min）	男性	76.03±4.60	76.60±6.23	−0.57	−0.387	0.702
	女性	75.85±11.34	76.15±9.95	−0.29	−0.102	0.919
肺活量（ml）	男性	2353.07±327.95	2392.07±431.18	−38.99	−0.376	0.708
	女性	1731.89±260.10	1721.53±189.92	10.35	0.166	0.869
握力（kg）	男性	30.88±4.57	30.94±3.50	−0.05	−0.052	0.958
	女性	20.53±2.46	20.16±3.20	0.36	0.473	0.638
坐位体前屈（cm）	男性	3.70±4.83	3.83±5.32	−0.124	−0.091	0.928
	女性	5.73±3.63	5.65±3.12	0.08	0.088	0.930
闭眼单脚站立（s）	男性	5.07±3.13	5.03±2.86	0.03	0.047	0.962
	女性	4.25±1.99	4.69±2.09	−0.44	−0.795	0.430
选择反应时（s）	男性	0.65±0.07	0.66±0.07	−0.01	−0.457	0.962
	女性	0.67±0.06	0.65±0.10	0.02	0.473	0.638

表 4.106　实验前两组受试者身体成分差异性检验

指标	性别	对照组	实验组	均值差值	T 值	P 值
肌肉量（kg）	男性	49.95±7.83	49.93±3.68	0.02	0.020	0.984
	女性	36.27±2.84	36.24±3.07	0.03	0.031	0.975
脂肪量（kg）	男性	15.83±5.02	15.11±3.32	0.71	0.628	0.533
	女性	21.63±6.49	21.88±6.12	−0.25	−0.144	0.886
内脏脂肪含量（kg）	男性	2.99±1.41	2.88±1.22	0.11	0.309	0.759
	女性	3.13±1.56	3.24±1.22	−0.11	−0.278	0.782
内脏脂肪等级	男性	13.14±2.93	13.50±2.23	−0.35	−0.500	0.619
	女性	8.17±3.11	8.38±2.65	−2.1	−0.261	0.795
皮下脂肪含量（kg）	男性	12.81±3.48	12.66±2.36	0.15	0.193	0.848
	女性	18.54±5.05	19.12±5.89	−0.58	−0.392	0.697
体脂肪率（%）	男性	23.00±4.93	22.24±3.18	0.76	0.685	0.496
	女性	35.23±7.33	34.93±5.88	0.30	0.165	0.869
腰臀比	男性	0.95±0.05	0.95±0.05	0.00	−0.309	0.758
	女性	0.88±0.06	0.90±0.06	−0.02	−1.188	0.240

续　表

指标	性别	对照组	实验组	均值差值	T 值	P 值
体成分得分(分)	男性	76.92±4.57	77.17±3.64	−0.25	−0.227	0.821
	女性	75.17±7.31	75.11±8.41	0.06	0.030	0.977

表 4.107　实验前两组受试者骨密度和血管机能差异性检验

指标	性别	对照组	实验组	均值差值	T 值	P 值
骨密度 T 值	男性	−0.62±0.81	−0.65±0.74	0.03	0.097	0.923
	女性	−1.66±0.55	−1.72±0.49	0.06	0.438	0.663
左踝血管 PWV(cm/s)	男性	1573.22±116.40	1604.35±109.22	−31.13	−1.023	0.311
	女性	1586.03±178.16	1597.61±155.46	−11.58	−0.254	0.801
右踝血管 PWV(cm/s)	男性	1577.33±119.15	1598.96±103.88	−21.63	−0.718	0.476
	女性	1594.57±193.85	1591.80±183.81	2.76	0.054	0.957
左踝血管 ABI	男性	1.11±0.09	1.11±0.18	0.00	0.183	0.855
	女性	1.11±0.05	1.10±0.05	0.01	0.280	0.780
右踝血管 ABI	男性	1.10±0.10	1.10±0.05	0.00	0.044	0.965
	女性	1.13±0.05	1.11±0.05	0.02	1.144	0.258

4.5.2　实验前后两组受试者体质指标对比分析

4.5.2.1　实验前后两组受试者身体形态、血压和心率对比分析

12 周的运动实验干预后,差异性检验结果显示,对照组男性实验前身高平均数 167.05cm 与实验后 167.11cm,实验前 BMI 平均数为 24.76 与实验后 24.93,实验前收缩压平均数 147.40mmHg 与实验后 148.84mmHg,实验前舒张压平均数 92.66mmHg 与实验后 93.47mmHg,实验前心率平均数 76.03 次/min 与实验后 76.47 次/min,均无显著性差异($P>0.05$)。只有实验前体重平均数 69.07kg 与实验后 69.67kg,有非常显著性差异($P<0.01$),见表 4.108。说明实验后对照组男性的体重增加了。12 周的时间内,不运动的老年人体重比实验前有所增加。

对照组女性实验前身高平均数 154.83cm 与实验后 154.93cm,实验前体重平均数 60.09kg 与实验后 60.47kg,实验前 BMI 平均数 25.54 与实验后 25.77,实验前收缩压平均数 147.21mmHg 与实验后 148.49mmHg,实验前舒张压平均数 92.03mmHg 与实验后 92.42mmHg,实验前心率平均数 75.85 次/min 与实验后 75.92 次/min,均无显著性差异($P>0.05$),见表 4.108。说明对照组老年女性实

验前后身体形态、血压和心率变化不明显。

实验组男性实验前身高平均数 167.72cm 与实验后 167.76cm，实验前心率平均数 76.60 次/min 与实验后 76.18 次/min，均无显著性差异（$P>0.05$）。实验前体重平均数 68.74kg 与实验后 66.81kg，实验前 BMI 平均数 24.57 与实验后 23.25，实验前收缩压平均数 147.32mmHg 与实验后 139.57mmHg，实验前舒张压平均数 91.78mmHg 与实验后 87.75mmHg，均有非常显著性差异（$P<0.01$），见表 4.108。

实验组女性实验前身高平均数 155.47cm 与实验后 155.51cm，实验前心率平均数 76.15 次/min 与实验后 75.96 次/min，均无显著性差异（$P>0.05$）。实验前体重平均数 60.36kg 与实验后 57.46kg，实验前 BMI 平均数 25.24 与实验后 23.74，实验前收缩压平均数 146.81mmHg 与实验后 138.97mmHg，实验前舒张压平均数 91.88mmHg 与实验后 86.92mmHg，均有非常显著性差异（$P<0.01$），见表 4.108。

综上，实验后运动的老年人身高和心率几乎没有变化，但运动使老年人 BMI 降低，身体形态变得更好。收缩压和舒张压均显著降低，说明运动对于降低寒地东北城镇高血压老年人的血压，效果明显。而且降低收缩压的效果，比降低舒张压的效果更加明显。运动促进体质方案可以有效降低老年人的血压和体重。

表 4.108　实验前后两组受试者身体形态和血压、心率测试结果

指标	性别	组别	实验前	实验后	均值差值	T 值	P 值
身高(cm)	男	对照组	167.05±5.82	167.11±5.84	−0.06	−1.435	0.332
		实验组	167.72±5.14	167.76±5.11	−0.04	−1.109	0.277
	女	对照组	154.83±4.35	154.93±4.50	−0.10	−0.986	0.333
		实验组	155.47±5.79	155.51±5.95	−0.04	−0.461	0.649
体重(kg)	男	对照组	69.07±9.78	69.67±9.42	−0.60	−2.864	0.008
		实验组	68.74±7.12	66.81±6.99	1.92	8.720	0.000
	女	对照组	60.09±7.87	60.47±7.40	−0.38	−1.707	0.099
		实验组	60.36±8.42	57.46±7.77	2.89	11.795	0.000
BMI(kg/m²)	男	对照组	24.76±3.08	24.93±2.81	−0.17	−1.124	0.271
		实验组	24.57±2.00	23.25±2.20	1.32	9.472	0.000
	女	对照组	25.54±2.63	25.77±2.35	−0.23	−1.537	0.136
		实验组	25.24±3.49	23.74±3.30	1.50	8.393	0.000

续　表

指标	性别	组别	实验前	实验后	均值差值	T 值	P 值
收缩压(mmHg)	男	对照组	147.40±4.92	148.84±4.89	−1.44	−1.922	0.066
		实验组	147.32±7.21	139.57±7.79	7.75	8.995	0.000
	女	对照组	147.21±4.90	148.49±5.02	−1.28	−1.601	0.121
		实验组	146.81±7.34	138.97±7.19	7.84	8.969	0.000
舒张压(mmHg)	男	对照组	92.66±5.51	93.47±5.61	−0.81	−1.476	0.152
		实验组	91.78±6.80	87.75±5.52	4.03	7.208	0.000
	女	对照组	92.03±3.60	92.42±4.49	−0.39	−0.858	0.399
		实验组	91.88±4.61	86.92±4.44	4.96	11.226	0.000
心率(次/min)	男	对照组	76.03±4.60	76.47±4.29	−0.44	−0.769	0.449
		实验组	76.60±6.23	76.18±5.29	0.42	0.836	0.411
	女	对照组	75.85±11.34	75.92±10.49	−0.07	−0.155	0.878
		实验组	76.15±9.95	75.96±8.16	0.19	0.930	0.565

4.5.2.2　实验前后两组受试者肺活量和身体素质对比分析

差异性检验结果显示,对照组男性实验前肺活量平均数 2353.07ml 与实验后 2320.85ml,实验前握力平均数 30.88kg 与实验后 30.63kg,实验前坐位体前屈平均数 3.70cm 与实验后 3.40cm,实验前闭眼单脚站立平均数 5.07s 与实验后 4.66s,实验前选择反应时平均数 0.65s 与实验后 0.66s,均无显著性差异($P>$ 0.05),见表 4.109。

对照组女性实验前肺活量平均数 1731.89ml 与实验后 1719.28ml,实验前握力平均数 20.53kg 与实验后 20.31kg,实验前坐位体前屈平均数 5.73cm 与实验后 5.48cm,实验前闭眼单脚站立平均数 4.25s 与实验后 4.07s,均无显著性差异($P>0.05$)。实验前选择反应时平均数 0.67s 与实验后 0.68s,具有显著性差异($P<0.05$),见表 4.109。说明实验前后不运动的老年人除选择反应时之外身体机能和身体素质变化不大。选择反应时更长,则敏捷性更差。

实验组男性实验前肺活量平均数 2392.07ml 与实验后 2449.78ml,实验前握力平均数 30.94kg 与实验后 33.45kg,实验前坐位体前屈平均数 3.83cm 与实验后 6.62cm,实验前闭眼单脚站立平均数 5.03s 与实验后 8.00s,实验前选择反应时平均数 0.66s 与实验后 0.62s,均有非常显著性差异($P<0.01$),见表 4.109。说明运动对于增强老年人身体机能和身体素质有显著效果。

实验组女性实验前肺活量平均数 1721.53ml 与实验后 1787.96ml,实验前握力平均数 20.16kg 与实验后 22.18kg,实验前坐位体前屈平均数 5.65cm 与实验后 7.96cm,实验前闭眼单脚站立平均数 4.69s 与实验后 6.53s,具有非常显著性差异 ($P<0.01$)。实验前选择反应时平均数 0.65s 与实验后 0.62s,具有显著性差异 ($P<0.05$),见表 4.109。

综上,12 周的运动干预实验,对于提高老年人的肺活量、握力、坐位体前屈、闭眼单脚站立和选择反应时水平具有良好的效果。运动促进体质方案可以显著提高老年人的肺活量和身体素质。

表 4.109　实验前后两组受试者肺活量和身体素质测试结果

指标	性别	组别	实验前	实验后	均值差值	T 值	P 值
肺活量(ml)	男	对照组	2353.07±327.97	2320.85±333.04	32.22	2.043	0.051
		实验组	2392.07±431.18	2449.78±431.43	−57.71	−9.010	0.000
	女	对照组	1731.89±260.10	1719.28±261.14	12.07	1.335	0.193
		实验组	1721.53±189.92	1787.96±213.30	−66.42	−5.780	0.000
握力(kg)	男	对照组	30.88±4.57	30.63±4.84	0.25	1.066	0.296
		实验组	30.94±3.50	33.45±3.21	−2.51	−12.80	0.000
	女	对照组	20.53±2.46	20.31±2.59	0.21	0.969	0.314
		实验组	20.16±3.20	22.18±3.31	−2.02	−6.880	0.000
坐位体前屈(cm)	男	对照组	3.70±4.83	3.40±4.34	0.30	1.335	0.193
		实验组	3.83±5.32	6.62±5.53	−2.79	−10.44	0.000
	女	对照组	5.73±3.63	5.48±3.57	0.25	1.587	0.124
		实验组	5.65±3.12	7.96±3.31	−2.30	−6.880	0.000
闭眼单脚站立(s)	男	对照组	5.07±3.13	4.66±2.03	0.41	1.000	0.327
		实验组	5.03±2.86	8.00±5.62	−2.96	−4.154	0.000
	女	对照组	4.25±1.99	4.07±2.01	0.17	0.757	0.456
		实验组	4.69±2.09	6.53±2.13	−1.846	−10.17	0.000
选择反应时(s)	男	对照组	0.65±0.07	0.66±0.06	−0.01	−1.147	0.262
		实验组	0.66±0.07	0.62±0.09	0.04	6.176	0.000
	女	对照组	0.67±0.06	0.68±0.07	−0.01	−2.174	0.039
		实验组	0.65±0.10	0.62±0.08	0.02	1.893	0.470

4.5.2.3 实验前后两组受试者身体成分对比分析

显著性差异检验结果显示,对照组男性实验前肌肉量平均数 49.95kg 与实验后 49.72kg,实验前脂肪量平均数 15.83kg 与实验后 16.29kg,实验前内脏脂肪含量平均数 2.99kg 与实验后 3.08kg,实验前内脏脂肪等级平均数 13.14 与实验后 13.37,实验前体成分得分平均数 76.92 分与实验后 76.37 分($P>0.05$),均无显著性差异。实验前皮下脂肪含量平均数 12.81kg 与实验后 13.40kg,实验前体脂肪率平均数 23.00% 与实验后 23.50%,实验前腰臀比平均数 0.95 与实验后 0.96,有显著性差异($P<0.05$),见表 4.110。实验前后不运动的老年男性的肌肉量、脂肪量、内脏脂肪含量、内脏脂肪等级和体成分得分无显著性变化,但皮下脂肪含量、腰臀比和体脂肪率都显著增加了,说明 12 周的时间里,不运动老年人身体成分中皮下脂肪增多,体脂肪率增加。

对照组女性实验前肌肉量平均数 36.27kg 与实验后 36.13kg,实验前脂肪量平均数 21.63kg 与实验后 21.85kg,实验前内脏脂肪含量平均数 3.13kg 与实验后 3.24kg,实验前内脏脂肪等级平均数 8.17 与实验后 8.35,实验前皮下脂肪含量平均数 18.85kg 与实验后 18.77kg,实验前体脂肪率平均数 35.23% 与实验后 35.49%,实验前腰臀比平均数 0.88 与实验后 0.89,实验前体成分得分平均数 75.17 分与实验后 74.71 分,均无显著性差异($P>0.05$),见表 4.110。实验前后不运动的老年女性的肌肉量等体成分指标均无显著性差异,说明实验后老年女性身体成分变化不大。

实验组男性实验前肌肉量平均数 49.93kg 与实验后 50.48kg,具有显著性差异($P<0.05$)。实验前脂肪量平均数 15.11kg 与实验后 13.07kg,实验前内脏脂肪含量平均数 2.88kg 与实验后 2.63kg,实验前内脏脂肪等级平均数 13.50 与实验后 12.46,实验前皮下脂肪含量平均数 12.66kg 与实验后 11.73kg,实验前体脂肪率平均数 22.24% 与实验后 21.16%,实验前腰臀比平均数 0.95 与实验后 0.93,实验前体成分得分平均数 77.17 分与实验后 79.46 分,均有非常显著性差异($P<0.01$),见表 4.110。实验后,运动的老年男性身体成分各项指标均有改善,体成分得分有显著增加,肌肉量增加、脂肪量减少、体脂肪率降低,身体成分更加合理。

实验组女性实验前肌肉量平均数 36.24kg 与实验后 36.86kg,实验前脂肪量平均数 21.88kg 与实验后 19.59kg,实验前内脏脂肪等级平均数 8.38 与实验后 7.50,实验前皮下脂肪含量平均数 19.12kg 与实验后 17.49kg,实验前体脂肪率平均数 34.93% 与实验后 33.88%,实验前腰臀比平均数 0.90 与实验后 0.88,实验前体成分得分平均数 75.11 分与实验后 77.00 分,均有显著性差异($P<0.01$),见表

4.83。实验前内脏脂肪含量平均数 3.24kg 与实验后 3.01kg,无显著性差异($P>$ 0.05),见表 4.110。说明除内脏脂肪含量外,实验后运动的老年女性的身体成分各项指标均有显著改善,体成分得分增加,身体成分更加合理,运动的减脂增肌效果显著。运动促进体质方案对于提高老年人体成分得分、改善老年人身体成分有显著作用。

表 4.110　实验前后两组受试者身体成分测试结果

指标	性别	组别	实验前	实验后	均值差值	T 值	P 值
肌肉量(kg)	男	对照组	49.95±4.83	49.72±4.76	0.23	1.169	0.253
		实验组	49.93±3.68	50.48±3.85	−0.55	−2.716	0.011
	女	对照组	36.27±2.84	36.13±2.78	0.14	1.166	0.254
		实验组	36.24±3.07	36.86±3.18	−0.88	−5.997	0.000
脂肪量(kg)	男	对照组	15.83±5.02	16.29±4.64	−0.46	−2.022	0.054
		实验组	15.11±3.32	13.07±3.06	2.03	10.673	0.000
	女	对照组	21.63±6.49	21.85±6.15	−0.22	−1.126	0.270
		实验组	21.88±6.12	19.59±5.42	2.05	7.853	0.000
内脏脂肪含量(kg)	男	对照组	2.99±1.41	3.08±1.30	−0.09	−1.999	0.056
		实验组	2.88±1.23	2.63±1.15	0.25	6.677	0.000
	女	对照组	3.13±1.56	3.24±1.51	−0.11	−1.553	0.132
		实验组	3.24±1.22	3.01±1.18	0.23	2.004	0.056
内脏脂肪等级	男	对照组	13.14±2.94	13.37±2.58	−0.22	−1.140	0.265
		实验组	13.50±2.23	12.46±2.21	1.04	7.909	0.000
	女	对照组	8.17±3.11	8.35±2.85	−0.18	−1.307	0.202
		实验组	8.38±2.65	7.50±2.23	0.88	5.222	0.000
皮下脂肪含量(kg)	男	对照组	12.81±3.48	13.40±2.98	−0.59	−2.356	0.026
		实验组	12.66±2.36	11.73±2.26	0.93	5.982	0.000
	女	对照组	18.54±5.05	18.77±4.98	−0.23	−1.336	0.193
		实验组	19.12±5.89	17.49±5.45	1.63	7.967	0.000

续　表

指标	性别	组别	实验前	实验后	均值差值	T 值	P 值
体脂肪率(%)	男	对照组	23.00±4.93	23.50±4.48	−0.50	−2.544	0.017
		实验组	22.24±3.18	21.16±3.58	1.08	7.048	0.000
	女	对照组	35.23±7.33	35.49±6.99	−0.25	−1.596	0.122
		实验组	34.93±5.88	33.88±5.74	1.05	4.618	0.000
腰臀比	男	对照组	0.95±0.05	0.96±0.04	−0.01	−2.648	0.014
		实验组	0.95±0.05	0.93±0.04	0.02	7.416	0.000
	女	对照组	0.88±0.06	0.89±0.04	−0.01	−1.965	0.060
		实验组	0.90±0.06	0.88±0.05	0.02	6.861	0.000
体成分得分(分)	男	对照组	76.92±4.57	76.37±4.49	0.55	1.830	0.079
		实验组	77.17±3.64	79.46±3.89	−2.29	−7.129	0.000
	女	对照组	75.17±7.31	74.71±7.02	0.46	1.635	0.114
		实验组	75.11±8.41	77.00±7.85	−1.88	−5.222	0.000

4.5.2.4　实验前后两组受试者骨密度和血管机能对比分析

差异性检验结果显示,对照组男性实验前骨密度 T 值平均数−0.62 与实验后−0.67,实验前左踝血管 PWV 平均数 1573.22cm/s 与实验后 1592.03cm/s,实验前右踝血管 PWV 平均数 1577.33cm/s 与实验后 1593.07cm/s,实验前左踝血管 ABI 平均数 1.11 与实验后 1.11,实验前右踝血管 ABI 平均数 1.10 与实验后 1.11,均无显著性差异($P>0.05$),见表 4.111。实验前后不运动的老年男性的骨密度、血管弹性和血管阻塞程度变化不大。

对照组女性实验前骨密度 T 值平均数−1.66 与实验后−1.71,实验前左踝血管 PWV 平均数 1586.03cm/s 与实验后 1588.42cm/s,实验前右踝血管 PWV 平均数 1594.57cm/s 与实验后 1598.82cm/s,实验前左踝血管 ABI 平均数 1.11 与实验后 1.10,实验前右踝血管 ABI 平均数 1.13 与实验后 1.13,均无显著性差异($P>0.05$),见表 4.111。实验前后不运动的老年女性的骨密度、血管弹性和血管阻塞程度变化不大。

实验组男性实验前骨密度 T 值平均数−0.65 与实验后−0.58,无显著性差异($P>0.05$)。实验前左踝血管 PWV 平均数 1604.35cm/s 与实验后 1552.39cm/s,实验前右踝血管 PWV 平均数 1598.96cm/s 与实验后 1550.96cm/s,实验前左踝 ABI 平均数 1.11 与实验后 1.15,实验前右踝 ABI 平均数 1.10 与实验后 1.14,均有非常显著性差异($P<0.01$),见表 4.111。实验后,运动的老年男性的血管弹性和血管阻塞情况有显著改善,但骨密度变化不大。

实验组女性实验前骨密度 T 值平均数 -1.72 与实验后 -1.68,无显著性差异($P>0.05$)。实验前左踝血管 PWV 平均数 1597.61cm/s 与实验后 1540.61cm/s,实验前右踝血管 PWV 平均数 1591.80cm/s 与实验后 1533.11cm/s,实验前左踝血管 ABI 平均数 1.10 与实验后 1.13,实验前右踝血管 ABI 平均数 1.11 与实验后 1.14,均有非常显著性差异($P<0.01$),见表 4.111。实验后,运动的老年女性血管弹性和血管阻塞情况有显著改善,但骨密度变化不大。

实验后运动的老年人骨密度没有显著性变化,这与本次实验时间短、骨密度不易发生变化有一定关系。实验后运动老年人的血管 PWV 值有所下降,血管弹性向着良性方向发展。血管 ABI 值有所提高,血管的阻塞情况有所改善,血管通畅程度提高,血管机能有所改善。运动促进体质方案有利于改善老年人的血管机能。

表 4.111　男性实验前后两组受试者骨密度和血管机能差异

指标	性别	组别	实验前	实验后	均值差值	T 值	P 值
骨密度 T 值	男	对照组	-0.62 ± 0.81	-0.67 ± 0.83	0.05	1.512	0.143
		实验组	-0.65 ± 0.74	-0.58 ± 0.75	-0.07	-1.378	0.179
	女	对照组	-1.66 ± 0.55	-1.71 ± 0.53	0.05	1.338	0.192
		实验组	-1.72 ± 0.49	-1.68 ± 0.51	-0.04	-1.021	0.317
左踝血管 PWV(cm/s)	男	对照组	1573.22 ± 116.40	1592.03 ± 114.92	-18.81	-1.836	0.078
		实验组	1604.35 ± 109.22	1552.39 ± 103.83	51.96	6.033	0.000
	女	对照组	1586.03 ± 178.15	1588.42 ± 187.49	-2.39	-0.420	0.678
		实验组	1597.61 ± 155.46	1540.61 ± 152.54	57.00	6.196	0.000
右踝血管 PWV(cm/s)	男	对照组	1577.33 ± 119.15	1593.07 ± 98.79	-15.74	-1.741	0.093
		实验组	1598.96 ± 103.88	1550.96 ± 98.51	48.00	7.242	0.000
	女	对照组	1594.57 ± 193.85	1598.82 ± 180.54	-4.25	-0.447	0.658
		实验组	1591.80 ± 183.81	1533.11 ± 164.40	58.69	5.974	0.000
左踝血管 ABI	男	对照组	1.11 ± 0.09	1.11 ± 0.08	0.00	0.427	0.673
		实验组	1.11 ± 0.08	1.15 ± 0.08	-0.04	-5.605	0.000
	女	对照组	1.11 ± 0.05	1.10 ± 0.06	0.01	1.209	0.237
		实验组	1.10 ± 0.05	1.13 ± 0.07	-0.03	-3.225	0.003

续　表

指标	性别	组别	实验前	实验后	均值差值	T 值	P 值
右踝血管 ABI	男	对照组	1.10±0.10	1.11±0.10	−0.01	−1.197	0.242
		实验组	1.10±0.05	1.14±0.06	−0.04	5.231	0.000
	女	对照组	1.13±0.05	1.13±0.06	0.00	−0.046	0.964
		实验组	1.11±0.05	1.14±0.05	−0.03	−2.903	0.008

4.5.3　实验结果讨论

实验后对照组男性体重增大,体脂肪率、皮下脂肪含量、腰臀比增加,女性选择反应时增加,其余各项体质指标无显著性变化。实验结果表明,对照组实验后身体形态有发胖趋势,选择反应时延长、反应减慢。

实验组除骨密度指标外,常规体质、身体成分和血管机能各项指标均向良好方向发展,表明运动促进体质方案对提高寒地东北城镇老年人体质水平有显著效果。与对照组相比,12 周东北大秧歌运动干预后,寒地东北城镇老年人的体质水平明显提高,说明东北大秧歌运动的健身效果显著。这与东北大秧歌运动的动作技术特点和肌肉运动方式有很大关系。东北大秧歌带有明显的狂欢色彩,音乐旋律节奏明快,整体动作幅度相对较大,动作力度适中。东北大秧歌是身体多方向、全身各关节和大肌肉群参与的运动。在练习时,肩、肘、腕、躯干、髋、膝、踝各关节都参与运动。上身躯干的扭动,身体的前屈、后仰,上臂肩、肘、腕关节的转动,下肢膝、踝关节的屈伸,使各关节、肌肉、韧带得到很好的锻炼,如腹肌、竖脊肌和背阔肌等力量得到提高。在练习中,通过离心收缩控制身体动作和身体姿势的大肌肉群,如腹直肌、股四头肌、腰方肌等得到充分锻炼。同时,老年人的心肺功能、肌肉力量、肌肉耐力、柔韧性、协调性和平衡能力等身体机能均得到较好的锻炼,因而锻炼效果较好。运动中,通过夸张和喜庆的表情,体现具有感染力和表现力的愉悦情绪,使老年人感觉身体特别放松,心情愉悦。东北人常说"大秧歌一扭,啥愁事没有",充分说明东北大秧歌对愉悦老年人的身心、调节老年人的不良心理状态具有重要作用。

实验结果表明,运动促进体质方案能够有效降低老年人的血压水平,改善身体形态,提高身体机能和身体素质;能够有效降低体内脂肪含量和体脂肪率,提高肌肉量和体成分得分;能够降低动脉血管僵硬程度,改善血管弹性,延缓动脉血管阻塞,改善血管机能。这与赵赫[1]研究结果一致。但运动促进体质方案对骨密度提高和骨质疏松防治作用不明显,可能与骨密度变化的生理周期更长或者影响因素更为复杂有关。

4.5.3.1　运动促进体质方案可以显著降低患高血压老年人的血压水平

2012—2015 年,Wang 等在中国 262 个城市和农村抽取 451755 名 18 岁及以上居民进行调查,结果表明,中国成人高血压患病率为 27.9%,男性患病率为 28.6%,高于女性的 27.2%。[2] 老年人高血压发病率更是居高不下,增龄是老年人高血压发病的一个关键因素,因此老年人高血压防控任务更重。

本研究中运动促进体质方案,可以有效降低一级原发性高血压患者的收缩压和舒张压,运动干预后实验组男性收缩压降低 7.75mmHg、舒张压降低 4.03mmHg,女性收缩压降低 7.84mmHg、舒张压降低 4.96mmHg,降压效果比较显著。本研究中运动处方以东北大秧歌这项有氧运动为主,东北大秧歌运动能扩张血管,增加毛细血管的数量,促进血液循环,改善血管内皮功能、改善抗血小板聚集和黏附,使收缩压降低。东北大秧歌运动还能减轻焦虑情绪,改善儿茶酚胺及肾素血管紧张素功能,使血管外周阻力降低、舒张压降低。老年高血压患者进行合理的有氧锻炼,可以有效降低血压。[3] 白雅萍等研究发现,每周 3 次、每次 1h,为期 12 周的中等强度社区广场舞运动,中老年高血压患者收缩压降低 8mmHg,舒张压降低 5mmHg。[4] 王军威等通过 Meta 分析认为,每周 6～7 次、每次 40～50min、超过 9 周的 60%～80% HRmax 运动强度的有氧运动,能够有效防控我国中老年人原发性高血压。[5] 张燕萍等研究发现,每周 3 次、每次 30min、为期 2 个月的中等强度有氧运动干预后,高血压患者平均收缩压降低 10.71mmHg,舒张压降低 5.77mmHg,运动降压效果明显。[6] 赖学鸿研究发现,太极柔力球运动可以有效降

①　赵赫.面向慢性病运动干预的智能化健康促进服务系统[D].合肥:中国科学技术大学,2016.

②　Wang Z,Chen Z,Zhang L. Status of hypertension in China:Results from the China Hypertension Survey,2012-2015[J]. Circulation,2018(22):2344-2356.

③　李静,范利,华琦,等.中国老年高血压管理指南 2019[J].中华高血压杂志,2019(2):111-135.李稳,李刚.《老年高血压的诊断与治疗中国专家共识(2017 版)》要点介绍[J].中华高血压杂志,2018(10):986-989.

④　白雅萍,林英,吴冬梅,等.社区广场舞对中老年高血压患者血压和血脂水平的影响[J].中华高血压杂志,2019(5):474-478.

⑤　王军威,袁琼嘉,杨澎湃.运动疗法对我国原发性高血压干预效果的 meta 分析[J].中国康复医学杂志,2017(4):454-460.

⑥　张燕萍,张晨韵,唐姚,等.运动干预对中国高血压患者血压影响的荟萃分析[J].中华高血压杂志,2018(8):745-753.

低老年人血压,预防和延缓高血压。① 长期规律有氧运动是预防高血压的独立保护因素,建议老年人坚持长期规律锻炼。本研究与上述研究结果一致,东北大秧歌作为一项有氧运动,降压效果较好。

4.5.3.2 运动促进体质方案可以有效提高老年人肺活量和身体素质

本研究实验干预后,实验组老年人的肺活量有所提高,肺部通气和换气的能力得到改善。握力提高,上臂和手部肌肉力量增强。坐位体前屈水平显著提高,增加了腰腹和各关节韧带的柔韧性。闭眼单脚站立时间延长,平衡能力得到改善。选择反应时水平有所提升,老年人的手眼协调配合和反应能力提高。

王海霞研究发现,东北大秧歌运动可以显著提高长春市老年女性的肺活量、握力和坐位体前屈水平,提高老年人的健康体适能。② 闫枫研究发现,东北大秧歌运动能够改善老年人呼吸机能,增加肺活量和肌肉力量,改善平衡能力,对老年人体质有促进作用。③ 健身秧歌由东北大秧歌等改编而来,同属有氧运动,技术动作等特点与东北大秧歌一脉相承,因而健身效果相似。刘璇研究发现,健身秧歌能够提高老年肥胖女性的肌肉力量、柔韧性、灵敏素质和平衡能力。④ 冯宁等研究发现,长期进行健身秧歌运动能够保持甚至提高绝经后中老年女性的平衡能力。⑤ 王运良等研究发现,秧歌运动可以提高中老年女性的肺活量、握力、平衡能力和反应能力。⑥ 本研究与以上研究成果一致。东北大秧歌运动能够改善老年人的身体形态,提高老年人的身体素质。

东北大秧歌的健身效果好,与扭秧歌时动作节奏逐渐加快,运动时肺部呼气和吸气的深度加大,使呼吸肌的力量提高,肺组织弹性回缩力增强有关。它改善了老年人的呼吸系统机能,使肺活量提高。运动时,老年人双手挥舞彩带、摇动彩扇,腕关节不停地进行内收、外展、前屈和后伸的关节运动,使上臂和腕部的肌肉力量增强。扭秧歌时身体动作讲究"浪",要求重心控制既稳且准,身体需要协调配合,从而改善了老年人的协调性。"扭"是秧歌中最重要的技术动作。"扭"以腰部为核心

---

① 赖学鸿.太极柔力球练习对预防老年人高血压的干预实验[J].现代预防医学,2011(17):3497-3499,3502.

② 王海霞.东北大秧歌对长春市老年妇女健康体适能的影响[D].长春:吉林体育学院,2013.

③ 闫枫.东北大秧歌对老年人体质状况影响的研究[J].吉林体育学院学报,2007(4):86-87.

④ 刘璇.健身秧歌对老年肥胖女性身体素质的影响[D].济南:山东体育学院,2012.

⑤ 冯宁,韩秀华,张一民.长期健身秧歌运动对绝经后女性静态平衡能力的影响[J].沈阳体育学院学报,2014(6):99-102.

⑥ 王运良,刘定睿,万修伟,等.秧歌舞运动对中老年女性体质指标和生活质量的影响[J].安徽师范大学学报(自然科学版),2011(5):485-488.

发力,带动整个身体扭动,手与肩协调配合,完成整体动作,对改善老年人的心肺功能有重要作用。"颤"是秧歌的另一个代表性动作,要求膝关节对人体动作节奏的良好控制,放松与用力技巧协调配合。"扭"的动作与"颤"的动作要协调配合,腕关节、肩关节与膝关节要始终保持灵活与放松并重,要求整个身体协调配合和肌肉用力恰当准确。身体各关节动作要连贯协调,完成整体技术动作。脚部动作要求落脚要实、抬脚要快,与膝关节运动协调配合。秧歌动作多变,步伐组合较多,时而前进后退、时而侧步旋转,动作轨迹富于变化,运动节奏快慢交融,运动量强弱交替,会增强身体的控制能力,提高身体稳定性和平衡性,预防老年人意外跌倒摔伤。秧歌随节奏舞动,要求扭动、踏跳和节奏一致,能够提高中枢神经系统的机能和运动条件反射的敏捷性,使大脑的反应速度和灵活性增强,提高人体反应速度,因此,身体的柔韧性、协调性、平衡能力和反应速度都得到较好的锻炼与提升。大秧歌运动时扭动身体幅度较大,使上肢、腿部和腰部的肌肉力量增加,消耗了体内脂肪,提高了身体的耐力和柔韧性,从而使身体形态、机能和素质得到显著改善与提高。

4.5.3.3 运动促进体质方案可以有效改善老年人的身体成分

2016 年,著名医学杂志《柳叶刀》上发表的一项研究指出,中国的肥胖人口已经超过美国居世界首位,中国肥胖男性 4320 万人,肥胖女性 4640 万人,分别占全球肥胖总人数的 16.3% 和 12.4%。[①] 其中,老年人的肥胖问题也不容乐观,肥胖是老年人心血管疾病、高血压和 2 型糖尿病等慢性病的重要危险因素。

本研究实验后,实验组的脂肪量和体脂肪率均明显降低,减脂效果显著。这与促进方案中运动处方设计的科学合理有关。处方中设计的东北大秧歌,属于有氧运动,其减肥机制主要是通过增加能量消耗,减少体内脂肪积累,调节内分泌代谢,促进体内脂肪分解。[②] 王宁宁等研究认为,运动还可通过影响棕色脂肪活性及白色脂肪棕色化来影响减肥效果。[③] Boström 等研究认为,有氧运动可使白色脂肪向米色脂肪转变,从而加速脂肪代谢、促进产热。[④] 张铁明等研究发现,秧歌舞运

---

① NCD Risk Factor Collaboration(NCD-RisC). Trends in adult body-mass index in 200 countries from 1975 to 2014:A pooled analysis of 1698 population-based measurement studies with 19. 2 million participants [J]. Lancet,2016(2):1377-1396.

② 于素梅.肥胖与有氧运动减肥的生物学分析(综述)[J].北京体育大学学报,2001(1):62-63.

③ 王宁宁,刘洋,丁宁,等.运动对棕色脂肪活性和白色脂肪棕色化的影响及其干预肥胖的作用研究进展[J].中国运动医学杂志,2017(5):448-455.

④ Boström P,Wu J,Jedrychowski M P,et al. A PGC1-α-dependent myokine that drive brown-fat-like development of white fat and thermogenesis[J]. Nature,2012(1):463-468.

动可以有效降低老年女性体脂含量和腹部脂肪百分比,显著改善老年女性身体成分。[①] 这与本研究结果一致。本研究中,老年人皮下脂肪含量减少较多,内脏脂肪含量减少较少,说明内脏脂肪含量在短时间内降低难度较大。

实验干预后,实验组老年人肌肉量显著提高。朱建明研究也表明,12周的弹力带抗阻力训练方案,对提高老年人肌肉质量和力量效果明显。[②] 李娜娜研究发现,12周的健身秧歌运动能够降低老年肥胖女性的体重、体重指数、体脂百分比、内脏脂肪含量,达到减脂塑形和强身健体的目的。[③] 对照组受试者肌肉不增反降,这与老年人身体的退行性变化有关。随年龄增加,老年人的肌肉量逐年减少,表现为骨骼肌细胞的数量减少、体积变小、肌肉流失、脂肪含量增多、肌力减小等特征,从而出现虚弱、身体活动能力下降、易摔倒等症状。[④] 老年人肌肉力量衰减,是发生摔倒伤害的重要风险因素之一,因而老年人增加肌肉量或延缓肌肉流失具有重要意义。

4.5.3.4 运动促进体质方案可以有效改善老年人的血管机能

运动促进体质方案可以有效改善老年人的血管机能。东北大秧歌运动是练习者根据伴奏曲目的节奏和旋律,全身各部位在不同方向上,以不同的速度、力度和动作幅度进行运动,对人体的血液循环系统具有较好的作用。秧歌是手舞足蹈的全身运动,可以改善血管内皮结构和平滑肌功能,以及细胞间质成分,使血胆固醇浓度降低,减少粥样斑块在动脉血管壁的沉积,使动脉管壁弹性变好,僵硬度下降,改善血管机能,防治动脉硬化和心血管疾病。余冰清等人研究发现,每周3次、每次30min、为期12周的中低等强度有氧运动,能降低80岁以上单纯收缩期高血压患者的收缩压、舒张压和血管硬化程度,且中强度运动优于低强度运动。[⑤] 李宁川等研究发现,16周有氧运动,可明显降低中老年人的血压和baPWV水平,改善老年人血管机能。[⑥] 邹吉玲等研究发现,广场舞运动对于改善老年人的血管弹性,增

① 张铁明,谭延敏.秧歌舞锻炼对老年女性健身作用的实验研究[J].武汉体育学院学报,2006(5):49-52.

② 朱建明.弹力带抗阻训练对老年人体成分、力量及身体活动能力的影响研究[D].上海:上海体育学院,2018.

③ 李娜娜.健身秧歌对老年肥胖女性减脂效果的影响[D].济南:山东体育学院,2012.

④ Landi F,Liperoti R,Russo A,et al. Sarcopenia as a risk factor for falls in elderlyindividuals:Results from the ILSIRENTE study[J]. Clinical Nutrition,2012(5):652-658.

⑤ 余冰清,周洪平,缪慧玉,等.不同运动强度对老老年单纯收缩期高血压患者血管功能的影响[J].中国老年学杂志,2019(2):319-323.

⑥ 李宁川,尹夏莲,韦秀霞,等.16周有氧运动对中老年baPWV及ABI的影响[J].中国应用生理学杂志,2018(2):145-149.

强动脉血管机能,有积极的促进作用。① 陈文聪研究认为,参加健身运动可改善老年人的动脉血管弹性和血管机能。② 张艺宏研究发现,运动可以改善中老年人群血管弹性等功能,进而预防甚至控制动脉硬化;规律运动可以提升身体机能和素质,降低 PWV 水平,改善血管弹性,预防心血管疾病。③ 尹夏莲研究发现,16 周的太极拳运动能显著降低动脉硬化人群的 baPWV 水平,改善血管弹性和功能。④ 本研究与上述研究结果相似。

4.5.3.5　运动促进体质方案对提升老年人骨密度水平效果不明显

本研究发现,实验后实验组骨密度 T 值并无显著性变化。这可能与骨的重建需要 4～6 个月的时间,骨量增加需要至少 8～12 个月中等强度的抗阻运动有关。⑤ 本研究的实验时间只有 4 个月,由于干预时间不足,不足以显著提高受试者骨密度水平。董宏等通过 Meta 分析认为,每周 3 次以上,每次锻炼 30～60min,8～12RM 的中等强度训练,12 个月以上的抗阻锻炼,可显著提高中老年人骨密度水平。⑥ 如果运动负荷停止,增加的骨量可再度消失,要维持已获骨量,应不断给骨骼一定负荷的刺激。因而,增加骨密度需要长期规律的运动。王光旭等研究认为,抗阻训练对 60 岁以上老年人的骨密度提高有积极作用,适当抗阻训练可以预防骨质疏松症。⑦ 杨路昕等研究认为,运动强度保持在最大摄氧量的 60%～70% 或最大心率的 70%～80%,可以促进骨密度增加。⑧ 这说明运动确实可以提高骨密度,但需要足够的运动时间和合理的运动量。

综上,运动促进体质方案可以有效改善寒地东北城镇患一级高血压老年人的体质状况,特别是影响血压指标的各项体质指标,从而达到降低血压的效果。运动促进体质方案对于提高骨密度水平没有作用。

① 邹吉玲,吴晓华,李军,等.广场舞对哈尔滨市 60～69 岁老年人体脂肪率、骨密度和血管机能的影响研究[J].冰雪运动,2016(6):86-89.

② 陈文聪.健身运动对健康老年人动脉血管弹性的影响[J].中国老年学杂志,2015(7):1794-1796.

③ 张艺宏.1225 名公务员 PWV/ABI 检测分析与运动干预对策[J].现代预防医学,2010(7):1292-1296.

④ 尹夏莲.16 周太极拳运动对延缓中老年人动脉硬化的影响机制研究[D].扬州:扬州大学,2019.

⑤ 孙悦婉,王冬梅,王玮,等.老年人骨质疏松运动预防策略研究进展[J].中国生物医学工程学报,2019(2):233-239.

⑥ 董宏,孟良,王荣辉.体育锻炼对中老年人群骨密度影响的 meta 分析[J].北京体育大学学报,2016(3):58-65,87.

⑦ 王光旭,王兴,陈新丽.抗阻训练对老年人骨密度影响的 meta 分析[J].上海体育学院学报,2019(5):67-76.

⑧ 杨路昕,郭郡浩,蔡辉.运动干预原发性骨质疏松症:不同运动方式、强度及频率对骨密度的影响.[J].中国组织工程研究,2014(38):6200-6204.

　　本研究探究了 3 年运动组老年人运动的长期效果和 12 周运动实验中运动组老年人运动的短期效应,发现长期从事规律运动的老年人在血压、身体机能、身体素质、身体成分、骨密度和血管弹性等指标上要好于不运动的老年人,而短期科学规律的运动对增强老年人的身体机能、身体素质,改善身体成分和血管机能具有重要作用。可能由于骨密度变化的生理周期更长或者影响因素更为复杂,短期的运动无法显著提高老年人的骨密度水平。因而长期运动和短期运动都能起到增强老年人体质、改善身体成分和血管机能的效果,使老年人获得健康益处,但要提高老年人的骨密度水平,需要长期规律的运动。

5 研究结论与建议

5.1 研究结论

(1)寒地东北城镇老年人的体质具有肺活量大、柔韧性好,平衡能力较差、血压偏高、体脂肪率超标、骨密度水平低和血管弹性较差等特征。随年龄增长,老年人体形变胖,血管弹性、骨密度和身体素质下降。男性内脏脂肪等级超标、女性骨密度低的现象突出。

(2)寒地东北城镇老年人的生活方式特点体现在:体力活动和体育锻炼不足;锻炼具有"季节性"特点;饮食具有"口味偏重"等特点;喜烟嗜酒;等等。

(3)影响寒地东北城镇老年人体质的主要因素包括体育锻炼相关因素和慢性疾病患病情况。长期从事规律运动的寒地东北城镇老年人,在身体机能、身体素质、身体成分、骨密度和血管弹性等指标上优于不运动老年人。广场舞和秧歌运动的综合健身效果较好。

(4)依据寒地东北城镇老年人体质特征和影响因素等,设计包含指导思想、设计目标、设计原则、设计程序、设计内容和设计实例的运动促进体质方案。该方案旨在为寒地东北城镇老年人提供健身指导,解决了寒地东北城镇老年人"缺乏科学健身方案指导"和"冬季停练"等健身瓶颈问题,为寒地东北城镇老年人科学健身提供了新思路和新方法。

(5)以东北大秧歌为主的"有氧练习+抗阻练习+平衡练习+柔韧练习"的综合运动手段为干预内容,进行为期12周的运动干预实验,实验验证了运动促进体质方案可以改善寒地东北城镇患一级高血压老年人的体质状况,实现降低血压、体脂肪率和提高身体素质、血管机能的效果。实验验证了运动促进体质方案对改善老年人体质有效。

5.2 研究建议

(1)对于中国寒地东北城镇老年人体质与运动促进的研究,应高度重视对影响老年人体质关键问题和影响因素进行深入研究,对老年人的高发疾病,如心脑血管疾病等开展运动促进研究。身体成分、骨密度和血管机能三项新增体质指标鉴别力强,为精准指导老年人健身提供科学依据,建议学者综合体质与这三项指标开展研究,使老年人体质评价更加全面准确。建议将全国国民体质监测中老年人的年龄段增加为60~79岁,增大实践指导意义。

(2)广场舞、秧歌、健步走、太极拳、柔力球和双滑运动都有健身效果,但广场舞和秧歌运动健身的综合效果相对更好,建议政府大力推广这两项运动。运动促进体质方案对提高老年人体质效果显著,建议政府在寒地东北城镇推广运动促进体质方案。

(3)本研究探究了3年运动组老年人运动的长期效应和12周运动实验中运动组老年人运动的短期效应。运动增强体质的长期效应是我们追求的目标,运动的短期效应验证了运动促进方案的实践效果和可行性,并为后续的长期推广奠定了基础。建议学者在研究老年人体质过程中,深入探究运动促进老年人体质的短期效应与长期效应,进行大规模的多年纵向追踪性实验研究,以便精准探究寒地东北城镇老年人的体质影响因素、变化规律和促进策略。

5.3　研究局限与展望

5.3.1　研究局限

(1)由于本研究的人力、物力和财力有限,测试和实验地点选在"冰城"哈尔滨,未对其他寒地东北城镇进行测试。在研究中对寒地东北城镇老年人进行研究,未对寒地东北乡村老年人进行研究。

(2)在验证运动促进体质方案对寒地东北城镇老年人体质促进影响的实验研究中,考察了干预方案的即时干预效果,未追踪其持续的干预效应。

(3)由于财力、物力所限,仅选取患一级高血压老年人群进行运动促进体质方案的实验验证,未对其他人群进行实验验证。

5.3.2　研究展望

(1)运动促进寒地东北城镇老年人体质研究,应加强对运动促进的理论与实证研究,应重视全国性寒地老年人体质监测并建立全国常模。应在全国寒地开展动态监测,增加并建立寒地老年人体质促进模式。应重视乡村老年人的体质研究,增加研究成果推广价值。

（2）寒地东北运动促进体质研究，应综合运用运动学、医学、生理学、运动生理学、保健学和康复学等各科知识，联合不同学科研究人员，共同对老年人体质促进进行研究，研究过程中应重视对体质指标、生理指标和生化指标等的深入研究，并注重研究成果的转化和应用，注重研究成果在基层实施的可行性和可操作性。

（3）在整个社会生态系统中探寻寒地东北城镇老年人体质影响因素，并通过出台国家层面的体质促进宏观政策，引导社会"体育、医疗、保健、护理"产业，助力社区"体育、健康、医疗、保健"，持续保障家庭"体质促进"，关爱个人"运动、饮食、生活方式改变"等，制定综合性干预方案。通过整合联动，体育、医疗、保健、护理等社会各界协同合作，各领域专家携手并肩，共同研究寒地东北城镇老年人体质促进策略。

参 考 文 献 REFERENCES

英文文献

[1] Abby C K,James F S,Lawrence D F,et al. Aging in neighborhoods differing in walk ability and income:Associations with physical activity and obesity in older adults[J]. Social Science & Medicine,2011(10):1525-1533.

[2] Ainsworth B E,Haskell W L,Whitt M C,et al. Compendium of physical activities:An update of activity MET intensities[J]. Med Sci Sports Ererc,2000(9):498-504.

[3] Ajzen I. From intentions to actions:A theory of planned behavior[J]. Springer Berlin Heidelberg,1985(8):11-39.

[4] Allbert B. A Self-effcacy:The Exercise of Control[M]. New York:W. H. Freeman & Company,1997.

[5] American College of Sports Medicine,Chodzko-Zajko W J,Proctor D N,et al. American College of Sports Medicine Position Stand. Exercise and physical activity for older adults[J]. Med Sci Sports Exerc,2009(7):1510-1530.

[6] Arnardottir N Y,Oskarsdottir N D,Brychta R J,et al. Comparison of summer and winter objectively measured physical activity and sedentary behavior in older adults:Age,gene/environment susceptibility Reykjavik study[J]. Int J Environ Res Public Health,2017(10):1268.

[7] Bandura A. Social Foundations of Thought and Action:A Social-cognitive Theory[M]. Englewood Cliffs,NJ:Prentice Hall,1985.

[8] Blair S N. Physical inactivity:The biggest public health problem of the 21st century[J]. British Journal of Sports Medicine,2009(1):1-2.

[9] Boström P,Wu J,Jedrychowski M P,et al. A PGC1-α-dependent myokine that drive brown-fat-like development of white fat and thermogenesis[J]. Nature,2012(1):463-468.

[10] Bredin S S,Gledhill N,Jamnik V K,et al. PAR-Q and ePARmed-x:New risk stratification and physicalactivity clearance strategy for physicians and

patients alike[J]. Canadian Family Physician,2013(3):273-277.

[11] Caspersen C J,Powell K E,Christenson G M . Physical activity,exercise,and physical fitness:Definitions and distinctions for health-related research[J]. Public Health Reports,1985(2):126-31.

[12] Castellani J W,Young A J,Ducharme M B,et al. American College of Sports Medicine Position Stand:Prevention of cold injuries during exercise[J]. Med Sci Sports Exerc,2006(11):2012-2029.

[13] Catherine L, Ericyan C, et al. Body fat and body-mass index among a multiethnic sample of college-age men and women[J]. Journal of Obesity, 2013(5):790 654.

[14] Centers for disease control and prevention. Health disparities and inequalities report-United States. Morbidity and mortality weekly report supplement[R]. 2011(60):1-116.

[15] Cooper A J, Lamb M, Sharp S, et al. Bidirectional association between physical activity and muscle strength in older adults:Results from the UK biobank study[J]. International Journal of Epidemiology,2017(1):141-148.

[16] Dobin H,Fahrleitner A,Piswanger-Solkner C J,et al. Prospective evaluation of hip fracture risk in institutionalized elderly by measument of ultrasounic velocity at the radius and phalanx[J]. J Bone Miner Res,2002(1):188.

[17] Donald F R,Ulla G F,Victorla R. Generation M:Media in the lives of 8-to 18-year-olds[M]. California:The Henry J. Kaiser Family Foundation,2005.

[18] Fang S M,Lo M S,Lin L L,et al. Beneficial effects of senior functional fitness to manage blood pressure in community-dwelling older adults[C]// American College of Sports Medicine. Proceedings of 2017 ACSM Annual Meeting:2017. Alphena an den Rijn:Wolters Kluwer,2017:38.

[19] Ferreira L, Smolarek A C, et al. The effect of resistance training on strength, balance, and coordination in elderly women [C]//American College of Sports Medicine. Proceedings of 2017 ACSM Annual Meeting: 2017. Alphena an den Rijn:Wolters Kluwer,2017:237.

[20] Gabrielle L S. The association between social support and physical activity in older adults: A systematic review [J]. The International Journal of Behavioral Nutrition and Physical Activity,2017(1):56.

[21] Garber C E,Blissmer B,Deschenes M R,et al. American College of Sports Medicine Position Stand. The quantity and quality of exercise for developing and maintaining cardiorespiratory,musculoskeletal,and neuromotor fitness in apparently healthy adults:Guidance for prescribing exercise [J]. Med Sci Sports Exerc,2011(7):1334-559.

[22] Hadji P,Klein S,Gothe H,et al. The epidemiology of osteoporosis-Bone Evaluation Study(BEST):An analysis of routine health insurance data[J]. Dtsch Arztebl Int,2013(4):52-57.

[23] Haider S,Luger E,Kapan A,et al. Associations between daily physical activity,handgrip strength,muscle mass,physical performance and quality of life in prefrail and frail community-dwelling older adults[J]. Quality of Life Research,2016(12):3129-3138.

[24] Hamilton S L,Clemes S A,Griffiths P L. UK adults exhibit higher step counts in summer compared to winter months [J]. Annals of Human Biology,2008(2):154-69.

[25] Hill D D,Cauley J A,Sheu Y,et al. Correlates of boneminer density in men of African ancestry:The Tobago bone health study[J]. Osteoporos Int,2008(2):227-234.

[26] Hoidrup S,Sorensen T I,Stroger U,et al. Leisure-time physicalactivity levels and changes in relation to risk of hip fracture in men and women[J]. Am J Epidemiol,2001(1):60-68.

[27] Holroyd C,Cooper C,Dennison E. Epidemiology of Osteoporosis[C]//Bartl R,Bartl C. Bone Disorders,2017:105-108.

[28] Iki M. Epidemiology of osteoporosis in Japan[J]. Clin Calcium,2012(6):797-803.

[29] John A K,Melton L J,Christiansen C,et al. The diagnosis of osteoporosis [J]. Journal of Bone and Mineral Research,1994(8):1137-1141.

[30] Junko H,Hideki S,Taro Y. Impact of season on the association between muscle strength/volume and physical activity among community-dwelling elderly people living in snowy-cold regions [J]. Journal of Physiological Anthropology,2018(1):1-6.

[31] Kannel W B. Blood pressure as a cardiovascular risk factor:Prevention and

treatment[J]. JAMA,1996(20):1571-1576.

[32] Kershaw C,McIntosh J, Marques B,et al. A potential role for outdoor, interactive spaces as a healthcare intervention for older persons [J]. Perspectivesin Public Health,2017(4):212-213.

[33] Kikuchi H,Inoue S,Fukushima N,et al. Unemployed older adults' social participation was associated with more physical activity and less sedentary time[J]. Medicine & Science in Sports & Exercis,2017(1):1-2.

[34] Landi F,Liperoti R,Russo A,et al. Sarcopenia as a risk factor for falls in elderly individuals: Results from the ILSIRENTE study [J]. Clinical Nutrition,2012(5):652-658.

[35] Lee I M,Shiroma E J,Lobelo F,et al. Effect of physical inactivity on major non-communicable diseases world-wide:An analysis of burden of disease and life expectancy[J]. Lancet,2012(7):219-229.

[36] Lohman T G. Body composition methodology in sports medicine[J]. Phys Sportsmed,1982(12):46-47.

[37] Meng K Y,Wang Y T,et al. Effectiveness of multi-component exercise on physiological function among older adults with diabetes and hypertension [C]//American College of Sports Medicine. Proceedings of 2017 ACSM Annual Meeting:2017. Alphena an den Rijn:Wolters Kluwer,2017:52.

[38] Mizumoto A,Ihira H,Makino K,et al. Physical activity changes in the winter in older persons living in northern Japan:A prospective study[J]. BMC Geriatrics,2015(1):1-7.

[39] Moore S C,Patel A V,Matthews C E,et al. Leisure time physical activity of moderate to vigorous intensity and mortality:A large pooled cohort analysis [J]. Plos Medicine,2012(11):e1001335.

[40] NCD Risk Factor Collaboration(NCD-RisC). Trends in adult body-mass index in 200 countries from 1975 to 2014:A pooled analysis of 1698 population-based measurement studies with 19. 2 million participants[J]. Lancet,2016(2):1377-1396.

[41] Nelson M E,Rejeski W J,Blair S N,et al. Physical activity and public health in older adults:Recommendation from the American College of Sports Medicine and the American Heart Association[J]. Geriatric Nursing,2007

(8):1435-1445.

[42] Newman A B,Kupelian V,Visser M,et al. Strength,but not muscle mass,is associated with mortality in the health,aging and body composition study cohort[J]. The Journals of Gerontology Series A,Biological Sciences and Medical Sciences,2006(1):72-77.

[43] Pender N J. Health Promotion in Nursing Practice[M]. 2nd ed. New York:Appleton & Lange,1987.

[44] Philips D W. Planning with Winter Climate in Mind[C]//Manty J,Pressman N. Cities Designed for Winter. Helsinki:Building Book Li Co. ,1988:70-71.

[45] Pietrobelli A. A Potential decline in life expectancy in the United States in the 21st century-NEJM [J]. New Eng-land Journal of Medicine,2005(7):1138-1145.

[46] Reimers C D,Knapp G,Reimers A K. Does physical activity increase life expectancy? A review of the literature[J]. Journal of Aging Research,2012(11):243958-243958.

[47] Roger V L,Go A S,et al. Heart disease and stroke statistics 2012 update:A report from the American Heart Association [J]. Circulation,2012 (1):e2-e220.

[48] Rosenstock I M,Strecher V J,Becker M H. Social learning theory and the health belief model[J]. Health Educ Q,1988(2):175-183.

[49] Ruiz J R,Sui X ,Lobelo F,et al. Association between muscular strength and mortality in men:Prospective cohort study[J]. British Medical Journal,2008(7661):92-95.

[50] Samelson E J,Hannan M T. Epidemiology of osteoporosis[J]. Curr Rheumatol Rep,2006(1):76-83.

[51] Sangwoo I,Wi-Young S. Toward a customized program to promote physical activity by analyzing exercise types in adolescent,adult,and elderly Koreans [J]. Journal of Human Kinetics,2015(1):261-267.

[52] Sung H. Global patterns in excess body weight and the associated cancer burden[J]. CA:A Cancer Journal for Clinicians,2018(4):1-25.

[53] Tanaka M,Ishii H,Aoyama T,et al. Ankle brachial pressure index but not brachial-ankle pulse wave velocity is a strong predictor of systemic

atherosclerotic morbidity and mortality in patients on maintenance hemodialysis[J]. Atherosclerosis,2011(2):643-647.

[54] Tang B M,Eslick G D,Nowson C,et al. Use of calcium or calciumin combination with vitamin D supplementation to prevent fractures and boneloss in people aged 50 years and older:A Meta-analysis[J]. Lancet,2007(9588):657-666.

[55] Tenenhouse A,Joseph L,Kreiger N,et al. Estimation of the prevalence of low bone density in Canadian women and men using a population-specific DXA reference standard:The Canadian Multicentre Osteoporosis Study(Ca Mos)[J]. Osteoporos Int,2000(10):897-904.

[56] Tsuchikura A,Shoji T,Kimoto E,et al. Brachial-ankle pulse wave velocity as an index of central arterial-stiffness [J]. Journal of Atherosclerosis and Thrombosis,2010(6):658-665.

[57] Wang Z,Chen Z,Zhang L. Status of hypertension in China:Results from the China Hypertension Survey,2012-2015[J]. Circulation,2018(22):2344-2356.

[58] Wanqing C,Changfa X,Rongshou Z,et al. Disparities by province,age,and sex in site-specific cancer burden attributable to 23 potentially modifiable risk factors in China:A comparative risk assessment [J]. Lancet Glob Health,2019(2):257-269.

[59] Welk G J,Meredith M D. Fitness Gram/Activity Gram Reference Guide[S]. Dallas TX:The Cooper Institute,2008.

[60] WHO. Global Action Plan on Physical Activity 2018-2030:More active people for a healthier world[EB/OL]. (2019-06-04)[2019-10-25]. https://www. who. int/ncds/prevention/physical-activity/global-action-plan-2018-2030/en/.

[61] WHO. Obesity and overweight[R]. Geneva:WHO,2015.

[62] Wojtek J C,David,Maria A F,et al. American College of Sports Medicine Position Stand:Exercise and physical activity for older adults[J]. Medicine and Science in Sports and Exercise,2009(7):1510-1530.

[63] World Health Organization,International Society of Hypertension Writing Group. 2003 World Health Organization(WHO)/International Society of Hypertension (ISH) statement on management of hypertension [J]. J Hypertens,2003(11):1983-1992.

［64］World Health Organization. Guidelines for preclinical evaluation and clinical trials in oateoporosis［R］. Geneva：WHO,1998.

［65］Yoh K,Makita K,Kishimoto H,et al. Correlation between cut-off value determined by using quantitative ultrasound and threshold of fracture in Japanese women［J］. J Bone Miner Res,2002(1)：420.

［66］Zhang Y,Pan X F,Chen J,et al. Combined lifestyle factors and risk of incident type 2 diabetes and prognosis among individuals with type 2 diabetes：A systematic review and Meta-analysis of prospective cohort studies［J］. Diabetologia,2019(4)：15-17.

中文文献

［1］白雅萍,林英,吴冬梅,等.社区广场舞对中老年高血压患者血压和血脂水平的影响［J］.中华高血压杂志,2019(5)：474-478.

［2］蔡友凤,房殿生,肖水平.我国各省(区、市)国民体质水平与人均预期寿命的相关研究［J］.广州体育学院学报,2016(4)：101-105.

［3］陈保见,吕罗岩,谭艳娇,等.心踝血管指数与踝臂指数预测冠心病的价值［J］.中国动脉硬化杂志,2014(2)：163-167.

［4］陈文聪.健身运动对健康老年人动脉血管弹性的影响［J］.中国老年学杂志,2015(7)：1794-1796.

［5］谌晓安.武陵山片区60～69岁老年人体质及影响因素［J］.中国老年学杂志,2017(14)：3603-3606.

［6］程其练,杜少武,章文春,等.健身气功·易筋经锻炼对中老年人体质的影响［J］.北京体育大学学报,2006(11)：1516-1517,1528.

［7］崔露露,商黔惠,王晓春,等.高血压患者脉压与早期动脉粥样硬化指标的关系［J］.中国老年学杂志,2019(19)：4625-4631.

［8］代俊.不同性别、年龄及体力活动对老年人体质的影响［J］.首都体育学院学报,2015(4)：380-384.

［9］董宏,孟良,王荣辉.体育锻炼对中老年人群骨密度影响的 meta 分析［J］.北京体育大学学报,2016(3)：58-65,87.

［10］董如豹.美国、加拿大身体活动指南研制方法探析［J］.体育学刊,2015(4)：45-50.

［11］董剩勇,王曼柳,孙晓楠,等.体脂肪率评估心血管危险因素研究［J］.中国全

科医学,2015(36):4416-4421.

[12] 董淑慧,秦虹云,胡承平.老年人睡眠障碍相关研究进展[J].医药论坛杂志,2019(10):173-177.

[13] 2017 东北三省人口现状、城镇化率及人口老龄化趋势分析[EB/OL].(2018-07-17)[2019-10-25]. http://www. chyxx. com/industry/201807/659466. html.

[14] 范斌.不同步数的健步走对男性中老年人健身的效果[J].中国应用生理学杂志,2018(2):126-129.

[15] 方慧.体力活动研究的热点与走向:学术论坛综述[J].体育与科学,2018(4):8-14.

[16] 费琦,张效栋,林吉生,等.北京市方庄社区 70 岁以上男性骨质疏松症患病率及其临床危险因素调查[J].中国全科医学,2015(35):4344-4348.

[17] 费秀文,郑嘉堂,孔玉侠,等.老年骨质疏松症的全科诊疗思路[J].中国全科医学,2019(18):2262-2266.

[18] 冯宁,韩秀华,张一民.长期健身秧歌运动对绝经后女性静态平衡能力的影响[J].沈阳体育学院学报,2014(6):99-102.

[19] 冯宁,衣雪洁,张一民,等.身体活动不足对成年人体质和健康影响的研究进展[J].沈阳体育学院学报,2016(5):81-87.

[20] 冯宁.身体活动不足成年人体质健康综合评价体系研究[D].北京:北京体育大学,2015.

[21] 傅建霞.江苏省成年人体质健康促进干预项目的 Logistic 回归分析[J].首都体育学院学报,2010(3):65-68,80.

[22] 高崇生.辽宁省锦州市太和区老年人慢性病流行特征分析[J].中国医学创新,2019(4):90-94.

[23] 高菡璐,兰莉,乔冬菊,等.1998—2010 年哈尔滨市市区慢性病流行趋势分析[J].中华疾病控制杂志,2012(5):396-399.

[24] 高菡璐,兰莉,杨超,等.哈尔滨市极端天气对脑出血死亡的时间序列分析[J].现代预防医学,2016(20):3676-3679,3741.

[25] 高霞,宋小燕,李艳,等.生物电阻抗测定用于老年人体成分分析[J].中国临床营养杂志,2005(1):35-37.

[26] 高迎,刘彦斌,李忠民.吉林地区农村中老年体脂肪分布与血脂水平的关系[J].中国老年学杂志,2013(9):2107-2109.

[27] 宫笑微,李荣滨,高飞,等.黑龙江省西部地区骨质疏松流行病学调查[J].齐齐哈尔医学院学报,2014(21):3204-3205.

[28] 龚戤芳,郑舟军,余晓明,等.4297例浙江省中老年人骨质疏松患病率及骨密度SOS值参考范围的调查研究[J].现代预防医学,2015(23):4322-4324.

[29] 关辉,刘炜.体育运动处方以及应用[M].北京:北京师范大学出版社,2015.

[30] 郭树涛,刘革.抗阻力练习对中老年人体质健康影响研究述评[J].体育学刊,2007(2):56-59.

[31] 国家计生委等13部门.关于印发"十三五"健康老龄化规划的通知[EB/OL].(2017-03-17)[2019-10-25].http://www.nhc.gov.cn/rkjcyjtfzs/zcwj2/201703/53164cb31b494359a21c607713451342.shtml.

[32] 国家体育总局.1997年中国成年人体质监测公报[J].体育科学,1999(1):1-3.

[33] 国家体育总局.2014年国民体质监测报告[M].北京:人民体育出版社,2014.

[34] 国家统计局.中华人民共和国2018年国民经济和社会发展统计公报[EB/OL].(2019-02-28)[2019-11-13].http://www.stats.gov.cn/tjsj/zxfb/201902/t20190228_1651265.html.

[35] 国务院办公厅.中共中央国务院印发《国家新型城镇化规划(2014—2020年)》[EB/OL].(2014-03-16)[2019-11-13].http://www.gov.cn/gongbao/content/2014/content_2644805.htm.

[36] 哈尔滨市统计局.哈尔滨市2018年国民经济和社会发展统计公报[EB/OL].(2019-05-10)[2019-12-15].http://www.tjcn.org/tjgb/08hlj/36012_4.html.

[37] 韩仁英.12周扭秧歌对中老年女性身体形态、机能和身体素质变化的影响[D].北京:北京体育大学,2006.

[38] 韩岳洋.黑龙江省老年人生活方式与体质现状的相关性研究[D].沈阳:沈阳师范大学,2012.

[39] 黑龙江省人民政府办公厅.黑龙江省人民政府办公厅关于加强老年人体育工作的意见[EB/OL].(2012-18-13)[2019-11-10].http://www.sport.org.cn/search/system/dfxfg/hlj/2018/1113/193258.html.

[40] 黑龙江省统计局.黑龙江省2018年国民经济和社会发展统计公报[EB/OL].(2019-04-15)[2019-11-13].http://difang.gmw.cn/roll2/2019-04/15/content_122246583.htm.

[41] 黑龙江省统计局.新形势下黑龙江省人口老龄化问题分析研究[EB/OL].(2017-12-12)[2019-10-25].http://gkml.dbw.cn/web/CatalogDetail/63B987D65A00F4E0.

[42] 黑龙江省政府.黑龙江省印发《健康龙江行动(2014—2020年)实施方案》[EB/OL].(2014-10-08)[2019-11-25].https://heilongjiang.dbw.cn/system/2014/10/08/056035424.shtml.

[43] 胡滨,赵辉,冷松,等.体脂肪率在代谢综合征诊断中的应用[J].吉林大学学报(医学版),2013(6):1270-1274.

[44] 胡琴,翟建,吴雅琳,等.基于定量CT分析不同性别腰椎骨密度和血脂的相关性[J].中国医学影像技术,2019(9):1396-1399.

[45] 胡盛寿.《中国心血管病报告 2018》概要[J].中国循环杂志,2019(3):209-220.

[46] 胡扬.从体医分离到体医融:对全民健身与全民健康深度融合的思考[J].体育科学,2018(7):10-11.

[47] 黄珂,王国祥,邱卓英,等.基于ICF老年人体育活动与功能康复研究[J].中国康复理论与实践,2019(11):1248-1254.

[48] 黄丽洁,刘堃,刘永闯,等.社区老年人运动功能与体成分及骨质强度的相关性研究[J].中国现代医学杂志,2017(9):91-94.

[49] 黄露,余晓辉.老年人体质指数与社会因素的相关分析[J].中国公共卫生,2005(5):608-609.

[50] 吉林省人大(含常委会).吉林省老年人权益保障条例[EB/OL].(2015-11-25)[2019-11-25].http://www.cncaprc.gov.cn/contents/12/82657.html.

[51] 吉林省人民政府办公厅."健康吉林2030"规划纲要[N].吉林日报,2017-05-25(07).

[52] 吉林省人民政府办公厅.吉林省人民政府办公厅关于印发吉林省老龄事业发展和养老体系建设"十三五"规划的通知[EB/OL].(2017-09-30)[2019-11-25].http://xxgk.jl.gov.cn/szf/gkml/201812/t20181204_5347y476.html.

[53] 吉林省人民政府办公厅.吉林省人民政府办公厅关于印发吉林省卫生与健康"十三五"规划的通知[EB/OL].(2017-05-15)[2019-11-25].http://xxgk.jl.gov.cn/szf/gkml/201812/t20181205_5349916.html.

[54] 吉林省统计局.吉林省2018年国民经济和社会发展统计公报[EB/OL].(2019-04-30)[2019-11-13].http://www.jl.gov.cn/sj/sjcx/ndbg/tjgb/201904/t20190430_6605342.html.

[55] 季浏.中国健康体育课程模式的思考与构建[J].北京体育大学学报,2015
(9):72-80.

[56] 健康中国行动推进委员会.健康中国行动(2019—2030年)[EB/OL].(2017-
07-15)[2019-10-25].http://www.gov.cn/xinwen/2019-07/15/content_
5409694.htm.

[57] 江崇民,张一民.中国体质研究的进程与发展趋势[J].体育科学,2008(9):25-
32,88.

[58] 蒋建发,孙爱军.中老年女性骨质疏松症流行病学现状、分类及诊断[J].中国
实用妇科与产科杂志,2014(5):323-326.

[59] 金成吉,张自云,解超.太极拳对中老年原发性高血压患者血压水平影响的
Meta分析[J].现代预防医学,2018(18):3446-3451.

[60] 金淑霞,韩杏梅,武剑,等.呼和浩特市社区居住中老年人群身体成分分析与
骨折风险性的关系[J].中国骨质疏松杂志,2019(8):1150-1153.

[61] 鞠亮.老年人生活方式及营养状况与骨密度的关联性[J].中国老年学杂志,
2014(17):4956-4957.

[62] 蒯放.根源、属性、范畴:论体质的内涵及其与健康的关系[J].山东体育学院
学报,2014(5):34-38.

[63] 赖学鸿.太极柔力球练习对预防老年人高血压的干预实验[J].现代预防医
学,2011(17):3497-3499,3502.

[64] 乐生龙,陆大江,夏正常,等."家庭—社区—医院—高校"四位一体运动健康
促进模式探索[J].北京体育大学学报,2015(11):23-29,35.

[65] 冷红,袁青,郭恩章.基于"冬季友好"的宜居寒地城市设计策略研究[J].建筑
学报,2007(9):18-22.

[66] 李婵明.黑土地上的狂欢:东北大秧歌研究[D].四平:吉林师范大学,2015.

[67] 李纪江,蔡睿,何仲涛.我国成年人体质综合水平与自然环境因素的关联分析
[J].体育科学,2010(12):42-47.

[68] 李洁芳,袁洪,黄志军,等.高血压合并肥胖患者脉搏波传导速度的变化及其
相关影响因素分析[J].中国动脉硬化杂志,2009(5):387-390.

[69] 李璟圆,梁辰,高璨,等.体医融合的内涵与路径研究:以运动处方门诊为例
[J].体育科学,2019(7):23-32.

[70] 李静,范利,华琦,等.中国老年高血压管理指南2019[J].中华高血压杂志,
2019(2):111-135.

[71] 李琳,陈薇,李鑫,等.俄罗斯2020年前体育发展战略研究[J].上海体育学院学报,2012(1):1-4.

[72] 李琳,崔洁,项琪,等.俄罗斯2013版劳卫制及其启示[J].体育文化导刊,2016(8):71-75,132.

[73] 李娜娜.健身秧歌对老年肥胖女性减脂效果的影响[D].济南:山东体育学院,2012.

[74] 李年红.体育锻炼对老年人自测健康和体质状况的影响[J].体育与科学,2010(1):84-87.

[75] 李宁川,尹夏莲,韦秀霞,等.16周有氧运动对中老年baPWV及ABI的影响[J].中国应用生理学杂志,2018(2):145-149.

[76] 李宁华,区品中,朱汉民,等.中国部分地区中老年人群原发性骨质疏松症患病率研究[J].中华骨科杂志,2001(5):275-278.

[77] 李天鹤.东北大秧歌与太极拳对老年人核心力量影响的比较研究[D].长春:吉林体育学院,2015.

[78] 李稳,李刚.《老年高血压的诊断与治疗中国专家共识(2017版)》要点介绍[J].中华高血压杂志,2018(10):986-989.

[79] 李医华,张毓辉,方今女,等.吉林省心脑血管疾病费用核算结果与分析[J].中国卫生经济,2017(3):21-24.

[80] 梁瑞景,梁瑞凯.不同体质量指数老年高血压患者血压水平与臂踝动脉脉搏波传导速度及踝臂血压指数的相关性[J].中华高血压杂志,2019(6):530-535.

[81] 辽宁省统计局.辽宁省2018年国民经济和社会发展统计公报[EB/OL].(2019-02-28)[2019-11-13].http://district.ce.cn/newarea/roll/201902/28/t20190228_31587759_4.shtml.

[82] 林琬生.中国优生优育优教百科全书:优育卷[M].广州:广东教育出版社,2000.

[83] 刘傲亚,张纯,朱永芳,等.中老年高血压患者肱踝脉搏波速度与颈动脉斑块形成的相关性研究[J].中华老年医学杂志,2016(6):577-580.

[84] 刘德皓,韩恩力.人口老龄化进程中陕西省老年人体质现状的比较研究[J].西安体育学院学报,2011(6):665-667.

[85] 刘福岭.现代医学辞典[M].济南:山东科学技术出版社,1990.

[86] 刘根平.老年人骨密度与体育锻炼的相关性[J].中国老年学杂志,2019(12):

2938-2940.

[87] 刘建伟,潘阳,曲洋明,等.吉林省城市人群心脑血管疾病相关影响因素分析[J].中国公共卫生,2019(2):144-146.

[88] 刘淼,何耀,姜斌,等.北京某社区老年人群肱踝脉搏波传导速度与代谢综合征的现况研究[J].北京大学学报(医学版),2014(3):429-434.

[89] 刘翔,熊明洁,黄静,等.双能X线骨密度测量和超声骨密度检测在社区居民骨质疏松症筛查中的应用研究[J].中国骨质疏松杂志,2017(11):1495-1499.

[90] 刘想娣,刘于.体检人群中老年人超重、肥胖与踝臂脉搏波传导速度和颈动脉斑块的相关性[J].中国老年学杂志,2015(20):5756-5757.

[91] 刘新民.中华医学百科大辞海:内科学(第2卷)[M].北京:军事医学科学出版社,2009.

[92] 刘璇.健身秧歌对老年肥胖女性身体素质的影响[D].济南:山东体育学院,2012.

[93] 刘芸,董永海,李晓云,等.中国60岁以上老年人睡眠障碍患病率的Meta分析[J].现代预防医学,2014(8):1442-1445,1449.

[94] 刘韵婷,郭辉,张一民.骨骼肌含量、身体活动水平与骨密度的相关性[J].中国组织工程研究,2018(16):2478-2482.

[95] 刘志达,王悦.新形势下黑龙江省人口老龄化问题分析研究[J].统计与咨询,2018(1):13-16.

[96] 刘忠厚.骨质疏松学[M].北京:科学出版社,1998.

[97] 卢文云,陈佩杰.全民健身与全民健康深度融合的内涵、路径与体制机制研究[J].体育科学,2018(5):25-39,55.

[98] 骆小红,吴丽娜,燕虹,等.1065例中老年体检人群运动状况及其对PWV和ABI的影响[J].武汉大学学报(医学版),2013(4):573-576,625.

[99] 吕利佳,徐飞,李岩,等.大连地区成年男性身体成分、骨密度、血糖和血脂相关关系[J].解剖学杂志,2017(3):330-333.

[100] 马远征,王以朋,刘强,等.中国老年骨质疏松诊疗指南(2018)[J].中国老年学杂志,2019(11):2557-2575.

[101] 马志勇,赵永才.有氧运动对原发性高血压大鼠的降压作用及对骨骼肌VEGF、eNOS表达的影响[J].中国应用生理学,2015(4):320-324.

[102] 梅洪元.寒地建筑[M].北京:中国建筑工业出版社,2012.

[103] 孟申,林世平,徐峻华,等.活跃老年人健康体适能与慢性病分析[J].中华老

年医学杂志,2015(5):561-564.

[104] 倪国华,张璟,郑风田.中国肥胖流行的现状与趋势[J].中国食物与营养, 2013(10):70-74.

[105] 倪文庆,袁雪丽,吕德良,等.深圳市老年人常见慢性病患病情况及其与体质 指数或腰围的相关性[J].中国慢性病预防与控制,2019(2):85-88.

[106] 潘娣,王荣辉,周财亮,等.大学生健身意识和健身行为对体质影响的追踪研 究[J].北京体育大学学报,2016(12):68-73.

[107] 秦贺.踩在板上,扭在腰上[D].南宁:广西艺术学院,2016.

[108] 曲绵城.中国医学百科全书:运动医学[M].上海:上海科学技术出版 社,1983.

[109] 全国人民代表大会常务委员会.中华人民共和国老年人权益保障法[EB/ OL].(2019-01-07)[2019-10-25].http://www.npc.gov.cn/npc/c30834/ 201901/47231a5b9cf94527a4a995bd5ae827f0.shtml.

[110] 任弘.体质研究中人体适应能力的理论与实证研究[D].北京:北京体育大 学,2004.

[111] 39健康网.慢病花掉中国70%医疗费用!专家呼吁重视生活方式医学[EB/ OL].(2017-12-07)[2019-11-10].http://zl.39.net/a/171207/5911172.html.

[112] 石晓东,魏琪,何淑梅,等.中国东北地区成人非传染性慢性疾病的流行病学 调查及影响因素分析[J].吉林大学学报(医学版),2011(2):379-384.

[113] 石作砺,于葆.运动解剖学、运动医学大辞典[Z].北京:人民体育出版 社,2000.

[114] 宋京林,程亮,常书婉.48周太极拳、快走和广场舞运动对老年女性骨密度的 影响[J].山东体育学院学报,2018(6):105-108.

[115] 宋书文.管理心理学词典[Z].兰州:甘肃人民出版社,1989.

[116] 孙悦婉,王冬梅,王玮,等.老年人骨质疏松运动预防策略研究进展[J].中国 生物医学工程学报,2019(2):233-239.

[117] 唐钧,刘蔚玮.中国老龄化发展的进程和认识误区[J].北京工业大学学报 (社会科学版),2018(4):8-18.

[118] 唐锡麟,王志强,王冬妹.中国汉族青年身高水平的地域分布[J].人类学学 报,1994(2):143-148.

[119] 体育总局办公厅.国家体育总局办公厅关于推广应用《全民健身指南》的通 知[EB/OL].(2018-07-23)[2019-10-25].http://www.gov.cn/xinwen/

2016-06/23/content_5084638.htm.

[120] 田振军,吕志伟.运动对脉搏波传导速度(PWV)影响的生物学分析及其应用研究[J].西安体育学院学报,2009(1):67-72,120.

[121] 佟昕.人口老龄化背景下辽宁省养老金缺口测算[J].统计与决策,2018(3):103-106.

[122] 涂春景,江崇民,张彦峰,等.基于灰色模型的我国城镇老年人体质定量预测研究[J].体育科学,2016(6):92-97.

[123] 汪敏加,廖远朋,郭莹莹.运动与老年人健康促进研究进展:第64届美国运动医学会年会启示[J].成都体育学院学报,2018(2):104-108.

[124] 王光旭,王兴,陈新丽,等.抗阻训练对老年人骨密度影响的meta分析[J].上海体育学院学报,2019(5):67-76.

[125] 王广强,洪思征.体育活动对中外老年人体质健康的影响[J].中国老年学杂志,2018(13):3160-3164.

[126] 王海霞.东北大秧歌对长春市老年妇女健康体适能的影响[D].长春:吉林体育学院,2013.

[127] 王浩宇.黑龙江省新型城镇化进程中政府行为研究[D].哈尔滨:哈尔滨商业大学,2019.

[128] 王红雨.70岁以上高龄老人健康体适能评价指标体系的构建与应用研究[D].苏州:苏州大学,2015.

[129] 王晖.体质改善策略与实践[M].上海:华东理工大学出版社,2011.

[130] 王军威,袁琼嘉,杨澎湃.运动疗法对我国原发性高血压干预效果的meta分析[J].中国康复医学杂志,2017(4):454-460.

[131] 王莉,胡精超.健康中国背景下我国各省国民体质影响因素空间异质性[J].武汉体育学院学报,2017(2):5-11,30.

[132] 王梅,王晶晶,范超群.体质内涵与健康促进关系研究[J].体育学研究,2018(5):23-31.

[133] 王梅.中国国民体质监测体系的发展与展望[C].北京:中国体育科学学会,2019:296.

[134] 王墨晗,梅洪元.寒地大学校园环境要素与冬季体力活动相关性[J].哈尔滨工业大学学报,2018(10):168-174.

[135] 王宁宁,刘洋,丁宁,等.运动对棕色脂肪活性和白色脂肪棕色化的影响及其干预肥胖的作用研究进展[J].中国运动医学杂志,2017(5):448-455.

[136] 王启兴,刘晓康,李燕.脉搏波传导速度与脑血管疾病发病风险的相关关系的病例对照研究[J].现代预防医学,2015(5):948-951.

[137] 王巧爱.东北人南下的人口迁徙之旅:三亚哈尔滨籍候鸟老人达近 20 万 [EB/OL].(2014-11-23)[2019-10-25].http://m.thepaper.cn/newsDetail_forward_1280091.

[138] 王翔朴,王营通,李珏声.卫生学大辞典[Z].青岛:青岛出版社,2000:7.

[139] 王小华,王宇强,陈长香,等.老年人群骨质疏松的影响因素分析[J].中国骨质疏松杂志,2015(9):1107-1111.

[140] 王云涛,施美莉.澳门超重、肥胖儿童青少年体质特征及影响因素研究[J].中国体育科技,2019(12):59-67.

[141] 王运良,刘定睿,万修伟,等.秧歌舞运动对中老年女性体质指标和生活质量的影响[J].安徽师范大学学报(自然科学版),2011(5):485-488.

[142] 王则珊.体育理论基本概念的新阐释[J].体育与科学,1990(3):10-13.

[143] 王正珍.ACSM 运动测试与运动处方指南(第十版)[M].北京:北京体育大学出版社,2019.

[144] 王正珍.第 65 届美国运动医学年会概述及 2018 年美国人体力活动指南专家咨询委员会科学报告概要[J].北京体育大学学报,2018(8):53-59.

[145] 王正珍,王娟.运动促进健康,从儿童青少年抓起:2016 年第 63 届美国运动医学年会综述[J].北京体育大学学报,2016(8):39-43.

[146] 王志强,王辉.不同健身方式对社区老年人生活质量和体质健康的影响[J].中国老年学杂志,2020(8):1660-1662.

[147] 魏德样,雷雯.中国省域国民体质发展水平的空间特征与格局演化[J].上海体育学院学报,2018(3):29-35.

[148] 魏新刚.健康龙江基点在健康教育[J].中国卫生,2017(10):46-47.

[149] 吴东红,徐滨华,程瑶,等.哈尔滨地区中老年人周围骨骨密度的测量状况分析[J].中国骨质疏松杂志,2011(9):800-801,805.

[150] 吴键,袁圣敏.1985—2014 年全国学生身体机能和身体素质动态分析[J].北京体育大学学报,2019(6):23-32.

[151] 吴庆秋,王雅蓉,马丽.颅内动脉粥样硬化与绝经后女性骨密度相关性研究[J].中国骨质疏松杂志,2020(2):255-259.

[152] 吴志建,宋彦李青,王竹影,等.体育运动对中外老年人体质影响的 meta 分析[J].中国老年学杂志,2018(21):5237-5241.

[153] 席焕久,陈昭.人体测量方法[M].北京:科学出版社,2010.

[154] 夏伟.基于被动式设计策略的气候分区研究[D].北京:清华大学,2009.

[155] 新华社.国务院印发《全民健身计划(2016—2020 年)》[EB/OL].(2016-06-23)
[2019-10-25].http://www.gov.cn/xinwen/2016-06/23/content_5084638.htm.

[156] 新华社.全国卫生与健康大会 19 日至 20 日在京召开[EB/OL].(2016-08-20)
[2019-10-25].http://www.gov.cn/xinwen/2016-08/20/content_5101024.htm.

[157] 新华社.中共中央、国务院印发《"健康中国 2030"规划纲要》[EB/OL].
(2016-11-20)[2019-10-25].http://www.gov.cn/gongbao/2016-11/20/
content_5133024.htm.

[158] 邢维新.我国国民体质研究的现状与发展趋势评析[J].体育科技文献通报,
2014(5):16-17,29.

[159] 徐秀兰,魏莉莉,沙玉芳,等.慢性饮酒、吸烟与骨质疏松的相关性研究[J].临
床内科杂志,2013(7):478-480.

[160] 徐亚涛.中国儿童青少年身体发育状况及其影响因素的研究[D].上海:华东
师范大学,2019.

[161] 许伟成,张鸣生,陈茵.多频生物电阻抗分析法测量人体脂肪率的可行性研
究[J].中国康复医学杂志,2013(10):947-949.

[162] 闫枫.东北大秧歌对老年人体质状况影响的研究[J].吉林体育学院学报,
2007(4):86-87.

[163] 杨成伟,唐炎,张赫,等.青少年体质健康政策的有效执行路径研究:基于米
特-霍恩政策执行系统模型的视角[J].体育科学,2014(8):56-63.

[164] 杨丹妮.乔梁风格东北秧歌女班教材分析[D].哈尔滨:哈尔滨师范大
学,2016.

[165] 杨桦.深化"阳光体育运动",促进青少年体质健康[J].北京体育大学学报,
2011(1):1-4.

[166] 杨路昕,郭郡浩,蔡辉.运动干预原发性骨质疏松症:不同运动方式、强度及
频率对骨密度的影响.[J].中国组织工程研究,2014(38):6200-6204.

[167] 杨敏.城市社区老年人健康促进生活方式现状调查分析与对策[D].长春:吉
林大学,2009.

[168] 姚磊.论东北秧歌教学与广场秧歌的发展关系[D].长春:吉林艺术学
院,2012.

[169] 尹夏莲.16 周太极拳运动对延缓中老年人动脉硬化的影响机制研究[D].扬

州:扬州大学,2019.

[170] 于素梅.肥胖与有氧运动减肥的生物学分析(综述)[J].北京体育大学学报,
2001(1):62-63.

[171] 余冰清,周进平,缪慧玉,等.不同运动强度对老老年单纯收缩期高血压患者
血管功能的影响[J].中国老年学杂志,2019(2):319-323.

[172] 余岚.大学生个性化体质健康促进研究[D].北京:北京体育大学,2013.

[173] 鱼芳青,郝惠雄,李真玉.有氧运动结合抗阻练习的运动锻炼模式对中老年
人身体能力的影响[J].中国老年学杂志,2018(17):4189-4193.

[174] 袁世全.中国百科大辞典[Z].北京:华夏出版社,1990.

[175] 张保国,王小迪,张庆来,等.基于国民体质监测数据的淄博市老年人体质状
况及生活方式[J].中国老年学杂志,2016(23):5986-5988.

[176] 张崇林.公务员体质健康促进智能化运动处方系统的研究与应用[D].上海:
上海体育学院,2012.

[177] 张广生,王耀山,宋正爱,等.东北地区省会城市完全性脑卒中流行病学调查
[J].中国实用内科杂志,1994(6):347-349.

[178] 张加林,唐炎,陈佩杰,等.全球视域下我国城市儿童青少年身体活动研究:
以上海市为例[J].体育科学,2017(1):14-27.

[179] 张敬东,刘婷,马志杰,等.哈尔滨市主城区成人吸烟和戒烟情况调查[J].中
国公共卫生管理,2016(6):879-880,898.

[180] 张楠楠,张晓艳,张姗姗,等.大庆地区老年人对骨质疏松症的认知程度及患
病率调查[J].中国骨质疏松杂志,2017(8):1058-1062.

[181] 张锐芝,巢健茜,徐辉,等.老年人肥胖与主要慢性病的关系[J].中华疾病控
制杂志,2017(3):233-236.

[182] 张书余,王宝鉴,谢静芳,等.吉林省心脑血管疾病与气象条件关系分析和预
报研究[J].气象,2010(9):106-110.

[183] 张铁明,谭延敏.秧歌舞锻炼对老年女性健身作用的实验研究[J].武汉体育
学院学报,2006(5):49-52.

[184] 张兴奇,方征.美国体质概念的嬗变及对我国体质研究的启示[J].体育文化
导刊,2016(10):62-67.

[185] 张燕萍,张晨韵,唐姚,等.运动干预对中国高血压患者血压影响的荟萃分析
[J].中华高血压杂志,2018(8):745-753.

[186] 张艺宏,王梅,孙君志,等.2014年中国城乡居民超重肥胖流行现状:基于22

省(市、区)国家国民体质监测点的形态数据[J].成都体育学院学报,2016 (5):93-100.

[187] 张艺宏,王梅.2000—2014 年老年人形态变化及灰色预测研究[J].中国全科 医学,2017(23):2884-2888.

[188] 张艺宏.1225 名公务员 PWV/ABI 检测分析与运动干预对策[J].现代预防 医学,2010(7):1292-1296.

[189] 张艺宏.PWV 和 ABI 的测定在体质检测中的应用[J].体育学刊,2009(11): 96-99.

[190] 张玉,白春林.3 种运动形式对原发性高血压的降压作用[J].中华高血压杂 志,2019(8):786-789.

[191] 张展嘉,王正珍,于洪军,等.第 65 届美国运动医学会年会关于身体活动促 进的研究热点与进展综述[J].北京体育大学学报,2018(8):72-76,96.

[192] 章建成,张绍礼,罗炯,等.中国青少年课外体育锻炼现状及影响因素研究报 告[J].体育科学,2012(11):3-18.

[193] 赵春善,张悦琪,李医华,等.吉林地区老年人脑卒中高危目标人群筛查现状 及危险因素[J].中国老年学杂志,2019(10):2526-2528.

[194] 赵广高,吕文娣,付近梅,等.幼儿体质影响因素的决策树研究[J].体育科 学,2020(2):32-39.

[195] 赵赫.面向慢性病运动干预的智能化健康促进服务系统[D].合肥:中国科学 技术大学,2016.

[196] 赵蕾.雨洪管理视角下寒地城市水系规划研究[D].哈尔滨:哈尔滨工业大 学,2018.

[197] 赵婉婷,刘洵,庞家祺,等.FATmax 运动对肥胖老年人体质及心血管机能影 响的研究[J].体育科学,2016(12):48-52,76.

[198] 赵宗权,吴贻红,汤振源,等.老年骨质疏松症流行病学调查及预防措施研究 [J].中国骨质疏松杂志,2019(7):994-997.

[199] 郑小凤,张朋,刘新民.我国中小学学生体质测试政策演进及政策完善研究 [J].体育科学,2017(10):13-20.

[200] 中共黑龙江省委黑龙江省人民政府."健康龙江 2030"规划[N].黑龙江日 报,2017-02-20(01).

[201] 中共辽宁省委,辽宁省人民政府.中共辽宁省委、辽宁省人民政府关于印发 《"健康辽宁 2030"行动纲要》的通知[EB/OL].(2016-12-31)[2019-11-25].

http://www.ln.gov.cn/zfxx/lnsrmzfgb/2017/zk/d20q_120550/gwywj_1/201703/t20170320_2817788.html.

[202]《中国百科大辞典》编辑委员会.中国百科大辞典[Z].北京:华夏出版社,1990.

[203]《中国方志大辞典》编辑委员会.中国方志大辞典[Z].杭州:浙江人民出版社,1988.

[204]中国疾病预防控制中心,等.中国慢性病及其危险因素监测报告(2010)[M].北京:军事医学科学出版社,2012.

[205]中国疾病预防控制中心,慢性非传染性疾病预防控制中心.中国慢性病及其危险因素监测报告(2013)[M].北京:军事医学科学出版社,2016.

[206]中国健康促进基金会骨质疏松防治中国白皮书编委会.骨质疏松症中国白皮书[J].中华健康管理学杂志,2009(3):148-154.

[207]中华人民共和国建设部.民用建筑设计通则:GB 50352—2005[S].北京:中国建筑工业出版社,2005.

[208]中华人民共和国住房和城乡建设部.关于印发《严寒和寒冷地区农村住房(试行)》的通知[EB/OL].(2009-06-30)[2019-11-25].http://www.mohurd.gov.cn/wjfb/200907/t20090707_192137.html.

[209]中华人民共和国住房和城乡建设部.我国最新建筑气候区划标准将中国划分为7个建筑气候区[EB/OL].(2016-06-03)[2019-12-15].https://www.tuliu.com/read-31187.html.

[210]中华医学会骨质疏松和骨矿盐疾病分会.原发性骨质疏松诊疗指南[J].中华骨质疏松和骨矿盐疾病杂志,2011(4):2-17.

[211]中华中医药学会.中医内科常见病诊疗指南西医疾病部分[M].北京:中国中医药出版社,2008.

[212]中华中医药学会.中医体质分类与判定[J].中华养生保健(上半月),2009(9):54-58.

[213]周北凡.我国成人体重指数和腰围对相关疾病危险因素异常的预测价值:适宜体重指数和腰围切点的研究[J].中华流行病学杂志,2002(1):5-10.

[214]周国正.中国老年百科全书:保健·医疗·强身卷[M].银川:宁夏人民出版社,1994.

[215]周新新.我国国民体质与经济社会发展相关性研究[J].体育文化导刊,2012(11):1-4.

[216] 周雪,姜戈.黑龙江省人群健康状况简报[J].疾病监测,2017(5):359.

[217] 朱建明.弹力带抗阻训练对老年人体成分、力量及身体活动能力的影响研究[D].上海:上海体育学院,2018.

[218] 朱建明.运动干预老年人跌倒研究的国际前沿热点与演化分析[J].上海体育学院学报,2019(2):77-85.

[219] 朱令圆,龙荪瀚,吴玉攀,等.我国中老年人睡眠时间与高血压的关联性研究[J].中国慢性病预防与控制,2019(6):421-424.

[220] 朱为模.运动处方的过去、现在与未来[J].体育科研,2020(1):1-18.

[221] 朱宣辑,郭慧君,徐长妍.长春市某社区2015年798名老年人健康状况分析[J].深圳中西医结合杂志,2016(21):4-6.

[222] 朱颖杰,姚宇航,徐珊珊,等.吉林省老年人慢性病患病现状、疾病谱分布及其主要疾病危险因素分析[J].吉林大学学报(医学版),2013(6):1275-1281.

[223] 祝莉,王正珍,朱为模.健康中国视域中的运动处方库构建[J].体育科学,2020(1):4-15.

[224] 邹吉玲,吴晓华,李军,等.广场舞对哈尔滨市60~69岁老年人体脂肪率、骨密度和血管机能的影响研究[J].冰雪运动,2016(6):86-89.

[225] 邹吉玲,章碧玉,李军,等.中国寒地老年人体重指数与血压及体质的相关性[J].中国老年学杂志,2019(8):1905-1909.

附 录

附录 A 专家访谈提纲

尊敬的专家：

您好！我是一名博士研究生,正在进行关于"中国寒地东北城镇老年人体质特征与运动促进研究"的调查研究。为探究寒地东北城镇老年人的体质特征和影响因素,构建运动促进体质方案,以期提高寒地东北城镇老年人体质水平,设计此问卷,希望您提出宝贵的建议。问卷只做科学研究使用,绝无他用,绝不会给您造成任何影响。请您填写您的真实情况和看法,在此对您的支持和帮助表示衷心的感谢！

姓名：　　　　　　　　单位：

职称：　　　　　　　　职务：

1.您认为运用身体形态、身体素质、血压、身体成分、血管机能、骨密度等指标,研究寒地东北城镇老年人的体质特征,能否实现研究目的？

2.您认为最受寒地东北城镇老年人喜欢的、锻炼人数最多的运动有哪些？

3.您认为哪几项运动对提高寒地东北城镇老年人体质水平效果较好？为什么？

4.您认为东北大秧歌运动对提高寒地东北城镇老年人体质水平效果如何？是否有必要在寒地东北推广该项目？

5.您认为影响寒地东北城镇老年人体质的瓶颈问题有哪些？

6.您认为如何解决寒地东北城镇老年人冬季体育锻炼难的问题？

7.您认为应该如何提高寒地东北城镇老年人体质水平？为什么？

8.您认为本研究设计的体质促进方案对提高寒地东北城镇老年人的体质是否有效？方案中还有哪些不足？应该如何改进？

附录 B 专家效度评价表

尊敬的专家:

您好!我是一名博士研究生,正在进行关于"中国寒地东北城镇老年人体质特征与运动促进研究"的调查研究。为探究寒地东北城镇老年人的体质特征和影响因素,构建运动促进体质方案,提高寒地东北城镇老年人体质水平,设计城镇老年人生活方式调查问卷和患一级高血压老年人调查问卷。为保证调查内容的有效性,请您对此问卷做效度检验。恳请您在百忙之中抽出时间,给予指导和帮助,对于您的支持,本人深表谢意!

一、您的基本情况

姓名:　　　　　　职称:　　　　　　职务:

工作单位:　　　　　研究领域:

二、评价内容:效度检验(请在确定水平的相应部分打"√")

(一)城镇老年人生活方式调查问卷效度评价

1.您对问卷整体设计评价如何?

　　(1)非常合理　(2)合理　(3)基本合理　(4)不合理　(5)非常不合理

2.您对问卷结构设计的评价如何?

　　(1)非常合理　(2)合理　(3)基本合理　(4)不合理　(5)非常不合理

3.您对问卷内容设计的评价如何?

　　(1)非常合理　(2)合理　(3)基本合理　(4)不合理　(5)非常不合理

4.您认为问卷中哪些地方还需要改进?

答:

(二)患一级高血压老年人调查问卷效度评价

1.您对问卷整体设计评价如何?

　　(1)非常合理　(2)合理　(3)基本合理　(4)不合理　(5)非常不合理

2.您对问卷结构设计的评价如何?

　　(1)非常合理　(2)合理　(3)基本合理　(4)不合理　(5)非常不合理

3.您对问卷内容设计的评价如何?

　　(1)非常合理　(2)合理　(3)基本合理　(4)不合理　(5)非常不合理

4.您认为问卷中哪些地方还需要改进?

答:

感谢您的指导与帮助!

附录 C 中国寒地东北城镇老年人生活方式调查问卷

尊敬的×××：

您好！我是一名在读博士研究生,正在进行关于"中国寒地东北城镇老年人体质特征与运动促进研究"的调查研究。为探究寒地东北城镇老年人的体质特征和影响因素,构建运动促进体质方案,以期提高寒地东北城镇老年人体质水平,设计以下调查问卷。希望您提出宝贵建议。问卷涉及所有问题均无对错之分,问卷只用于科学研究,绝无他用。我们会根据相关法律要求,对您所填写的内容进行严格保密,绝不会给您造成任何影响。请您按填表要求,填写您的真实情况和看法,在此对您的支持和帮助,表示衷心的感谢！

请您按照真实情况填写,在所选答案对应序号前打"√",或根据要求填写。

一、个人基本情况

1. 姓名：　　　　　性别：

    年龄：　　　　　家庭住址：

2. 您在寒地东北定居时间：

    (1)50 年以下　(2)50 年及以上

3. 您的最后学历：

    (1)未上过学　(2)扫盲班或小学　(3)初中

    (4)高中或中专　(5)大学(含大专)　(6)研究生及以上

4. 您退休前从事的职业类型：

    (1)无职业　(2)国企、事业单位人员

    (3)专业技术人员　(4)商业、服务业人员

    (5)生产、运输、建筑等工人　(6)其他

5. 您主要的经济来源：

    (1)退休金　(2)子女补贴　(3)储蓄与租金

    (4)最低生活保障　(5)其他

6. 您个人的平均月收入：

    (1)900 元以下　(2)900～1270 元　(3)1270～4735 元　(4)4735 元以上

7. 您的消费支出主要用于:(多项选择)

    (1)生活费　(2)住房　(3)医疗　(4)人情来往　(5)补贴子女　(6)其他

8. 您目前的婚姻状况：

    (1)未婚　(2)已婚　(3)丧偶　(4)离婚

9. 您目前与哪些家庭成员居住在一起？

　　(1)配偶　(2)配偶及子女　(3)子女　(4)独居　(5)父母　(6)其他

10. 您的体质健康状况：

　　(1)身体健康、不常生病　(2)偶尔生病、有小病痛

　　(3)有慢性病、长期吃药　(4)有重大疾病、行动不便

11. 您是否由医院确诊患过下列疾病？（多项选择）

　　(1)心脑血管疾病　(2)高血压　(3)糖尿病　(4)高血脂　(5)骨关节病

　　(6)癌症　(7)呼吸系统疾病　(8)其他疾病　(9)无疾病

12. 您的体检频率：

　　(1)从不体检　(2)几年体检一次

　　(3)一年体检一次　(4)一年体检两次以上

13. 您的医疗费用承担方式：

　　(1)商业保险　(2)城镇居民医保　(3)城镇职工医保　(4)自费、无医保

14. 您自我感觉医疗负担沉重程度：

　　(1)非常沉重　(2)沉重　(3)一般　(4)非常轻　(5)没负担

二、饮食与行为习惯

15. 您的饮食口味偏好：

　　(1)口味清淡(少盐、少油)

　　(2)口味正常(油盐正常)

　　(3)口味偏重(高盐、高油)

16. 您食用腌制咸菜和晾制蔬菜的情况：

　　(1)不食用　(2)少量食用　(3)大量食用

17. 您食用蘸酱菜的情况：

　　(1)不食用　(2)少量食用　(3)大量食用

18. 您最喜爱的休闲活动是什么？（多项选择）

　　(1)下棋、打牌　(2)聚会、喝酒、聊天　(3)体育锻炼

　　(4)看电视、上网等视听娱乐　(5)逛街、旅游、散步　(6)其他

19. 您的日常体力活动量：

　　(1)静坐少动　(2)低强度体力活动

　　(3)中等强度体力活动　(4)大强度体力活动

20.您平均每天吸烟情况：

    (1)从不吸烟　(2)每天 10 支以下　(3)每天 10～20 支

    (4)每天 20 支以上　(5)已戒烟

21.您平均每周饮酒情况：

    (1)不饮酒　(2)偶尔饮酒　(3)每周 1～2 次

    (4)每周 3～5 次　(5)每周 6～7 次　(6)每周 7 次及以上

22.您平均每天睡眠时间：

    (1)6 小时以下　(2)6～9 小时　(3)9 小时以上

23.您自我感觉睡眠质量情况：

    (1)非常好　(2)好　(3)一般　(4)不好　(5)非常不好

24.您自我感觉生活压力情况：

    (1)压力很大　(2)有压力　(3)没有压力

25.过去一年内,您发生跌倒的情况：

    (1)经常跌倒　(2)偶尔跌倒　(3)从未跌倒

26.您对自我生活感觉满意程度情况：

    (1)非常满意　(2)满意　(3)一般　(4)不满意　(5)非常不满意

三、体育锻炼情况

27.您是否参加体育锻炼?

    (1)不锻炼　(2)参加锻炼

28.您能够常年坚持体育锻炼吗?

    (1)常年锻炼　(2)夏季锻炼、冬季天冷停练

29.您参加体育锻炼的障碍有哪些?（多项选择）

    (1)没兴趣、不喜欢　(2)懒惰、不愿参加　(3)太忙、没时间

    (4)缺乏场地、器材、组织或指导　(5)担心受伤、怕被嘲笑

    (6)身体好,认为没必要　(7)气候限制,冬季太冷　(8)其他

30.您参加体育锻炼的主要目的?（多项选择）

    (1)强身健体　(2)防病治病　(3)人际交往　(4)减肥健美

    (5)休闲娱乐、缓解压力　(6)其他

31.您认为体育锻炼对于增强体质和防病治病是否有效?

    (1)非常有效　(2)有效　(3)一般　(4)效果不明显　(5)无效

32.您经常参加体育锻炼的项目有哪些?（多项选择）

    (1)健步走　(2)跑步　(3)广场舞、健身操　(4)舞蹈类　(5)秧歌类

(6)冰雪运动类　(7)轮滑、自行车类　(8)游泳等水中项目

(9)柔力球等球类　(10)体操和力量练习类

(11)太极拳、武术、气功类　(12)其他

33.您经常参加体育锻炼的场所是哪里?(多项选择)

(1)公园　(2)广场　(3)小区健身场地　(4)附近学校场地

(5)自家庭院或室内　(6)老年活动中心　(7)收费场馆　(8)其他

34.您参加体育锻炼的年限:

(1)1～5 年　(2)6～10 年　(3)11～20 年　(4)21 年及以上

35.您参加体育锻炼的时间段:(多项选择)

(1)早晨　(2)上午　(3)下午　(4)晚饭后

36.您平均每周进行几次体育锻炼?

(1)1～2 次　(2)3～4 次　(3)5～6 次　(4)7 次及以上

37.您平均每次进行体育锻炼的时间:

(1)0～30min　(2)31～60min　(3)61～90min　(4)91min 及以上

38.您平均每次参加体育锻炼的强度:

(1)小强度(稍感疲劳)

(2)中强度(疲劳)

(3)大强度(很疲劳)

39.您参加体育锻炼的群体有人组织吗?

(1)是,有组织　(2)否,没有组织

40.您在体育锻炼中发生运动损伤的情况:

(1)没有损伤　(2)擦伤　(3)扭伤　(4)挫伤　(5)其他损伤

附录D 中国寒地东北城镇患一级高血压老年人调查问卷

尊敬的×××:

您好,我是一名博士研究生,正在进行关于中国寒地东北城镇患一级高血压老年人运动干预的调查研究。为设计有效控制血压、增强体质的运动促进方案,设计调查问卷,希望您提出宝贵的建议。问卷涉及的所有问题均无对错之分,问卷只用于科学研究,绝无他用。我们会根据相关法律的要求,对您所填写的内容进行严格保密,绝不会给您造成任何影响。请您按填表要求,填写您的真实情况和看法,在此对您的支持和帮助表示衷心的感谢!

请您按照真实情况填写,在所选答案对应序号前打"√",或根据要求填写。

1. 姓名: 性别: 年龄: 电话:

2. 您的收缩压最高达到_____mmHg,舒张压最高达到_____mmHg。

3. 若您定期监测血压,您的血压一般控制在收缩压_____mmHg、舒张压_____mmHg。

4. 您在寒地东北定居多少年了?

(1)50年以下 (2)50年及以上

5. 您患高血压病有几年?

(1)1～2年 (2)3～5年 (3)6～10年 (4)11～20年 (5)21年及以上

6. 除高血压外,您还有其他医生诊断的疾病吗?

(1)是,有其他疾病 (2)否,没有其他疾病

7. 您近一个月内是否服用过降压药?

(1)是,服用过 (2)否,未服

8. 如果您服用过降压药,您是否规律服用?

(1)是,规律 (2)否,不规律

9. 您服用几种降压药来控制血压?

(1)0种 (2)1种 (3)2种 (4)3种及以上

10. 您是否定期监测血压?

(1)是,定期 (2)否,不定期 (3)从不监测血压

11. 您是否规律参加体育锻炼?

(1)是,一周5次以上 (2)是,一周2～3次

(3)是,一周1～2次 (4)否,从不锻炼

12. 您的口味是否偏咸?

    (1)口味偏咸　(2)口味正常　(3)口味偏淡

13. 您是否经常食用咸菜、蘸酱菜和红肠?

    (1)是,经常食用　(2)否,从不食用

14. 您是否吸烟? 吸烟数量如何?

    (1)是,一天1包以上　(2)是,一天半包　(3)是,一天几支

    (4)已戒烟　(5)否,从不吸烟

15. 您是否饮酒? 饮酒量如何?

    (1)是,一周饮酒5次以上　(2)是,一周饮酒2~4次　(3)是,偶尔饮酒

    (4)已戒酒　(5)否,从不饮酒

附录 E   运动组老年人锻炼场景

附录图 1   广场舞组老年人运动锻炼场景

附录图 2   健步走组老年人运动锻炼场景

附录图 3   太极拳组老年人运动锻炼场景

附录图 4　秧歌组老年人运动锻炼场景

附录图 5　双滑组老年人运动锻炼场景

附录图 6　柔力球组老年人运动锻炼场景

附录 F　各项指标测试方法及操作标准

体质监测仪器设备,采用国家国民体质监测统一规定的健民牌体质监测仪器,包括电子身高测试仪、电子体重测试仪、肺活量测试仪、握力测试仪、闭眼单脚站立测试仪、选择反应时测试仪、坐位体前屈测试仪等进行测试,测试方法严格按照《2014年国民体质监测工作手册》中测试方法进行测试。血压和心率测试采用韩国拜斯倍斯(Biospace)全自动电子血压仪(型号:BPBIO320),身体成分测试采用日本百利达(Tanita)人体成分测试仪(型号:MC-180),骨密度测试采用韩国澳思托(OsteoSys)超声骨密度仪(型号:SONOST-2000),血管机能测试采用日本欧姆龙(Omron)动脉硬化检测仪(型号:BP-203RPEⅢ)。

一、身体形态、身体机能和身体素质测试

(一)身高测试方法

测试指标:身高

测试仪器:电子身高计

测试方法:受试者赤脚、背向立柱站立在身高计的底板上,躯干自然挺直,头部正直,两眼平视前方;上肢自然下垂,两腿伸直;两脚跟并拢,脚尖分开约成60°;脚跟、骶骨部及两肩胛间与立柱相接触,测量时,严格执行"三点靠立柱、两点呈水平"的测量要求。

质量控制:身高计应选择平坦地面,靠墙放置。水平压板与头部接触时,松紧要适度,头发蓬松者要压实;妨碍测量的发辫、发结要放开,饰物要取下。

(二)体重测试方法

测试指标:体重

测试仪器:电子体重计

测试方法:受试者着短衣裤,赤脚,自然站立在体重计量盘中央,保持身体平稳。待显示屏上显示的数值稳定后,测试人员记录显示的数值。

质量控制:测量时,体重计应放置在平坦地面上。上、下体重计时动作要轻缓。

(三)肺活量测试方法

测试指标:肺活量

测试仪器:电子肺活量计

测试方法:测试人员首先将口嘴装在文式管的进气口上,交给受试者。受试者手握文式管手柄,头部略向后仰,尽力深吸气直到不能再吸气为止,然后,将嘴对准口嘴缓慢地呼气,直到不能呼气为止。此时,显示屏上显示的数值即为肺活量值。

测试 2 次,测试人员记录最大值,以 ml 为单位,不计小数。

　　质量控制:测试前,测试人员应向受试者讲解测试要领,做示范演示,受试者可试吹一次。测试时,受试者呼气不可过猛,防止漏气;且必须保持导压软管在文式管上方。受试者在呼气开始后至测试结束前不能吸气。测试使用一次性吹嘴。

　　(四)握力测试方法

　　测试指标:握力

　　测试仪器:电子握力计。

　　测试方法:测试前,受试者用有力手握住握力计内外握柄,另一只手转动握距调整轮,调到适宜的用力握距,准备测试。测试时,受试者身体直立,两脚自然分开,与肩同宽,两臂斜下垂,掌心向内,用最大力紧握内外握柄。测试 2 次,测试人员记录最大值,以 kg 为单位,精确到小数点后一位。

　　质量控制:测试时,禁止摆臂、下蹲或将握力计接触身体。如果受试者不能确定有力手,左右手各测试 2 次,记录最大值。

　　(五)选择反应时测试方法

　　测试指标:选择反应时

　　测试仪器:电子反应时测试仪。

　　测试方法:测试人员打开电源开关,开始测试时,受试者五指并拢伸直,用中指远节按住启动键,当任意一个信号键发出信号时,用同一只手以最快速度按向该信号键;然后,再次按住启动键,等待下一个信号的发出,每次测试须完成 5 个信号的应答。当所有信号键都同时发出声、光信号时,表示测试结束,显示屏上显示测试值。测试 2 次,测试人员记录最小值,记录以 s 为单位,保留小数点后两位。

　　质量控制:受试者按住启动键一直要等到信号键发出信号后,才能松手,否则,测试无法正常进行。测试时,受试者不要用力拍击信号键。

　　(六)闭眼单脚站立测试方法

　　测试指标:闭眼单脚站立

　　测试仪器:电子闭眼单脚站立测试仪。

　　测试方法:受试者双脚依次踏上测试板,其中习惯支撑脚站在中间踏板上,另一只脚站在周边踏板上,显示屏上显示"0",同时蜂鸣器发出声响,受试者闭眼,抬起周边踏板上脚的同时,蜂鸣器停止发声,测试仪开始计时。当受试者的支撑脚移动或抬起脚着地时,蜂鸣器发出声响,表明测试结束,显示屏上显示测试值。测试 2 次,测试人员记录最好成绩,记录以 s 为单位,不计小数。

　　质量控制:测试前,双脚要依次踏上测试台,站稳后,方可进行测试。在测试过程中,受试者不能眨眼。测试人员要注意保护受试者。

(七)坐位体前屈测试方法

测试指标:坐位体前屈(单位:cm)

测试仪器:电子坐位体前屈计。

测试方法:受试者面向仪器,坐在垫子上,双腿向前伸直;脚跟并拢,蹬在测试仪挡板上,脚尖自然分开。测试人员调整导轨高度使受试者脚尖平齐游标下缘。测试时,受试者双手并拢,掌心向下平伸,膝关节伸直,上体前屈,用双手中指指尖推动游标平滑前进,直到不能推动为止。此时,显示屏上显示的数值即为测试值。测试 2 次,测试人员记录最大值,以 cm 为单位,精确到小数点后一位。

质量控制:测试前,受试者应做好准备活动。测试时,受试者双臂不能突然前振,不能用单手前推游标,膝关节不能弯曲。每次测试前,测试人员要将游标推到导轨近端位置。测试人员要正确填写受试者测试值的"+""-"号。如果受试者测试值小于"-20.0cm",按"-20.0cm"记录。

二、血压和心率测试

测试仪器:韩国拜斯倍斯全自动电子血压仪 BPBIO320

血压测试仪的技术参数:韩国拜斯倍斯公司生产的全自动电子血压仪 BPBIO320 的测量范围,血压是 $0\sim300$mmHg,脉搏是 $30\sim200$ 次/min;测量精确度,血压为 $+/-$ 3mmHg 或 2%(两者之间取大值),脉搏为 $+/-$ 2%;安全装置(电气),按下开始按钮时快速释放,按下停止按钮时快速释放,当压力超过 300mmHg 时快速自动卸压;安全装置(机械),按下安全开关时释放袖套;时钟功能,时钟显示、日期和时间(1999-2098);打印机,热敏,25mm 宽,自动切纸器;电源,AC 220/240V,50/60Hz;重量,约 9kg;尺寸,489(W)×409(H)×284(D)mm;操作环境,$10℃\sim40℃$,$30\%\sim75\%$ RH(室内湿度);储存环境,$-20\sim70℃$。

测试方法:受试者静坐,右臂自然前伸,平放在仪器袖筒内,掌心向上。血压计与受试者心脏应处于同一水平。按下启动键,仪器自动记录收缩压、舒张压和心率。

质量控制:测试前应校准血压计;测试前 2h 内,受试者不要进行剧烈身体活动;测试前受试者静坐 $10\sim15$min,稳定情绪,接受测试;血压重测者,必须再休息 $10\sim15$min 后,方能进行。

三、身体成分测试

测试仪器:日本百利达人体成分测试仪 MC-180。

测试仪器参数:MC-180 采用生物电阻抗分析法,利用八点接触电极,多频率检测,对人体多项身体成分进行综合分析。测量部位,躯干、右腿、左腿、右臂、左臂。主要测量值,身体脂肪比率、内脏脂肪、腰臀脂肪分布比率、基础代谢率。测试时间,不超过1min。测量模式,一般人、运动员。测量频率,4种不同的频率,5khz、50khz、250khz、500khz。测量年龄范围,5～99岁。测量身高范围,90～299.9cm。测量体重范围,0～270kg。测量精度,0.05kg(0～200kg)、0.1kg(200～270kg)。预置皮重,最小增量单位0.05kg。

测试方法:测试者手动录入受试者姓名、编号、年龄、身高、体重等信息,根据受试者穿着选择皮重,并将消毒棉球递给受试者擦拭手掌和脚掌,准备就绪后,在电脑上点击测试,当体成分仪器回零后,受试者的脚部按照仪器要求的位置站好,开始测量体重,当仪器显示拿下手柄时,受试者按要求手握电极,约20s内完成测试,计算机自动保存测试结果。

质量控制:每次检查前进行仪器质量检查,操作者经培训合格后上岗且固定,以减少误差。受试者测试前保持静止状态,不做剧烈运动,空腹,排空尿液和粪便,穿单衣,脱去鞋袜,取下手机、手表、钥匙、项链等金属物品,先用身高仪测出身高,测试人员输入姓名、年龄、性别、民族、身高。测试采取站立位,手脚共8个电极分段测试人的身体成分。

四、骨密度测试

测试仪器:韩国澳思托超声骨密度仪SONOST-2000。

仪器特点:根据超声通过骨组织的速度、振幅衰减及硬度指数反映骨结构与骨量。仪器设备精确度高,价格适中,检测费用相对低廉,仪器设备体积小、易搬运,安全,无放射源,操作简便,测试的环境和条件要求不高,因而可在大规模流动性骨密度测试中得到广泛应用。

仪器参数:韩国原装进口。测量部位,脚部跟骨。测试时间,15s。测量方法,全干式测量,医用耦合剂耦合测量时操作者不需手动调节探头,避免和受检者皮肤接触。精确度测量,复现性不大于1%,SOS精确度<0.2%,提供检测报告。测量频率,超声波探头中心频率0.5±0.05Mhz。支承位置具有三种规格的脚垫,方便测量。温度控制,自动温度补偿功能。T值、Z值、骨密度的超声速度(SOS)、骨结构的宽带超声衰减(BUA)、骨质指数(BQI),提供检测报告。

测试方法:测试者在计算机上录入信息,测试前受试者应先脱袜子,露出足跟部位,用酒精棉擦拭受检者的足跟骨部位的表面皮肤;在酒精棉擦过的部位,均匀涂抹适量的耦合剂;根据受试者脚的大小,选用(或不选用)脚垫,从而使得受试者脚跟骨部位与探头中心处于同一水平位置;把脚放在脚踏板上,足跟部位抵住下方,不留空隙,此时观察脚趾头所在位置,与脚踏板上的标尺进行对比;受检者将小腿靠在护腿板上,然后从上而下滑入并让脚掌紧贴脚踏板;保持脚掌紧贴脚踏板,脚跟紧贴脚踏板与足辅助台连接处。脚部位置正确后,准备测试。测试者在计算机上录入编号、姓名、出生日期、性别、数据库、是否服用药物等信息后,按照步骤操作,选择测试脚、脚垫等信息,按开始键开始测试,计算机自动计算测试结果,并保存结果。

质量控制:固定一名专业技术人员操作,开机测量前进行标准校正。受试者的脚掌和小腿与脚踏板和护腿板自然摆放和接触后开始测定;开始测定时,受试者的足跟不要挪动,应保持静止。每次测试完毕,先用软卫生纸将水囊上的耦合剂擦除,再用浓度75%的医用酒精棉清洁水囊及周围人体可能碰触部位。

五、血管机能测试

测试仪器:日本欧姆龙动脉硬化检测仪 BP-203RPEIII。

仪器特点:动脉无创测定,具有四肢血压同步检测技术。精确度高,重复性好。双重袖带,通过独有的下肢双层袖带技术,能够准确检测出脚踝部位的收缩压。具有滤波功能,提高计量结果的准确性。通过 16 项参数全面快速测定动脉和血管功能。

测试仪器参数:测定原理,示波法。加压方式,泵自动加压方式。测定方法,空气容积脉搏法。电源,AC220V,50Hz。消耗功率,125VA。电击保护形式,I 类、防除颤 BF、防除颤 CF 型应用部分。波长特性,0.26~30Hz。重量,主机约 4.3kg,主机＋推车约35kg。外形尺寸,主机为 310(宽)×110(高)×270(厚)mm(突起部除外),主机＋推车为 400(宽)×1060(高)×600(厚)mm。显示方式与打印,中文触摸操作界面,直接生成中文报告,可通过网络浏览器直接读取数据,进行编辑和统计。

测试方法:使用日本欧姆龙动脉硬化检测仪自动测量 baPWV。要求测试者体检前不吸烟、不饮酒、穿薄衣,受检者在休息 5~10 min 后平卧,双手手心向上置于身体两侧,保持正常呼吸并全身放松,将袖带缚于双上臂及双下肢踝部,上臂袖带气囊标志处对准肱动脉,袖带下缘肘窝横纹 2~3cm,下肢袖带气囊标志位于下肢内侧,袖带下缘距内踝 1~2cm,心电感应器放置于左侧第二肋间。左、右腕部夹好心电采集装置,在检测心电图和心音图的同时测量四肢收缩压、舒张压。

质量控制:测量前休息 5min 以上,仰卧姿势躺于诊床上,受试者穿薄衣裤进行测试,脱下袜子露出脚后跟,告诉受试者不要移动身体、不要说话,加压时不要紧张。

附录 G 知情同意书

尊敬的×××：

您好！我们真诚地邀请您参加"中国寒地东北城镇老年人体质特征与运动促进研究"，在您决定是否参加此项研究之前，请仔细阅读以下内容，它可以帮助您了解研究的内容、程序和期限，以及为何要进行此项研究，参加研究后可能给您带来的益处、风险等。为了使您明确本研究的各项相关内容，特做以下说明：

一、研究目的

通过科学的体育锻炼提高寒地东北城镇老年人体质水平，降低一级高血压患者的血压水平。

二、研究程序

如果您同意参加此项研究，我们将为您开展 12 周的体质管理服务，包括全程免费的体质信息采集，健康风险评估，体质检测（包括体质 7 项、血压、心率、身体成分、骨密度、血管机能等），运动管理与指导等环节。在项目实施过程中，会涉及运动实验，实验前需要进行体质状况问询、体质检测和科学健身指导，为期 12 周的运动实验和健康教育。实验后进行第二次体质状况问询、体质检测和健康指导，用以判定实验效果。

三、您的获益

您能详细了解自身体质状况；您能够享受两次免费的体质检测和 12 周的体质管理服务；您能够了解科学健身知识、健康教育知识，使自己的生活方式更健康，从而减少疾病发生。实验过程中还有精美礼品赠送。

四、您的义务和权利

您将配合填写体质状况问卷、进行体质测试和进行运动实验，并按照研究者要求提供相关记录内容。您可以随时退出研究；您将会体验全方位的运动促进体质管理服务，包括免费体质检查、体育锻炼指导等，为您养成健康的生活方式、改善体质状况提供帮助。

五、风险及不便

本次体质测试实验比较安全，在测试和运动实验中的疲劳，经过休息可消除或减轻。实验中需要您付出一定程度的努力；研究者会通过微信或电话回访等形式了解您的体质管理过程，因此可能会给您带来不便。

六、保密性

对于您的个人资料和体质测试相关数据，我们将依照法律规定，采取严格的保密措施,绝不向与本研究无关的人员或机构透漏您的联系电话和住址等个人信息。

七、自愿性

本项目在遵守各项法律规定及相关管理办法的前提下,采用自愿原则,您可以选择参加或退出本研究。

八、受试者声明

研究人员已经介绍了本研究的目的、方法、获益和风险,我已详细阅读知情同意书,同意参加本研究,积极配合研究者完成本次调查研究任务。

受试者签名:

研究者签名:　　　　　　　　　日期:　　年　　月　　日

附录 H 体力活动准备问卷

体力活动准备问卷(2014 PAR-Q＋问卷)

请认真阅读以下 7 个问题并根据真实情况选择"是"或"否"

序号	问题	结 果
1	是否曾经听医生说过,你有心脏病或高血压?	是☐否☐
2	在日常生活中或进行体力活动时,是否出现过胸痛?	是☐否☐
3	在过去的 12 个月中,是否因头晕而失去平衡,或失去知觉? 如果你的头晕与过度通气(包括进行较大强度运动时)有关,请回答"否"。	是☐否☐
4	是否确诊患有其他慢性疾病(除心脏病或高血压外)? 请填写疾病名称:	是☐否☐
5	是否正在服用治疗慢性疾病的药物? 请填写药物名称及其治疗的疾病:	是☐否☐
6	目前(或在过去的 12 个月内)是否存在运动时加重的骨、关节或软组织(肌肉、韧带或肌腱)问题? 如果你过去有问题,但现在并不影响你开始进一步的运动,请回答"否"。 请填写存在的问题:	是☐否☐
7	是否听医生说过,你只能在医务监督(有专业人士监督或仪器监测)下进行体力活动?	是☐否☐

附录 I 自觉用力程度等级表(RPE)

自觉用力程度等级表(RPE)

RPE	主观运动感觉	相应心率(次/min)
6	安静	
7	非常轻松	70
8		
9	很轻松	90
10		
11	轻松	110
12		
13	稍费力	130
14		
15	费力	150
16		
17	很费力	170
18		
19	非常费力	195
20		最大心率

(引自 Gunnar Borg,1998)